通往绝对零度的道路

——趣味低温科学技术史

马 溥 编著

知识产权出版社
Intellectual Property Publishing House

图书在版编目（CIP）数据

通往绝对零度的道路：趣味低温科学技术史/ 马溥编著.—北京：知识产权出版社，2015.6
ISBN 978-7-5130-3361-9

Ⅰ.①通… Ⅱ.①马… Ⅲ.①低温工程—技术史—世界 Ⅳ.①TB6-091

中国版本图书馆CIP数据核字（2015）第041076号

内容提要

绝对零度，−273.15℃，0 K，低温的极点，一个冷寂而绚丽的世界。本书讲述人类向绝对零度挺进的历史，介绍天然冰制冷、冷冻机的发明、气体液化、磁制冷和激光制冷等获取低温方法的发展过程，展现众多著名低温科学家、发明家的事迹。

本书内容丰富、资料翔实、生动有趣，适合科学爱好者、大中专院校师生和制冷与低温科技工作者阅读，也可作为相关专业学生学习低温科学技术史的辅助教材。

责任编辑：吴晓涛

通往绝对零度的道路——趣味低温科学技术史
TONGWANG JUEDUI LINGDU DE DAOLU
马溥 编著

出版发行：	知识产权出版社 有限责任公司	网 址：	http：//www.ipph.cn
电 话：	010 – 82004826		http：//www.laichushu.com
社 址：	北京市海淀区马甸南村1号	邮 编：	100088
责编电话：	010 – 82000860转 8533	责编邮箱：	sherrywt@126.com
发行电话：	010 – 82000860转 8101 / 8573	发行传真：	010 – 82000893 / 82003279
印 刷：	三河市国英印务有限公司	经 销：	各大网上书店、新华书店及相关专业书店
开 本：	720mm×1000mm 1/16	印 张：	16
版 次：	2015年6月第1版	印 次：	2015年6月第1次印刷
字 数：	267千字	定 价：	45.00元

ISBN 978 – 7 – 5130 – 3361 – 9

前　言

绝对零度，冷的极点，-273.15℃，0 K，一个冷寂而绚丽的世界。几千年来，人类的文明史也是一部不断地制取更低的温度、不懈地努力向这一冷的终极目标挺进的历史。本书全景式地展现人类从被动地适应低温到能动地利用低温，制造和控制低温，逐步逼近绝对零度的科学历程。

本书以人类渐次制取不同温区的低温为主线，首先介绍了天然冰制冷。中国是古代制冷技术的发祥地之一，早在3000年前就发明了冰窖"凌阴"，冬季存冰夏季取用，开创了人造低温的第一个纪录0℃，并远远领先于西方世界创造了极为丰富的冷食文化。冷冻机的发明标志机械制冷登上历史舞台，本书详尽介绍了1834年帕金斯发明第一台乙醚蒸气压缩冷冻机和其后各种冷冻机械的发展。冷冻机选用不同制冷剂可以达到-140℃，这时的人造低温超越了地球上的最低自然温度。"永久气体"的液化揭开了人类征服低温历史新的一页，本书生动讲述了1877年凯利代特和皮克代特几乎同时液化氧、1898年杜瓦液化氢和1908年在角逐液化最后一个"永久气体"氦的科技大战中昂尼斯睿智胜出的故事。"永久气体"液化使人类制取低温由-183℃挺进到-269℃。本书进而介绍1933年吉奥克成功利用顺磁盐的磁热性质实现磁制冷和1956年西蒙利用原子核的磁性质实现核绝热去磁制冷。现在科学家们利用这一技术可以实现样品的晶格温度达30nK，而核自旋温度达100pK。最后本书讲述了近代激光制冷技术，1985年华裔科学家朱棣文用激光冷却和陷俘原子的方法使钠原子气体达到240mK。科学家们用激光制冷和"重—磁阱"结合的方法已可以将钠原子气体冷却到了0.5nK，也就是绝对零度以上仅 $\dfrac{1}{2 \times 10^9}$ ℃的低温。本书涵盖了几乎所有制冷方法的发明史和演进史，并简要介绍了低温技术的广泛应用。

在低温世界，物质呈现与常温下非常不同的一些性质。本书用大量篇幅介绍1911年昂尼斯发现超导电性，1937年卡皮查发现超流动性的历程。永不消失的电流和消失的液体黏滞性，向我们展现了奇妙的物质特性和梦幻般的世界，为读者奉献了低温世界最美丽的两朵奇葩。

本书引领读者探寻自然界的温度分布，探究地球、太阳系和宇宙深处的低温，畅想宇宙起源之时大爆炸的奇观与膨胀冷却宇宙的结局。

在讲述低温技术发展的同时，本书介绍了温度概念的形成、温度计的发明和温标体系的演变，科学家如何用理论与实验相结合的方法确定冷的极点——绝对零度，并根据热力学第三定律浅显地解释绝对零度不可到达的原理。

一部征服低温的历史，生动地记述了人类文明的进步。但人类征服低温的历程远没有结束，我们无法预料人类会用什么更新的技术制取更低的温度，也无法想象在更低的温度下物质会有什么更神奇的特性。

本书虽是一本低温科学技术史的科普读物，依然强调科技史叙述中史料的准确性。作者对史料的选取和考据非常严格，资料多直接来自于古代典籍、著名外文原版著作和权威科技期刊。早期制冷技术史料有的取自1934年出版的*Refrigerating Engineering*杂志，它几乎同步反映当时制冷技术的发展状况。本书从源头保证史料的真实可靠，从而能更准确地把握具体的历史事件，科学地解读低温科学技术发展的规律。

作为一本科技史书籍，不可避免地要涉及相关的科学技术知识。本书用明白晓畅的文字描述深奥的低温科学原理，用大众化的语言翻译专业技术术语，配以丰富的插图让复杂的机械变得直观形象。枯燥的科学在这里变得浅显有趣，读者只需了解一般的科学知识就完全可以读懂在许多人眼里艰深的低温科学，游历低温科学技术历史的殿堂。

本书在叙述低温科学技术发展史的同时，介绍了众多著名低温科学家、发明家的趣闻轶事，特别突出他们的科学方法论和科学道德。读者在了解低温科学技术史的同时也学习了这些低温科学先驱者的科学态度和科学作风，得到了科学精神的熏陶。

本书缘起于作者在化学工业部光明化工研究所的工作经历。那是1982年，作者大学毕业进入研究所，又恰逢中国科技的春天。光明化工研究所是一个在中国低温技术领域做出过重要贡献的研究所，作者在这里第一次接触到低温技术并对低温科学技术史产生强烈兴趣，在科研工作之余收集低温科技史资料，并在1984年的《科学实验》杂志上发表了篇名同为"通往绝对零度的道路"的科普文章。后来作者工作几经变动，但对低温科学技术史的研究热情不减，一直关注低温科学的最新进展。这里对当年引领我开始低温技术研究的老一代科技工作者表示深深的谢意。还特别要提到的是姐姐马涟多年对作者编写本书的支持和鼓励，浓浓姐弟情融于她对促进此书出版的不懈努力之中。

本书适合科学爱好者、大中专院校师生和制冷与低温科技工作者阅读，也可作为相关专业学生学习低温科学技术史的辅助教材。

由于作者水平有限，难免有疏漏和不足之处，敬请读者批评指正。

马溥
2015年1月

目　录

第一章　踏上通往绝对零度的道路 ……………………………………1

第二章　确定冷的极点 ……………………………………………………4

　　古代人对冷热的认识 …………………………………………………4

　　温度计的发明 …………………………………………………………5

　　阿蒙顿的空气温度计与低温极点的预言 ……………………………7

　　温标体系 ………………………………………………………………9

　　热力学温标与绝对零度 ……………………………………………11

　　国际实用温标 ………………………………………………………13

第三章　把寒冷储存起来 ………………………………………………15

　　从"凌阴"说起 ………………………………………………………15

　　也从《圣经》中的制冷传说说起 …………………………………24

　　跨越冰点 ……………………………………………………………29

第四章　冷冻机的发明 …………………………………………………32

　　寻找新的制冷方法 …………………………………………………33

　　世界上第一台冷冻机 ………………………………………………36

　　格里与空气压缩式制冷机 …………………………………………42

　　吸收制冷 ……………………………………………………………45

　　水蒸发制冷 …………………………………………………………49

　　各种制冷方式的竞争 ………………………………………………51

　　天然冰的退却反攻 …………………………………………………54

　　氟利昂制冷剂的发明 ………………………………………………55

　　近代冷藏业的兴起 …………………………………………………57

　　家用冰箱的普及 ……………………………………………………60

　　空调进入家庭 ………………………………………………………61

第五章　气体的液化 ……………………………………………………64

　　气液转化的古老观念 ………………………………………………65

　　液化气体的早期尝试 ·················· 65

　　迂回——出路 ·················· 68

　　氧和氮的液化 ·················· 73

　　空气液化装置的发明 ·················· 83

　　氢的液化 ·················· 92

　　氦的液化 ·················· 102

第六章　磁制冷 ·················· 117

　　绝热去磁制冷 ·················· 117

　　核去磁制冷 ·················· 126

第七章　^{3}He-^{4}He 稀释制冷 ·················· 132

　　^{3}He-^{4}He 稀释制冷原理的提出 ·················· 132

　　^{3}He-^{4}He 稀释制冷机的诞生 ·················· 133

第八章　坡密兰丘克制冷 ·················· 135

第九章　激光制冷 ·················· 137

　　光的机械效应 ·················· 137

　　多普勒冷却 ·················· 138

　　激光冷却和陷俘原子 ·················· 140

　　玻色—爱因斯坦凝聚态的实现 ·················· 144

　　激光冷却大物体 ·················· 147

第十章　为落榜者立传 ·················· 150

　　旋风分离器的启发 ·················· 150

　　钟表匠的发现 ·················· 152

　　利用外层空间的冷 ·················· 153

　　声制冷 ·················· 154

第十一章　超导电性 ·················· 156

　　永不消失的电流 ·················· 156

　　迈斯纳效应 ·················· 163

　　第 II 类超导体 ·················· 167

　　BCS 理论 ·················· 171

　　约瑟夫逊效应 ·················· 173

　　高温超导体研究的新突破 ·················· 177

　　有机超导体 ························· 188

第十二章　没有黏滞性的液体 ·············· 189

　　λ 反常 ·························· 189

　　没有黏滞性的液体 ···················· 191

　　^3He 超流新相的发现 ··················· 197

第十三章　低温技术的应用 ················ 201

　　冷链工程 ························· 201

　　工业气体 ························· 203

　　低温在近代工业中的应用 ················ 210

　　低温与基础科学 ····················· 212

　　低温与生命科学 ····················· 214

　　超导技术的应用 ····················· 218

第十四章　宇宙低温探源 ················· 222

　　地球上的最低温度 ···················· 222

　　太阳系的最低温度 ···················· 226

　　宇宙空间的最低温度 ·················· 230

第十五章　一条没有尽头的路 ·············· 238

　　回顾 ·························· 238

　　热力学第三定律 ···················· 239

参考文献 ························ 243

第一章　踏上通往绝对零度的道路

绝对零度，冷的极点，−273.15℃，0K，一个冷寂而绚丽的世界。

追寻绝对零度，征服低温，人类已经走过几千年的历程。低温科学成为当今最活跃的前沿学科之一，低温技术的应用也成为我们生活中不可缺少的一部分。

人类一直面临"冷"的挑战。为了能在寒冷的气候生存，早期的人裹兽皮、居洞穴、取火御寒；现代的人穿羽绒服、建房屋、装暖气，生产活动的一项主要内容仍然是防寒。随着人抵御寒冷能力的提高，人类的活动范围也日益扩大。人的足迹不断向更寒冷的地区扩展，一直深入到终年冰天雪地的北极和南极圈内。

寒冷给人的生存造成巨大的威胁，却也给人带来福利。在漫长的岁月里，寒冷季节的冰雪无疑曾做过古人类天然的大冷库，为我们的先祖无偿储藏过捕获的猎物和采集的食物。人们由消极地抵御冷，进而有意识地利用冷、制造冷。

公元前1000年，古中国人最先采集天然冰储冰制冷，创造了人造低温的第一个纪录0℃，翻开了人工制冷的第一页。在数千年的历史期间，能在炎热的夏季享用凉爽的冰是身份地位甚至皇权的象征。

16世纪以前，人们已经发现掺盐的冰更冷，人造低温进而超越了0℃，实现了人工制冰。早期大批量生产雪糕就采用冰盐混合物快速冷冻的方法。选择适当的配比，冰盐混合物方法制冷可以达到−55℃的低温，已经超过了大部分人类生存的地方可以感受到的低温。

1834年，帕金斯发明第一台乙醚蒸气压缩式冷冻机，标志着机械制冷登上历史舞台。1875年林德发明氨压缩机，冷冻机开始大规模工业应用。人们终于圆了多年的梦想，实现了易腐食品的远距离运输和长时间保鲜储存。冷冻、冷藏极大地减少了农牧渔产品的损失，提高了食品的品质。在过去的一个多世纪，人类不得不面对地球上人口爆炸和城市化加剧的严重局面，冷藏业成为保证人类食品安全的重要因素。应用氨作制冷剂，它的标准蒸发温度达到−33.4℃，而用氟利昂14作制冷剂，其标准蒸发温度为−128℃，最低蒸发温度低达−140℃，人造低温超越了地球上的最低温度纪录——−89.2℃。

1877年，凯利代特和皮克代特几乎同时液化了当时认为不可能液化的"永久气体"中的氧，取得了-183℃的低温，揭开了人类征服低温历史的新一页。1898年杜瓦首次制得20mL的液态氢，将人造低温推进到-252℃。1908年，昂尼斯攻克永久气体的最后一个堡垒，氦被液化，他得到-269℃的低温。1932年，基瑟姆用液氦减压蒸发的方法获得0.7K的低温。人造低温已经低于太阳系大行星的最低温度（海王星，-223℃）、星际空间的温度（宇宙背景辐射，2.7K）和我们现在所知的宇宙中存在的最低温度（布莫让星云，1K）。20世纪，空气液化发展成空气分离和制氧工业，廉价纯氧和纯氮的制取极大地推动了钢铁、化学工业的发展，液氢和液氧则是重要的航天燃料。气体工业成为国民经济的支柱产业。

1933年，吉奥克成功利用顺磁盐的磁热性质实现磁制冷，磁冷却温度达到0.53K。磁制冷成为获取低于1K超低温的重要方法，定型的磁制冷机可以方便地得到毫开（$1mK=10^{-3}K$）级的低温。1956年，西蒙进而利用原子核的磁性质实现了核绝热去磁制冷，得到核自旋系统温度为$20\mu K$（$1\mu K=10^{-6}K$）的低温。现在科学家们利用这一技术可以实现样品的晶格温度达30nK（$1nK=10^{-9}K$），而核自旋温度达100pK（$1pK=10^{-12}K$）。

1964年，奥波特和塔克尼斯制成第一台$^3He-^4He$稀释制冷机，他们当时只达到0.2K。现在成批生产的$^3He-^4He$稀释制冷机已成为实验室获取毫开级温度的常用设备。

更低的温度是利用激光制冷取得。1985年，朱棣文用激光冷却和陷俘原子的方法使钠原子气体达到240mK。1990年，威曼和康奈尔等在磁光阱中对原子进行激光冷却，然后将原子转移到磁阱中蒸发冷却达到170nK的温度，成功地观测到玻色—爱因斯坦凝聚态，解决了困扰物理学界几十年的难题。最新的低温纪录2003年诞生在麻省理工学院，科学家们用激光制冷和"重—磁阱"结合的方法将钠原子气体冷却到了0.5nK，也就是绝对零度以上仅$\dfrac{1}{2\times10^9}$℃的低温，人类终于挺进到纳开以下的温度区间。

在低温世界，物质呈现与常温下非常不同的一些性质。1911年昂尼斯发现超导电性，1937年卡皮查发现超流动性，这是物质在低温条件下显示的两个最奇妙的性质。低温也成为科学家揭示物质世界本性不可替代的工具，宇称不守恒定律的实验验证、微观粒子的许多重大科学发现都是在低温条件下作出的。

一部征服低温的历史，生动地记述了人类文明的进步。

适宜于人类生存的温度范围是极其狭窄的，但今天人造低温的纪录不仅超越了地球，也超越了宇宙。

我们就从这里开始，循着前人的足迹，踏上通往冷的极点——绝对零度的道路。

请记住我们的目的地: 0K—— −273.15℃。

第二章　确定冷的极点

在叙述人类征服低温的历史之前，也许应该先回答一个问题：何以知道低温有极限？把冷的极点称为绝对零度，记为 0K 或 −273.15℃，这又是如何确定的呢？

古代人对冷热的认识

我们的祖先生活在冷热寒暑不断循环的大自然中，对于温度的变化当然有切肤之感。人们早已有了冷热的观念，并用不同的词语表示对冷热的感受。中文中有"热""温""暖""凉""冷""寒"等字，英文中也有cold、cool、warm、hot等单词，都是表达冷热的程度。这是非常粗浅的，但可以视为最早的温度标示。

人们也懂得利用某些标准的恒定温度点来确定温度的高低。《吕氏春秋·察今》中有这样的说法："审堂下之阴，而知日月之行，阴阳之变；见瓶水之冰，而知天下之寒，鱼鳖之藏也。"通过观察瓶里的水结冰与否来判断环境温度的变化，这也许可以视为最原始的验温器。

生产中有时也需要确定温度。南北朝时期，北魏人贾思勰在其著作《齐民要术》的"养羊"篇中说，制酪时要使酪的温度"小暖于人体，为合适宜"；在"作豉"篇中则提到，制豉时要"大率常欲令温如腋下为佳""以手刺豆堆中，候看如人腋下暖"。这时已经知道用体温，特别是用腋下更稳定的温度来测量冷暖。

烧制陶器和冶炼金属过程中，古代人也掌握"火候"，通过观察火焰的颜色来判断温度的高低。中国古代工程方面的典籍《考工记》记载了熔铸铜合金的过程："凡铸金之状，金与锡，黑浊之气竭，黄、白次之；黄、白之气竭，青、白次之；青、白之气竭，青气次之；然后可铸也。"这里所说的"铸金"就是铸青铜，青铜是铜、锡、铅、锌等的合金，其中铜的熔点最高。引文中的"金与锡"，就是铜加锡，即先将铜熔化后加入锡（包括锌、铅）料。熔炼之初要加木炭，产生"黑浊之气"，即黑烟。继而观察火焰颜色变化，实际上是依据不同元素的原子在高温下发射光谱具有不同的颜色。在温度升高的过程中，锡铅原子焰色依次减弱，锡铅的"黄白之气"（黄白焰色）最终被铜的"青气"（绿焰色）所淹没。当铜的焰色占优势，表明温度达到1200℃，这时可以浇铸了。

当然这些方法远未能定量地测定温度，是极为粗糙的。那么古代人如何猜想"冷"可到何种程度呢？我们可以发现，汉语中表示寒冷的字皆从"仌"，如冷、寒、冰、冻、凌等。仌是个象形字，意思是"水凝之形"，也就是水刚结冰时冰凌的形状，在现代汉语中演化为两点水"冫"。冰天雪地就是人们认为的极冷了，以冰为冷的观念当然超出不了人的主观感觉和经验范围。追寻冷的极点，或是对冷热的程度作定量的标定，无论在古代还是在中世纪，都是不可想象的。

温度计的发明

虽然冷热的观念古已有之，但建立温度的概念并定量地衡量冷热的程度是近几百年的事。这时人类进入一个文明发展的新阶段，蒸汽机和以蒸汽机为代表的各种热机的发明，制冷技术的发展，提出测温学的诸多课题。许多学者都致力于发明、研究和制造这种可以测定温度的仪器，而恰恰是在完善温度计的过程中，从温度计本身的测温机理推导出了低温存在极限的结论。

第一支温度计可能还要追溯到意大利物理学家伽利略（Galileo Galilei）1592年的一项发明。当时伽利略在帕多瓦大学任教，医学院的一位朋友请他发明一种能够探测病人是否发烧的仪器。那时医生们全凭个人的触觉认定病人的体温，每个医生的个体差异很大，更没有具体的数值，诊断上常出现混乱。然而这项发明对那个时代的学者来说是非常困难的，因为温度是一种看不见的物理量，每个人之间的感觉又无法比较。

正当伽利略一筹莫展时，一天教皇召见他进宫审查一种新奇的"永动机"。这是一件由玻璃吹制的复杂装置，水在密封容器中不需要任何能源，便可以周而复始地循环流动。伽利略观察了3天，告诉教皇："这不是'永动机'，是昼夜温差引起气体膨胀产生的压力变化在驱动水循环。"

在返回帕多瓦大学的路上，伽利略突然产生一种联想，能不能利用冷热变化引起的气体膨胀带动液位移动来测量温度呢？他让玻璃工在一根麦秆粗的玻璃管的一端吹制出一个核桃大小的玻璃泡，玻璃管开口的另一端则倒插入一个装着带有颜色水的容器中。可以利用预先将玻璃泡加热或在玻璃泡内注入一些水的方法，使玻璃管内形成一段水柱。让病人手握玻璃泡，热度高则玻璃泡中的空气膨胀厉害，玻璃管中的水位下移得越多。根据液位的变化，可以判断病人体温的高低。世界上第一支以空气作测温介质的温度计就这样诞生了（图2-1）。

图2-1　伽利略发明第一支温度计

伽利略的这支温度计是很不完善的。由于温度的概念还不明确，所以这个仪器上没有以确定的方法刻上标度和读数，水柱的高低也还要受环境温度和大气压的影响，它的精度显然是非常粗糙的。然而这一发明有着划时代的意义，它借助于与人无关的自然现象，把人类仅凭感知的物理量变成可识别的信号，标志着科学仪器的出现。

法国医生詹·雷伊（Jean Rey）觉得伽利略的温度计不太方便。1632年他作了个简单的改动，把伽利略的温度计倒转，玻璃泡中注入水作为测温物质，利用水在管中的升降显示温度。这可视为第一支液体温度计。有记载说，1636年前，工匠们已经能选择玻璃泡和玻璃管适当的比例，使液体一年中在整个玻璃管的长度内明显升降。

温度计这种新奇的仪器甚至引起一些达官显贵的兴趣。大约在17世纪50年代，意大利的托斯卡纳大公费迪南二世（Grand Duke Ferdinand Ⅱ of Tuscany）改进了雷伊的温度计，将玻璃泡内装入酒精，并将毛细管的上端用蜡密封，从而消除了液体蒸发和大气压波动的影响。酒精的热膨胀系数比水大得多，因而酒精温度计更灵敏。

1657年，伽利略的一批弟子们在佛罗伦萨成立了有名的西门图科学院（Accademia del Cimento），这个科学院只存在短短的10年，但做了许多重要的工作。在西门图科学院的研究报告中描述了一种温度计，即在费迪南创造的基础上，沿玻璃管壁挂一串小珠，作为温度的标数（图2-2）。这些学者们还最先引入了

"定两点分度法"，即为温度计先选择两个固定的温度点再将其间隔分为若干等分。遵照哲学家和医生为榜样，他们选择冬季和夏季两个温度作为固定点，把其间距分为40个或80个相等的间隔。显然他们已经认识到选择稳定的温度固定点的重要性，并已经发现冰的熔点和有些动物的体温是恒定的。为了更加准确地确定这些固定点的位置，他们将冰的熔点记为他们医学温标的13.5℃，再选择奶牛或鹿的体温为另一个固定点。

图2-2 西门图科学院温度计

西门图科学院的温度计选定恒定的温度固定点并加以分度，创立了第一个温标体系，从此人们可以用一个具体的数字来表示冷热的程度。这种温度计在佛罗伦萨被用于气象观测达16年之久。200年后有人在旧的玻璃器具中发现了一些当年的西门图科学院温度计，用它去测定冰的熔点，读出的温度就是13.5℃。在当时西门图院士们的气象记录中，冬季的最低气温为12℃，而夏季的最高气温为40℃。将西门图院士们的气温记录换算为现代温标，甚至可以推断出佛罗伦萨的气候两个世纪依然如故。

西门图科学院的温度计逐渐闻名。波义耳（Robert Boyle）将它们介绍到英国，费迪南大公还把它作为礼物送给波兰皇后，波兰人又将一支温度计送给了法国天文学家布利奥（Boulliau）。布利奥1659年用水银代替酒精作为测温物质，把玻璃泡缩小，并选择适当的毛细管，制造了第一个水银温度计，这样的温度计已经具有了现代温度计的雏形。布利奥还做过从1658年5月到1660年9月的气温观测和记录，这是现存的仅次于西门图科学院最古老的气候温度记录。

阿蒙顿的空气温度计与低温极点的预言

在众多尝试研制测温仪器的人中有一位法国科学家阿蒙顿，他从自己的测温实践中天才地猜测到低温存在极点。

法国科学家阿蒙顿（Guillaume Amontons）年轻时失聪，但他并没有把它视为太大的不幸，因为这使他更可能潜心于科学研究，少受外界干扰。他在巴黎政府中任职，但也热心于科学工作。1702年阿蒙顿尝试改进伽利略的空气温度计，设想利用空气的压强测量温度。他的温度计由一个U形管组成，U形管较短的一臂连接一个空心的玻璃球，较长的一臂有45英寸（114cm），将水银注入U形管中并进入玻璃球的下部（图2-3）。测温时用水银来保持玻璃球内空气容积始终不变，而通过两边水银面的高度差，也就是球内定容气体的压强与大气压强之差来量度温度。阿蒙顿将玻璃球先浸入冰水中，然后再放入沸水中，记下这两种情况下水银面的差值，并假定玻璃球内空气的压强正比于温度而变化，因而可以依据长臂中水银面的高度来确定任意温度。虽然阿蒙顿也选择了水的沸点为一个温度的固定点，但由于不了解水的沸点受大气压变化影响，所以他的温度计不

图2-3　阿蒙顿空气温度计

很准确，加之这种温度计使用上的不便，使其没有引起当时致力于研制更有实用价值温度计的科学家的注意。

在标定温度计时阿蒙顿发现，定量的空气在定容情况下从冰的熔点加热到水的沸点，压强增加了约1/3。阿蒙顿敏锐地意识到，从冰点的温度逆推，温度下降压强变小，在某一个温度下，空气的压强将降为零。因为压强不可能为负值，温度的降低终有一刻停止，达到冷的极点。他猜测说："看来，这个温度计的极冷点是通过空气的弹力使空气变成为完全不受负荷的状态，在这个状态下冷的程度比认为的很冷的那个温度要冷得多。"尽管未曾使用"绝对零度"这样一个术语，阿蒙顿已经得到绝对零度的概念。从阿蒙顿的资料中可以推算出，用摄氏温度表示，他推定的绝对零度是−239.5℃。稍后，兰伯特（Lambert）以更高的精度重复阿蒙顿的实验，他得到的绝对零度值是−270.3℃，与我们现在普遍承认的绝对零度值−273.15℃已是非常惊人地接近。兰伯特说了这样一段话："现在等于零的热的程度，的确可以称为绝对的冷。因为在绝对冷时空气的体积是零，或者是相当于零。这就是说，在绝对冷时，空气是如此紧密地挤在一起，以致它的各部分绝对地接触，或者说它变成为所谓不透水的东西了。"

阿蒙顿和兰伯特清晰地表述了低温极限的存在，不过这也许还是有些难以想象，他们关于存在绝对零度的推断并没有立即得到人们的重视和认可。100年

后，在深入研究气体性质的过程中，人们才又一次认识到低温存在极限。

随着氧、氮和其他气体的陆续发现，许多科学家进行测定不同气体热膨胀系数的实验，然而各种测定结果很不一致。1802 年，法国科学了盖·吕萨克（Gay-Lussac）研究了这些差异的原因，发现这是由于实验气体没有充分干燥造成的。他以极大的细心对氧、氮、氢等多种气体的热膨胀系数作了测定，得出相同的数值，即均为 0.00375 或 1/266.6。他说，"我能得出这个结论：一般地说，所有气体都会以同样的比例发生热膨胀。"这就是著名的盖·吕萨克定律，即对于定量的气体来说，在压强不变时，气体体积的变化正比于温度的变化。

盖·吕萨克同时还阐述了另一条定律，即对于定量的气体，在体积不变时，气体压强的变化正比于温度的变化。后来发现，在盖·吕萨克之前，1787 年法国科学家查理（Charles）已经得到气体的压强和体积随温度升高而增大的定律，但没有及时发表他的成果。所以后来就将气体的压强随温度升高而增大的定律称为查理定律。

盖·吕萨克明确提出气体定律后，绝对零度的思想才被重新重视起来。人们认识到，作为这一气体定律的直接推论，随着温度的下降，气体的体积和压强总有一个时刻变为零，但气体的体积和压强都不可能为负值，那么低温必定有一个极限。温度存在最低极限——绝对零度的观念终于得到普遍承认。而我们也不难看出，阿蒙顿的研究其实是后来用查理和盖·吕萨克的名字命名的气体定律的一个实验证据。

这个推理当然是不严格的，因为盖·吕萨克定律是在温度不太高也不太低的情况下得出的，不能断定它在极低温度下也同样适用。然而它的基本思想，关于存在绝对零度的假设却是正确的。盖·吕萨克得到的气体热膨胀系数是 0.00375 或 1/266.6，据此推断出的绝对零度为 -266.6℃，与实际值有一定的差值。这也表明在低温下气体性质对盖·吕萨克定律有一定的偏离。

温标体系

精密温度计的制造吸引了众多科学家的注意力，在测温物质、固定温度点及分度方法的选择上展现了充分的想象力和创造性，不过这也在相当长的一段时期内造成温标体系的混乱。

空气、单一的二氧化碳气体、水、酒精、水银、亚麻籽油等都曾被选来用作测温物质。固定温度点和分度方法的选择更是五花八门。1688 年，达兰塞以结冰时的气温和奶油熔化的温度为两个恒温标准点。1703 年，牛顿在他制作的亚麻籽油温度计中，把雪的温度定为 0℃，而把人的体温定为 12℃。同年，丹麦天文学家罗默却采用水的沸点为 60℃、人的体温为 22.5℃来标定他的酒精温度计。日内瓦的克雷斯特则选择巴黎天文台 84 英尺（26m）深的地下室的温度为基准点，他利用的是地下深处温度恒定的性质（图 2-4）。

图 2-4 它们都曾被选作基准温度

法国博物学家列奥米尔（Reaumur）也于 1730 年设计了一种温度计。他专心研究用酒精作测温介质，反复实验发现含有 1/5 水的酒精膨胀系数甚佳，在水的冰点到沸点之间其体积由 1000 个单位膨胀到 1080 个单位。为了消除刻度不一致的困难，他只取水的冰点温度为 0℃这一个固定温度点，而取酒精体积变化 1/1000 的温度间隔为一个温度单位，这样水的沸点为 80℃。但另有一些科学家却更倾向于用水银作测温物质，日内瓦的德留克（Deluc）热情鼓吹水银的优越性，他说："自然界给我们这个矿物肯定是为了作温度计。" 1772 年，他制作了自己的水银温度计但采用了列奥米尔的分度法，后来这种温度计反而被称为列氏温度计。

一时间各种实用温标层出不穷，1740 年有人提到 13 种温标，1779 年列举出 19 种温标。这么多种温标并存，显然不方便使用。大浪淘沙，经过不断地淘汰，现在我们常用的经验温标只有两种：华氏温标与摄氏温标。

华氏温标是德国科学家华伦海特（G. D. Fahrenheit）1714 年发明的，他还发现了对标定温度计至关重要的液体沸点随大气压变化的现象。他在报告中写道："在我解释关于一些物质的沸点的实验中，我曾讲过那时发现水的沸点是 212

度；后来我通过种种观察和实验，认识到这一点对同一种水和在相同的大气重量下是固定的，但在不同的大气重量下它可能很不相同。"水的沸点是最常选用的温度基准点之一，发现大气压对沸点的影响，为制造精密温度计廓清了道路。

华伦海特这样确定温度计上的固定标准点，把结冰的盐水混合物的温度定为0度，把人的正常体温定为96度。他还引入了第三个标准点和第四个标准点，以冰、水混合物的温度为32度，以水的沸点为212度。实际上，华伦海特温度计中把水的冰点和沸点记为32度和212度，并不是任意为之，而只是他最早选定两个标准点后的测量结果。这种分度方法被称为华氏温标，用°F表示。

华伦海特的温度计是第一支实用性强的温度计，很快在英国、荷兰及英语系的国家广泛流行，英国和美国至今仍主要采用这种温度表示法。然而现在的分度方法有所修正，是以水的冰点32°F和沸点212°F为两个标准温度点，这样测定的人的正常体温是98.6°F，比华伦海特当时选定的值略高。

1742年瑞士科学家摄尔修斯（Anders Celsius）采用百分度分度法，他把水的冰点温度和沸点温度之间划分为100个温度间隔。也许是为了避免测定低于冰点以下的低温出现负值，他把水的沸点定为0度，而把水的冰点定为100度。后来他的同事马丁·斯特默（Stromer）把这种标度倒过来，这才更符合一般人的习惯，构成现在世界各国广泛使用的摄氏温标，记为℃。

华氏温标和摄氏温标的流行，使温度的计量有了统一的单位和方法。

热力学温标与绝对零度

从前述各种温度计的产生过程不难看出，为了能够制造出一种温度计以定量地进行温度测定，必须首先确定测定温度的依据和数值的表示方法，即确定一种温标。一种温标要包括三个要素：选择某种测温物质的测温性质来标志冷热的变化；对测温性质随温度的变化关系作出假定性的规定；选定恒定的标准温度点并规定其数值。显然，这样建立的温标体系要依赖于测温物质和测温性质的选择，所以称为经验温标。

在选定一种测温物质时，总是假定这种物质的某种性质（如水银的体积）是随温度成线性变化，或者说它是"均匀"地变化。然而事实上这只是一种相对的标准，如果以水银为测温物质并假定它的体积随温度的变化是线性的，或者说是"均匀"的，那么空气、酒精就不会是完全"均匀"地膨胀。反过来，如果把酒精作为测温物质，同样假定它的体积随温度的变化是线性的，那么水银和空气体积随温度的变化也要丧失"均匀性"。严格说，根据每种经验温标所进行的温度测量，只是相对于该种温标所赖以建立的测温依据来说才是正确的。同时，经验温标的定义范围有限。例如，水银温度计的下限为-39℃，再低，水银凝结；上限不能超过600℃，再高，水银沸腾。另外，温度计的准确度还要受制造温度计材料的影响。例如，我们常用的温度计是将水银或酒精封在玻璃毛细管中，而各种不同的玻璃不仅有不同的膨胀系数，而且它们还有不同的膨胀规律，这直接影响读数的一致性。即便是同一支温度计，也会观察到测定温度的漂移。

经验温标的相对性迫使人们只有通过协商的办法选定某一特定种类的温度计作为标准，来调整其他各种温度计的标度，以求得测量结果的一致性。水银温度计有幸成为第一个中选者，后来又选中了定容氢气温度计，采用理想气体温标。但温度测量的理论问题一直没有彻底解决。

如何制定一种理想的温标，使其标度不依赖于某种选定的温度计的工作物质呢？

1848年，英国物理学家开尔文勋爵（William Thomson，Lord Kelvin）依据卡诺原理提出了热力学温标，这种温标不依赖于任何一种特定物质的特定性质，从而为温度计量构筑了一个比任何温标好得多的基础，并明确了绝对零度的概念。

卡诺原理是法国工程师卡诺特（N. L. S. Carnot）提出的。1824年，卡诺发表了"关于火的动力以及产生这种动力的机器的研究"一文，首次以普遍形式提出关于消耗从热源取得热量做机械功的问题。卡诺得出结论说："热的动能与所用介质无关，产生动能的后果为热质由一温度较高的物体传给一温度较低的物体，所产生动能的量仅由此两物体的温度单独决定。"卡诺原理指明了提高热机效率的途径，是热机理论中最重要的一条原理。

它山之石，可以攻玉。热机效率公式中仅含热量和温度两个因素，温度只与热量有关，不受工作物质的影响。开尔文指出，这正是建立不依赖于某种特殊工作物质的温标体系的合适原理。开尔文在他的论文中提出："有没有能够据以建立一种绝对温标的任何原则？"他回答说："在我看来卡诺关于热之动力的学说使我们可以给出一个肯定的答案。按照卡诺所确立的动力与热之间的关系，在由热的作用得到的机械功的数量关系中，只有包括热量和温度间隔的因素；又因为我们有独立地测量热量的确定的方法，所以就为我们提供了温度间隔的一个量度，根据它可以确定绝对的温度差。"他指出这种温标的特点是："这种温标系统中的每一度都有同样的数值，也就是说，只要一单位热从温度为 T 的物体A传至温度为（$T-1$）的物体B，则不论 T 是什么数值，都将给出同样的机构效应。这样的温标应当称为绝对温标，因为这个温标的特点是它完全不依赖于任何特殊物质的物理性质。"

他建议，不按原来测量长度和变形的方法，而是采用测定物体之间热流量的方法来建立温标体系，这样就可以摆脱对某一种特定物质的依赖。因此把这种温标体系称为绝对温标，也称开氏温标或热力学温标。

开尔文当时仍选定水的沸点与冰点之间为100度。欲确定这两点温度，可利用一完善热机，使其热源处于水的沸点，而冷却器处于水的冰点，这在技术上是可以实现的。开尔文和焦耳同做实验测定这两点的温度，他们所获得的最佳结果：水的冰点为绝对零度以上273.7度，水的沸点相应为373.7度。用摄氏温标表示，绝对零度为-273.7℃。

1854年开尔文进一步指出，只需要选择一个固定点，热力学温标上的温度值就能完全确定下来，因为另一个固定点已经确定，就是绝对零度。开尔文是这样设想绝对零度的：气体的体积缩为零，分子运动完全停止，丧失全部能量，物体再也不能变得更冷，或者说不能给出任何热量。绝对零度意味着静止和冻结，它是冷的极限。开尔文第一个使用了"绝对零度"这一术语，并赋予它明确的定义。

开氏温标在科学界被广泛采用，自此绝对零度的概念得到普遍承认。开氏温标用 K 表示，它的起点是低温的极限——绝对零度——0K。

国际实用温标

热力学温标被公认为最理想、最基本的温标，成为基准的测温法。然而从实用的角度来看，它也有明显的缺陷：装置复杂、成本昂贵、实验难度大，稍有不慎就会使实验结果出现很大偏差，难以获得较高的重复性。

另一方面，温度作为一个重要的物理量，除了量值的准确性外，还必须在国际间具有通用性和一致性，这需要有相应的国际协议加以确定。为此建立了国际计量局（CIPM），下设有温度咨询委员会（CCT），并建立了国际温标。

国际温标确定了一系列可复现的温度固定点。现行的国标温标（ITS-90）就选用了包括水、氖、氧等6种物质的三相点，铟、铝、金等7种物质的凝固点，氢和氦的蒸气压点及镓的熔点等共 17 个温度固定点。同时在不同温区选定测定温度的内插仪器和内插公式来确定温度。这种温标采用的方法简便可行，使世界各国可根据需要，方便准确地复现此温标，从而满足生产和科学研究的需要。

1927 年第 7 届国际计量大会上通过了第一个国际协议性的经验温标（简称 ITS27）。随着热力学温度测量技术的提高，国际实用温标也经多次修订。1954 年第 10 届国际计量大会通过了一项重要决议，把水的三相点（即纯冰、纯水和水蒸气平衡共存状态的温度）作为热力学温标的单一定点。三相共存只出现在固定的压强和温度下，这个状态具有唯一性。在精确测定的基础上，水的三相点的温度被严格规定为 273.16 温度单位，这样绝对温标就完全确定了。1968 年国际实用温标（IPTS68）进一步确定，热力学温度（符号为 T）是基本物理量，其单位为开尔文（符号为 K），定义为水的三相点热力学温度的 1/273.16。对摄氏温度作出新规定，使其脱离了原来的摄氏温标的范畴，使得 "℃" 与 "K" 相等。

用这种标度法所测水的冰点和沸点的温度分别为 273.15K 和 373.15K。可以发现，水的冰点为 1atm 时的数值，与水的三相点有 0.01K 的差值。定义水的冰点为 0℃，摄氏度 t 与开氏度 T 之间的换算关系为

$$t = T - 273.15$$

则绝对零度 0K 为 –273.15℃，这就是公认的低温的极点。在超低温区用开氏温度更方便，其他温区则多用摄氏温度，这个关系式在本书中要多次用到。

从阿蒙顿提出冷的极点的猜测，经过了漫长的 2.5 个世纪，低温的极限，绝对零度，0K，–273.15℃，才得以确定并得到公认。

应该指出的是，绝对零度概念的形成，如同 18、19 世纪热力学的发展一样，最初是按唯象的路线建立起来的。它不探究热现象的内部机理，是一种宏观理论。随着对热现象研究的深入，人们进而揭示热的微观本质。然而这并没有动摇绝对零度的概念，反而在一个更深的层次上证明绝对零度的存在。根据热力学的微观理论，热不过是物质的微观粒子无规则运动而已，温度则是这些微观粒子无规则运动的平均动能的量度。高温表示微观粒子运动剧烈，秩序更加混乱；低温表示微观粒子运动缓慢，秩序井然。但混乱或有秩序可到什么程度呢？事物似乎应该有某种完全规则或有秩序的状态，却没有理由认为事物无法越来越混乱。高温渺无边际，低温却应该有某种极限。绝对零度就是低温的极限，意味着微观粒子运动的静止。

绝对零度，0K，–273.15℃，这就是我们的目标。

第三章　把寒冷储存起来

人类从蛮荒步入文明时代以后，不再满足于大自然赐予的因季节和地区而异的不稳定的食物供给。为了求生存、求安定，不再为寻食而随季节气候奔走迁徙，就必须储存食物。人们最初采用晒干、盐腌、烟熏、发酵等方法，这些方法虽然能够储存食物，却无法保持食物的新鲜原味。远古人类肯定早已发现大自然天然的寒冷可以冷冻、冷藏食物，既然天然的"冷"可以保鲜，人们同样想到用人工的"冷"防止食物腐烂变味。古代的制冷和冷藏技术就这样萌发了。

古代人最常用的制冷方法还是利用天然冰雪，把冬季的"冷"保存到夏季，把寒冷地区的"冷"运送到温暖地区。这仍然没有摆脱对天然冰雪的依赖，却使人类第一次获得了比环境更低的温度，创造了征服低温的第一个纪录——0℃。

跨越冰点，历时数千年。到16世纪，冰盐混合物制冷创造了第二个低温纪录，使人工制冰成为可能。

早期人类征服低温的努力为近代制冷技术的发展开辟了道路，也充分显示了古代世界各民族的聪明才智。

从"凌阴"说起

中国是世界上最早利用储冰制冷的国家之一，早在公元前1000年就建筑了世界最古老的冰窖"凌阴"，并在漫长的历史长河中创造了灿烂的"冷"文化。

世界最早的冰窖

3000年前的《诗经》中就已经描写了商周时期的储冰劳动和用冰献祭。诗中写道："二之日凿冰冲冲，三之日纳于凌阴，四之日其蚤，献羔祭韭。"按《说文引经证例》的考据，"阴"为"窨"的借字，即地室，"凌阴"也就是冰窖。"一之日"指周历一月的日子，相当于阴历的十一月，"二之日""三之日"可依此类推。这几句诗用现在的话说就是：腊月里凿冰冲冲响，正月里存冰入冰窖，二月取出冰来，冰镇着羊羔肉和韭菜上供祭神。这是有文字可考的最早的储冰记载。

古时人们要频繁地举行各种祭神祭祖仪式，祭献的贡品一定要清洁新鲜，否则就是不敬。祭献之后，还要把祭品分给亲贵们吃，相信能得到神灵和先祖的福佑，叫"散胙"。所以祭祀的供品一定要新鲜，冰镇保鲜自然是最好的方法。

当时还设有专门掌管冰政的国家官吏"凌人"。《周礼·天官》记载："凌人掌冰，正岁，十有二月，令斩冰，三其凌（三倍存冰）。春始治（准备）鉴（双壁青铜器容器，双壁间空腔可装入冰雪），凡外内饔（烹调菜肴）之膳羞（精美食品），鉴（装入冰鉴）焉。凡酒浆之酒醴（甘甜的泉水），亦如之。祭祀，共（供）冰鉴，宾客，共（供）冰。大丧，共（供）夷盘（放置）冰。"显然，储冰已成为那时宫廷中一项常规事务，冰用来冷却食物和酒。冰除了在春夏季用于冷藏食物外，也用于丧事中保存尸体。冰成为帝王食谱中的美味和贡奉神灵祖先的贡品。当然，珍贵的冰只能供王室和达官显贵享用，是极少数统治者的专用消费品。

储冰的规模也不小。凌人下属于天官家宰，辖有管理人员"下士二人，府二人，史二人，胥八人，徒八十人"。下士管众事，府主管藏文书，史主管作文书，每胥管十徒，八胥率徒八十名。胥和徒是冰窖出纳的主要劳动者。胥徒还要承担冰窖的维修和清理。过了盛夏用冰旺季，有"秋刷"之举，重整冰窖，以备再用。

《左传》里说得更明确："古者曰在北陆而藏冰，西陆朝觌而出之。其藏之也，深山穷谷，涸阴互寒。其用之也，禄位宾客丧祭。"冰取于寒冷的地方，有的可能出自深山，用来宴宾客、办丧祭。

今天的凌姓人氏就是古代主管冰政的"凌人"的后代。《通志·氏族略》记载："卫康叔支子为周凌人，子孙以官为氏。"康叔是周武王的同母少弟，后封为卫君。这么说来，凌姓当为周文王的子孙了。

很长时间，凌阴似乎已经失传，人们不知道远古的凌阴究竟是什么样子。国外一些科技史文献常引用《诗经》中有关凌阴的记载，也都认为这种古代冰窖的具体结构仍然是一个谜。

考古挖掘解开了这些疑团。1977年，在我国陕西凤翔姚家岗出土一处春秋时期秦国凌阴遗址（图3-1）。它形如一个倒置的长方形棱台，内有许多方形或圆形的柱洞，形成一个柱网，屋面的重量就靠柱网及四面檐墙来支承。冰窖底部设有水道，与外河相通，融水可由此排出，防止积水过多使存冰消融。在窖内发现大量腐殖质土层，并在窖口发现一层层涂抹过的泥痕。据推测，当时窖底可能铺稻糠，冰上也用草荐覆盖，并涂泥封闭，用来隔热。窖底面积8.5m×9m，窖口面积10m×11.4m，深2m，可储冰190m³。按"三其凌"计算，夏季可得冰65m³。这处凌阴遗址规模之大，年代之早，设计之巧妙，皆为世所罕见。

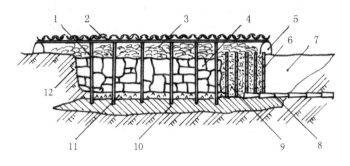

图3-1　凌阴剖面图

1—网柱；2—屋面；3—草荐；4—冰块；5—檐墙；6—槽门；

7—入门；8—排水管；9—稻糠；10—夯土层；

11—铺设片岩层；12—生土层。

考古学家不仅在陕西凤翔发现凌阴遗址，在河南省新郑县发掘的郑韩故城遗址中，也发现宫殿区附设有储存物品的窖穴，并有多眼水井，这是东周时期的凌阴。更早的，在河南安阳殷墟大司空遗址同样挖掘出一个凌阴遗迹，那是在一个深达2～3m的窖穴底部，再向下挖一个长方形坑，此坑深6m以上。长方形竖穴底部的温度比地面温度低6～10℃。考古学家判断，这个建筑当时可能是用于夏天储藏易腐物品，应属凌阴类建筑，或可以说是后代凌阴的前身。这就把我国古代冷藏史推到了殷商年代。

考古挖掘也发现了冰鉴的实物。1977年在湖北随县战国时期的曾侯乙墓中出土了铜冰鉴，它集中体现了当时青铜器新颖、奇特、精美的特征（图3-2）。铜冰鉴长宽均76cm，高63.2cm，冰鉴的四足是四只稳健有力的龙首兽身怪物。四个龙头向外伸张，兽身则以后肢蹬地作匍匐状，似乎在努力用全身力气支承铜冰鉴的重量。鉴身为方形，其四面四角一共有8个龙耳，作拱曲攀附状。这些龙的尾部都有小龙缠绕，还有两朵五瓣的小花点缀其上。除了制作精美外，铜冰鉴的奇特之处在于它是一件双层器皿，鉴内有一缶。夏季，鉴缶之间装冰块，

图3-2　铜冰鉴

缶内装酒，可使酒凉，当然也可用于冷却其他食物。这可能是迄今发现的最早的也是最原始的"冰箱"了。

冰窖储冰一直延续到清代。清代储冰业更为兴旺，不过大清朝庭甚为迷信，因为"冰"与"兵"同音，而百姓是不可屯兵（冰）的，所以百姓也不能开冰窖。有两种官办冰窖：工部所辖的冰窖，称为"官窖"，特供宫廷和官府用冰；此外还有"府窖"，是特许一些王府自办冰窖，以供王府用冰，如恭王府就开有相当规模的冰窖。窖藏冰成为皇族的专营事业。也是由于"冰"与"兵"同音的缘故，清政府喜欢听哪个门屯冰（兵）多少，觉得吉利，所以旧时有"北京城内屯冰（兵）百万"之说。

据《大清会典》记载，清朝在京城共设4处18座冰窖，统由工部都水司掌管。冰窖有砖窖和土窖之分。砖窖是用石材和城砖砌成，储冰质量较好，所储的冰用于坛、庙祭祀及宫廷生活。土窖是挖土坑、筑土墙，上盖芦席棚顶，保温和保洁效果不如砖窖。土窖存的冰供各官府衙门。共储冰20.57万块，每块冰1.5尺²（1m=3尺），质量约80kg。由此算来，由中央政府直管的冰窖的储冰能力是16500t。

清朝对供冰时间有明确规定，每年从阴历五月初一到七月三十为供冰期。官员们按等级发给"冰票"，凭票去冰窖领冰。

清朝工部都水司采冰差役的定员是120名，人手不够时还要加雇短工。每年冬至后半个月开始在故宫护城河、北海、御河等处采冰。采冰劳工由官家提供皮袄、皮裤、防冻草乌拉鞋和长筒皮手套。在河湖封冻之前，为了水质洁净，还要"涮河"，先捞去水草杂物，再开闸放水冲刷，最后关闸蓄水。开采前工部还要派官员正式祭祀河神。采过冰的水面再次封冻后可反复采冰"三茬"到"四茬"。采得之冰运到冰窖，由有专门技术的差役码放，然后封门待夏天取用。

清朝后期，也许是由于王府的冰窖带有"大国营"的色彩，往往管理不善，也有商人"承包"王府冰窖经营的，王爷们乐得坐收不菲的"承包费"。这些实际民营的冰窖也形成相当规模。比如晚清有陈氏兄弟，受一亲王恩赐经营亲王府在东直门外的冰窖，成为当时小有名气的"义和冰窖"。他们的窖可存冰30万块，每块160~200kg，总储冰量达60000t，绝不输于官窖。供冰对象自然不仅限于王府，更多是商家和百姓。这些冰窖的经营者在北京各路段设"冰局子"，专门为用户送冰。

现在北京北海陟山门雪池胡同里还存有一处明清年代的官窖遗址，当属《大清会典事例》所载的景山西门外的皇家御用冰窖。这座冰窖建于明万历年间，已有500年以上的历史。冰窖用石材和城砖砌成，为半地下式建筑。地上部分边墙长约20m，墙高2m，山墙宽约10m，山尖最高处约4m，屋顶是"人"字形起脊双坡，上盖黄色琉璃瓦，是典型皇家建筑的标志。两端山墙均开有小门，有台阶通往窖底，装有厚重的木板门隔热。内部是城砖起券拱顶，像个大城门洞，没有梁柱。墙体和拱顶与屋瓦间的夯土都很厚，密封和保冷的效果应当不错。地下部分有两层楼高，即便不存冰，外面是30℃高温，窖里还是奇冷无比。这处冰窖遗址已部分修复，除琉璃瓦用灰瓦筒代替外，基本保持原貌。同时修复的还有窖神殿，殿中供奉的掌管制冷的神原来是大名鼎鼎的济公和尚。

进入民国年间，开设冰窖的官禁取消，北京陆续涌现许多民营冰窖，冰的存储量也更大。这种情况一直持续到解放后，天然冰的存储业随着近代机械制冷的兴起和普及而衰落。

丰富的冷食

我国的冰食，早期比较简单。《楚辞·招魂》中说："挫糟冻饮，酎清凉些。"王逸注："酎，醇酒也。言盛夏……提去其糟，但取清醇，居之冰上，然后饮之。"当时的冷饮主要是冰镇清酒等，种类并不太多。

到了秦汉以后，冰的使用更为广泛，冷食花样也多起来。宋陶穀《清异录·馔羞》载："（唐敬宗宫中）清风饭……用水晶饭、龙晴粉、龙脑末、牛酪浆调。事毕，入金提缸，垂入冰池，待其冷透供进，唯大暑方作。"盛夏时，皇帝已吃冷食。同时，唐朝市场上已开始有卖冰的商人。《唐摭言》记载："蒯人为商，卖冰于市。"不过价格极为昂贵，一般人还是不能享用。后来，藏冰业日盛，商人进而在冰中加糖，招徕买主，出现了类似现在的冰沙一类的冷食，平民也逐渐有享冰之福。杜甫的《陪诸贵公子丈八沟》里说："竹深留客处，荷净纳凉时，公子调冰水，佳人雪藕丝。"看来诗人对公子调制的"冰水"和歌妓亲手做的用雪拌和的藕丝印象很深。唐代且生产了著名的冰镇饮料"槐叶冷陶"。

宋代冷饮更为丰富，夏日大量冷饮冷食进入市场。宋孟元老《东京梦华录》写道："夏月……（夜市上销售有）冰糖冰雪冷元子……沙糖绿豆甘草冰雪凉水。"提到"巷陌杂卖"时说："是月时物，巷陌路口，桥门市井皆卖……冰雪凉水……"冰雪已被列在小吃、水果一类中，成为"时物""杂卖"的一种。宋周密《武林旧事·凉水》描述南宋京都临安（现杭州）避暑的情景，市售清凉饮料中有"雪泡缩脾饮""白醪凉水"及"冰雪爽口之物"。《西湖老人繁盛录》记载六月初六西湖庙会盛况，仅冷饮就有近**20**种。书中列举的"诸般水名"有"漉梨浆、椰子酒、木瓜汁、皂儿水、甘豆糖、绿豆水"，还有"缩脾饮、卤梅水、江茶水、五苓散、大顺散、荔枝膏、白水、乳糖真雪"等（图3-3）。特别有趣的是最后一句说"富家散暑药冰水"，提到有钱人家免费发放暑药和冰水。能将冰水作为施舍之物，可见当时藏冰业有多发达。那么多种清凉饮料，就是现在去逛西湖恐怕也未必能有如此口福呢。

图3-3 夜市卖冰

《东京梦华录》中还记载食客在饭店中点菜的场景："都人侈纵，百端呼索，或热或冷，或温或整，或绝冷、精浇、膘浇之类，人人索唤不同。"这些描写与唐诗中表现出的情景有很大区别，表明冷食至少在京都很普及。当时冷饮冷食的制作精美考究，有一种冷食是把果汁、牛奶、冰块等混合，调制成夏天的食品，名叫"冰酪"。冰酪甚至成为诗人墨客讴歌的对象。宋代诗人对冰酪的形状和颜色作过形象描绘："似腻还成爽，如凝又似飘，玉来盘底碎，雪向日冰消。"冰酪与现在的冰激凌已很相似。

文人雅士小聚，冷食必不可少。宋人袁去华《红林檎近》词中描写，在幽雅园池中纳凉的夜晚，他们"坐待月侵廊"之时"调冰荐饮"，调冰水时还要加蜜作甜料。宋人李之仪《鹧鸪天》中也写道："滤蜜调冰结绛霜"。

当时嚼冰块还被认为是醒酒解酒的好方法。如程颖有一首《食冰诗》道是："车倦人烦渴思长，岩中冰片玉成方。"车旅劳烦，他嚼"成方"的"冰片"提神。徐昌图写得更直白："红窗酒病嚼寒冰"，朱敦儒《春晓曲》中也有"玉人酒渴嚼春冰"的句子。嚼冰自然要把大块冰敲碎，敲冰也成为文人们的一种乐趣，宋人杨廷秀甚至专门以"敲冰"为题作过一首诗，说是"忽作玻璃碎地声"。

元朝时，意大利旅行家马可·波罗（Marco Polo）到中国，在京城大都（现北京）街头看到出售手工制作的冰棒，感到很惊奇。他在《东方见闻录》一书中写道："在东方的黄金国（指中国）里，居民们喜欢吃奶冰。"也很有可能是马可·波罗1295年回到欧洲后，把中国制造冰棒、雪糕的技术带回意大利，从而传布海外。

清代藏冰业更为发达，冰价暴跌，"只须数文钱购一巨冰"。百姓喜冰食，冷饮种类也更多了，"京都夏日，宴客之筵必有四冰果，以冰拌食，凉沁心脾"。清富察敦在《燕京岁时记·酸梅汤》中说，清代有四大冰食佳品：一是酸梅汤，二是西瓜汁，三是杏仁豆腐，四是什锦果盘。他还专门写了酸梅汤饮料的制法："酸梅汤，以酸梅合冰糖煮之，调以玫瑰木樨（桂花）冰水，其凉振齿。以前门九龙斋及西单牌楼邱家者为京都第一。"凉得连牙都晃动了，难怪文人要著文记之。

清朝宫廷里冷食自然更是花样繁多。金易所著《宫女谈往录》中，宫女何氏透露了慈禧太后消暑的细节："宫里头出名的是零碎小吃，秋冬的蜜饯、果脯，夏天的'甜碗子'。'甜碗子'是消暑小吃，……把新采上来的果藕芽切成薄片，用甜瓜里面的瓤，把籽去掉和果藕配在一起，用冰镇了吃。……把青胡桃砸开，把里头带涩的一层嫩皮剥去，浇上葡萄汁，冰镇了吃。"

冰雪也用于食物的长期冷藏和长途运输。明代于慎在一首诗里写道："六月鲥鱼带雪寒，三千里路到长安。"鲥鱼产于江南，运到长安，三千里长途运输而不腐，靠的是冰雪冷藏。另一首诗也可佐证，同是明代的何景云诗："白日风尘驰驿路，炎天冰雪护江船。"船上已用冰保鲜，这可能是最早的冷藏船的记载。我国沿海渔民也很早在渔船上用冰保鲜，称为"冰鲜船"。

明代以后，冰的运销还发展成为国际贸易。日本在明治维新以前，医疗等用的冰曾从我国天津输入。

奢侈的"空调"

冰雪除用于制作冷食和冷藏食品外，也用于防暑降温。皇宫内避暑自然更为豪华，"长松修竹，浓翠蔽日，层峦奇岫，静窈萦深，寒瀑飞空，下注大池可十亩。……御笫（活竹篱笆）两旁，各设金盆数十架，积雪如山。"在当时条件下，用储存或运输来的冰雪给皇宫庭院降温，显然储冰能力已非常强大。

人们也利用河水、井水给环境降温，平民百姓可能洒水足矣，皇家就大不一样了。中央电视台无锡唐城影视拍摄基地再现了也许是世界上最奢侈的古代"空调"。在青山绿水掩映之间，"沉香亭""演乐台""华清池"三组建筑相映成趣。沉香亭，又称"凉殿"，是唐代长安兴庆宫中供唐明皇与杨贵妃消夏纳凉的所在地。亭边有一直径达 18m、自重 10t 的大水车。这是工程师们依据各种史料记载，艺术地再现了这一中国仅有、世界无双的历史景观。大水车运用机械原理，由 60 名男子推动轴承，带动河水从 24 只龙头水斗里喷洒到屋顶，使亭内清凉如秋。

隆重的帝王"颁冰"

值得一提的是，很长一段历史时期，冰块有着非常特殊的身份，并深深浸入到中国社会政治生活中。封建帝王通过制度化的"颁冰"，把定期赏赐臣属冰块作为维系君臣关系的一种手段。

从先秦文献中可以看到，修建冰窖、凿冰、储冰的活动，是在国家官吏的领导下进行，费用也由国库承担，是一种国家行为。"凌人"是当时掌管冰的政府官员。以后历代王朝也都一直设有管理冰政的部门和官吏，足见对储冰的重视。《宋史·职官》记载："膳部郎中员外郎，掌牲牢、酒礼、膳羞之事。……季冬命藏冰，春分启之，以待供赐。"这位官吏主管的主要业务之一就是储冰。在清朝储冰的业务则由工部都水司负责。

对于"冷"这一珍贵的享受，君主也要与臣同乐。从《夏小正》就开始规定，天热以后要"颁冰"，也就是"分冰以授大夫也"。《周礼》规定"夏颁冰"。《宋史·礼志》载有当时更细致的明文规定："仆射、御史大夫、中丞、节度、留后、观察、内客省使、权知开封府，……三伏日，又五日一赐冰。"虽然藏冰的所有权在帝王，但通过制度化的赏赐——"颁冰"，夏季用冰成为最高统治者与他的一部分高级官吏共享的一种特权。这一特权用一定的规章"礼"加以明确，根据官爵高低，与君主的亲疏远近而有不同的待遇。

《旧唐书·礼仪志》记载，唐代人存冰、取冰是一件很郑重的事情。冬天藏冰，仲春开启冰窖，都要在冰室举行特别的仪式，用黑牡羊、秬黍祭司寒之神。开启冰窖的仪式叫"开冰"，因为冰是要献给皇上的，为了辟邪，仪式中在神座上还要摆上弓、矢。开冰后的第一件事是"荐冰"，即在太庙举行仪式，把冰块首先献给先人，以示"慎重追远"之意，中国人的"孝道"处处显现出来。这以后，天子自己享受这份"寒冷"外，就开始"颁冰"，用冰赏赐大臣。

文人墨客的词赋中不乏赐冰的描述，有的还专门拿赐冰说事（图3-4）。唐代杨巨源《和人与人分惠赐冰》中写道："天水藏来玉堕空，先颁密署几人同。"看来赐冰数量较大，当时不举行集中的赏赐仪式，而是由掌冰官直接将冰送到受赐官员的官府，颁冰也是高官和重要部门优先。诗人的语气显然颇为得意，他的部门"密署"（学士院）当属机要部门，可能是中央直属机构吧，得到"先颁"的待遇。然后就是"几人同"，一帮要员当场分冰块，赶紧回家。四时八节，赐冰也要有些特别的节目。《宋史·礼志》记载，伏日这一天皇上要赏赐臣子"蜜沙冰"，蜜沙冰显然已经是一种

图3-4　赐冰

成品冰食。后人考据，"沙"当指豆沙，"蜜沙冰"可能就是浇上蜜、放上豆沙的冰。这东西与今天的"红豆刨冰"大概差不多，皇上拿它来赏赐贵戚重臣，能得到这种恩赐是多么荣耀。

皇上有时为臣下考虑得还挺周到，把冰直接送到王公大臣的府邸中。韦应物专有一篇《冰赋》中说，"夏六月，白日当午，火云四至"的日子，陈王大会亲友，韦先生也在其中，"睹颁冰之适至"，正好碰上天子赏冰送来，众宾客雀跃。宋人孔仲武有一首《食冰诗》，就把宫中赐冰的方式写得十分生动："休论中使押金盘，荷叶裹来深宫里。"冰块是用荷叶裹着，放在盘中，专门由太监送到受赏官员府上。

冰是如此珍贵，韦应物的《冰赋》中就说，冰"实大王樽俎之常品，非小民造次之所致"，赐冰当然要"尊卑有等，颁命有度"，只有王公贵胄达官显贵才能享有这份殊荣。刘禹锡《翠微寺有感》写道："吾王昔游幸，离宫云际开。朱旗迎夏早，凉轩避暑来。汤饼赐都尉，寒冰颁上才。"白居易曾有幸得到这份赏赐，他还专门写表谢恩。在《谢赐冰状》中他先说了解皇上的苦心，

"以非常之物，用表特异之恩"，然后倾诉自己受赐后"常倾受命之心""永怀履薄之戒"的一片忠君之情。杜甫就倒霉得多，年迈多病，又赶上天气酷热，在《多病执热奉怀李尚书（之芳）》中写道："思沾道暍黄霉雨，敢望宫恩玉井冰"。诗人已经中暑，还在巴望得到皇上赐冰的恩宠，这份"冷遇"得不到，只有发牢骚了。

唐宋天子赐冰数量如此巨大，皇家必定建有大规模的冰窖，史载北宋时京城不仅有皇家专用冰窖，地方上也设有属于国家的官用冰窖。随着生产力的提高，唐代起已开始出现民间储冰和买卖冰雪的记录。《迷楼记》中说，隋炀帝的宫人为了邀宠，"各市冰为盘"，以致"京师冰为之踊贵，藏冰之家，皆获千金"。"市冰"就是买冰，皇上的嫔妃出手阔绰，促使冰价飞涨，自然肥了民间经售冰雪的商人（藏冰之家）。不过至少在唐朝，夏日冰雪还是相当昂贵的，《云仙杂记》记载"长安冰雪，至夏日则价等金璧。"到了宋代，民间经营冰雪已相当普遍，窖藏冰雪的数量一定相当庞大，也出现一些经营冰雪的大商户。《东京梦华录》写道："冰雪惟旧宋门外两家最盛，悉用银器"。说有两家经销冰雪的商人买卖最好，兴旺到连盛冰雪都用银器。两宋京城中，夏天市面上买卖冰雪成为平常的事情，各种消暑食物、饮料往往是用冰雪冷镇的，或者直接用冰雪制作，冰雪的身价大为下降。

明清时代，普通市民也可用冰，关于皇帝赐臣下冰块的记录就很鲜见了。皇家另选花样来作为操练君臣关系的手段，冰块不再承载皇恩沐浴臣属，才从特权标志逐渐变为一种普通商品。

也从《圣经》中的制冷传说说起

在古代文明的其他发源地，也很早就应用藏冰制冷技术。古犹太人、埃及人、罗马人、希腊人都不乏储冰冷藏和冷饮冷食的记录，在《圣经》中也能找到有关制冷的记载，世界各民族为了更好地生存，都在不懈地追寻"冷"。

古代外国储冰冷藏

国外最早关于人工制冷的记载可能要数《圣经》了。《旧约》的箴言篇里写道："忠信的使者叫差他的人心里舒畅，就如在收割时有冰雪的凉气。"《旧约》成书于公元前5世纪，许多箴言作品是根植于人民生活土壤的民间口头创作。

《圣经》虽是一部宗教典籍，其中仍向我们提供了大量古希伯来人形象生动的生活画图。透过迷离的宗教外衣，我们可以看到，当时古希伯来人已经能把冰雪储存到收获季节，冰雪的凉气使他们多么惬意。

在东西方许多古代典籍中也常可见到有关天然冰制冷和冷藏的记述。古罗马哲学家和著作家塞涅卡（L. A. Seneca，公元前4至公元65年）描写过罗马人的存冰储雪技术。罗马人按一定的规格砌筑雪窖，雪窖也是一个大坑，用禾糠、草荐、树枝或土覆盖。因为有时要远至阿尔卑斯山的高寒处运取雪，所以入窖前一定要把雪压实，压成人造的冰块。这样既便于长途运输，也能更有效地利用雪窖的空间。他们用冰雪在运输新鲜水果时作雪藏冷却。古罗马的烹调书中还建议用雪盖上装食物的盘子，特别是覆盖盛龙虾的盘子，用来防止易腐食品变质。冰雪往往来自远方，运输车队有时需要从亚平宁山脉长途跋涉为古罗马享有特权的人供雪。

古希腊历史学家普鲁塔克（Plooutarchos，公元46—120年）详细讨论过用禾糠隔热防止冰雪融化的问题。从他的著作中易于推断，那时雪包在厚厚的织物中长期储存，雪融化后，透过织物或筛网滤出的冷水就直接加到饮料里。罗马雄辩家普林尼（G. Plinius Secundus，公元23—79年）提到，喝这种很冷的却不太干净的饮料，虽然显示了富贵，却常常引起各种疾病。后来人们就改为把盛饮料的容器放在雪中冷却。据说这个发明还要归功于古罗马有名的暴君尼禄（C. C. Nero，公元37—68年），人们至今视这位帝王为冰镇香槟酒的发明人。尼禄还观察到，预先加热的水比未加热的水冷得更快。在尼禄之前，亚里士多德（Aristotle，公元前384—322年）在他的《气象学》一书中也提到过这个现象。

古埃及人冰镇饮料的方法则要更巧妙一些。法老王们用银制的双层酒杯，内层填满雪，冷却盛在杯子外层的果汁，招待尊贵的宾客。

除了储冰，人们也知道用热辐射和水蒸发的原理制冷。希腊作家普罗塔哥拉（Protagoras，公元前481—411年）在他的著作中描写过古埃及的情景："他们把陶冶的蒸发罐露天放置在房子的最高处，让两名奴隶整夜用水淋洒这个多孔的壶。到了早晨，水变得很冷，不用雪就可以把它降到结冰的温度。"古埃及流传下来的绘画中有这样的画面，晴朗的夜晚，高高的屋顶上，奴隶在用水淋洒盛水的陶罐。这里描绘的就是利用向空中辐射热和加速蒸发来制冰的场面（图3-5）。

图3-5 古埃及人制冰

类似的方法，印度人、日本人和美国佐治亚州海边的黑人，都在相当古老的年代使用过。日本流传"伏天制冰秘法"，是在一个钢罐中盛水，烧沸后将其密封，放入井中，次日早晨取出，罐中会有一层薄冰。可以这样解释，沸腾的水在密封的罐中冷却，如果蒸汽很快冷凝，则因罐内压力变低，一部分水就要在低温下蒸发，此时带走蒸发热，使水冷却结冰。如果把罐的形状、大小、装水量、冷却温度和时间诸因素适当调整，也许确有可能制出冰来。

古埃及人还利用热传导降温纳凉，不过方法煞是可怕。人们把一些冷血动物放在自己周围，再围上一些冷的石块，通过人的身体与这些动物和矿物接触来散热。公元前5世纪埃及的贵妇就是用这种方式度夏。她们在棚屋里放一张躺椅，铺上很厚的绿叶和花草，舒展身子躺在上边，身上披一件薄薄的亚麻袍子。拉上窗帘，用水淋湿。再在脖子上和胳膊上绕两三条活蛇，每只手拿一个水晶球。如此消暑是贵妇才能享受的特权。

把水灌入大理石管中，通过一个喷头形成喷泉，古代也普遍用这种方法冷却空气，为房屋和庭院降温。这同样是利用水的蒸发制冷，也是早期的空调了。

冰雪食物同样在许多国家的宫廷和王室生活中扮演重要角色。也许，在气候温暖的地方或炎热的夏季，吃上移季或移地而来的冰冻食物，更能显示食用者的奢华与高贵。如日本平安时期，皇室食谱中对各种人物的用冰量有明确规定。天子4—9月用冰，皇后和太子5—8月用冰，亲王、妃子等仅6—7月用冰。用冰量也不一样，在6—7月，天子每日用冰3驮（每驮相当于132kg）；皇后每日用冰4

颗（8颗为1驮）；太子每日用冰6颗；亲王、妃子、夫人、尚侍每日用冰1颗。在用冰量上，尊卑等级森严。

从中世纪起，骆驼队从黎巴嫩运雪到大马士革哈里发的王宫，更远的要运到现在伊拉克的巴格达和埃及的开罗。

清凉饮料成为王公贵胄宴席上的珍品，有关的记载史不绝书。1533年，法兰西王位的继承人亨利二世与意大利佛罗伦萨的美第奇家族联姻。举行婚礼时，意大利人借此机会向西欧人显示他们名不虚传的美味佳肴。据说，在连续34天庆祝结婚狂欢的日子里，每日都造出一些与柠檬、橙及野莓香味不同的冰水饮料，还向宾客提供奶油做的冰糕，方法则绝对保密。

对天然冰的经营，许多国家在财政和管理上作出特别的规定。法国的气候较适合天然冰的采集，17世纪天然冰贸易已形成一定规模，一段时期经营冰是国王特许的专营事业，显然卖冰获利颇丰。那时巴黎的"工业促进会"还曾提供2000法郎的奖金悬赏为利用天然冰的家用冰箱发明长期储冰法的人。

17世纪在西班牙已形成正规天然雪贸易，根据城市的地理位置选择适合的产雪地，雪压成块后用驮重牲畜运输并存在专用的冰窖里。冰窖有私人的，也有公用的，有的建在山区，有的建在城市消费区，天然雪的销售形成网络。18世纪天然雪在西班牙的使用已较普遍，销售量的增大使对天然雪的征税成为政府财政的一个重要来源。

大规模的天然冰产业

天然冰的采集、储存和运销在19世纪末达到了它最辉煌的时期，在美洲大陆成为一项巨大的产业。美国立国未久，但经济迅速发展，富于创新精神和追求高品质生活的美国人以惊人的速度实现了天然冰收集和运输的工业化，并形成完善的销售网络。

18世纪末，天然冰的应用在美国已相当普及，几乎各地的农场主都建有冰库，大量用冰冷藏农产品和肉、奶制品。天然冰还用在运输工具上，用于长途运送易腐食品。19世纪，用天然冰制冷的家用冰箱兴起。当时的冰箱其实只是一个衬有镀锡或镀锌铁皮的木箱，用海草、木屑等各种物料作保冷材料，隔层中装入冰块冷藏主箱中的食品。箱下有一个水盘专门收集融化而成的水，家庭主妇每天要记着清空积水。"售冰人"定期来为各家添冰，他们的四轮马车巡行在城市的街道上，成为城市的一道奇特景观。1880年左右，美国大城市已有35％～50％的天然冰销售给个人，其余部分销售给咖啡厅、餐馆和其他工业用户。

天然冰的大量使用带来采集、装卸的机械化和储存的大型化。开始人们是用手锯作业，1825年韦思（N. J. Wyeth）发明了用一匹马拉的切割锯，后来又采用机械圆锯。采集的天然冰用机械堆码在大型冰库里，冰库通常设有双层木板墙，中间用木屑隔热。有些冰库可存冰6万t以上，最好的冰库存冰可长达2年，损耗为10％～25％，性能已相当优越。1855年左右，人们采用了用蒸汽机驱动的提升机堆码冰块，其工作能力达到600t / h。

在美国东部，天然冰的主要来源是缅因河和赫德森河。20世纪初，赫德森河流域的天然冰储存能力达到400万t。纽约城的大部分冰的供应靠由6～12条驳船组成一列的拖驳船队（每条船可装载400～1000t冰）。在西部，旧金山首先接收从阿拉斯加运来的天然冰，后来接收用铁路运来的内华达山脉的冰。

1880年，天然冰已成为一项巨大的产业，并形成一些大的经营天然冰的公司，公司每年销售的天然冰可达数百万吨。高效率的采冰业使冰价降低，甚至在美国南部，1827年每千克冰的价格为5～6美分，1830年更降到1～3美分。

1843年，仅纽约城就消费了12000t天然冰，1856年达10万t，1879年达100万t。美国南部的新奥尔良，冰的长途运输比较困难，1860年消费天然冰也达24000t。1880年美国采集了500万t天然冰，1899年为2500万t，创下了采集天然冰的最高纪录。这一切显示了冰在美国人生活中的重要性，1855年就有英国人在他的通信中惊呼："冰是美国的一项公共事业！"

天然冰在美国也形成大规模的国际贸易，甚至天然冰工业的兴起首先也是得益于天然冰的国际贸易。1806年，后来被称作"冰王"的图德（Frederic Tudor）率先从波士顿向马提尼克岛发运了130t冰，后来又向牙买加出口冰，那里需要用冰治疗黄热病。他的运冰路线不断拓展，除了通过沿海航线向美国南部城市运冰外，还向古巴哈瓦那运冰。到1832年，27年间他一共海运了4500t冰。此后，他的公司更为大胆，1833年向印度的加尔各答发运了180t冰（卸货时仅剩下120t），1834年运冰到南美巴西的里约热内卢，1840年又开辟英国航线。经过众多美国企业家的努力开拓，1872年美国天然冰的出口达到顶峰的225000t。当时美国的天然冰也偶尔跨越半个地球来到过中国。图3-6所示为1870年英国南安普顿的冰库，内有巨大的地窖。

图3-6　1870年英国南安普顿的冰库，内有巨大的地窖

这一时期，其他国家的天然冰产业比美国小得多，但仍起着不可忽视的作用。挪威以其天然冰的出口而闻名，特别是向英国出口，挪威天然冰的特点是透明洁净。1899年挪威向英国出口天然冰达到顶峰，约为50万t（其中40%用于伦敦），同年向德国出口35万t天然冰。而俄罗斯则在1939年才达到采集天然冰的顶峰，那年共采集了1400万t的天然冰，数量也非常惊人。

随着机械制冷的兴起，20世纪初天然冰的采集逐渐衰退。然而天然冰工业已经培育起一个庞大的用"冷"市场，为机械制冷技术的发展奠定了基础。

跨越冰点

用天然冰制冷，最低只能达到0℃。人们还没有办法制造出人造的冰来，充其量只能冰镇饮料或直接食用天然冰。天然冰用于冷藏，同样无法使被冷藏物冻结。

人工制冰，必须达到比0℃更低的温度，这最初是利用冰盐混合物实现的（表3-1）。这种冷却混合物的出现可以视为已进入天然制冷向人工制冷的过渡阶段。

表 3-1 　几种冰盐混合物的温度

盐的种类	100份冰或雪(按质量计)中含盐量	混合物温度(℃)
$CaCl_2 \cdot 6H_2O$	41	−9.0
KCl	30	−11.0
NH_4Cl	25	−15.8
NH_4NO_3	60	−17.3
$NaNO_3$	59	−18.5
NaCl	33	−21.2
$CaCl_2 \cdot 6H_2O$	82	−21.5
$CaCl_2 \cdot 6H_2O$	125	−40.3
$CaCl_2 \cdot 6H_2O$	143	−55.0

　　人们很早就发现，在水中加盐，特别是加芒硝（硝酸钠），可以降温。我们并不知道这一发现的具体日期，但在公元4世纪的印度典籍中已经提到"有盐时水更冷"。中国古代医书中也有用冰盐水袋冷敷治病的记载。

　　1550年，居住在罗马的西班牙籍医生乌拉加宽（Blas Villafranca）发明了将奶油和水、果汁等混合冷冻的方法。他在雪中加硝石（硝酸钾），冰点降到0℃以下，后来发现在雪中加盐可以得到更低的温度，可用它来冻结奶油混合物。1589年那不勒斯的波塔（Battista Porta）、1607年那不勒斯医生坦克雷多（Tancredo）都提到这一方法。1644年卡博斯（Cabeus）做实验，用100份水和35份硝酸钾混在一起，用力搅动形成了冰。冰盐混合物制冷使人类跨越了0℃，并开始可以人工制冰。

　　从17世纪开始，冰盐混合物已用于科学研究，意大利西门图科学院的院士们和英国物理学家波义耳都用这种冷却混合物做实验。1760年布劳（Braun）在彼得堡用雪和氯化钙的混合物冻结了水银（−39℃），华氏温标的发明人华伦海特也是用雪和硝酸铵的混合物确定了他的温度计的零位点。

　　冰盐混合物制冷得到商业应用，意大利中部佛罗伦萨的市民利用这种快速冷冻的方法，正式地大规模生产出雪糕。后来，许多意大利移民涌入英国，带去了雪糕的制作方法。那些年里，伦敦街头满是小孩手捧意大利人制作的雪糕向行人兜售，到处都是他们的叫卖声："试吃一杯如何？"

　　18世纪，人们已经发现5~10种盐和冰的混合物能显著降低温度，并对支配冷却混合物的规律进行了多方面研究。在机械制冷未普及之前，这也是制取人造冰的唯一方法，冰和氯化钠的混合物是冻结食品最常用的混合物。1869年采用硝酸铵溶液制冷制作的20kg重的冰块曾从巴黎出口到阿尔及尔。19世纪末，在伦敦还曾建立过用冰盐混合物制冰和进行冷藏的工厂。然而，机械制冷技术异军突起，很快就使冰盐混合物制冷法销声匿迹。现在已很少用冰盐混合物制冷，不过盐水用作一种冷载体，仍广泛用在工业生产中。

第三章　把寒冷储存起来

第四章　冷冻机的发明

产业革命的兴起加速了征服低温的步伐。

随着大城市的出现和边远地区的开发，食品的产地往往远离它们的销售市场，食物供需之间的脱节越来越严重。牛仔们不得不历尽千辛万苦，把活牲畜从美国西部赶到东部；海员们却只能眼睁睁看着澳大利亚肉类过剩，无法运到缺肉的欧洲。传统的靠天制冷的方法已经远远适应不了食物长期储存和远途运输的要求。社会需要是发明的动力，对冷藏需求最迫切的欧洲、美国和澳大利亚成为早期冷冻技术发展的中心。许多具有开拓精神的科学家和工程师纷纷致力于新的冷藏方法和冷冻机械的研究。

我们可将1755年视为人工制冷历史的起点。这一年苏格兰科学家威廉·古兰实现了用水减压蒸发制冰。我们至今仍在广泛使用的主要几种制冷机：可液化气体压缩—蒸发式制冷机、预压缩空气膨胀式制冷机和吸收式制冷机的前身，则在1834—1859年短短的25年间相继诞生。多种人工制冷技术的发明在一个不太长的时期内集中涌现，这绝不是偶然的，正是当时物理科学、化学科学的发展，新化学物质的分离、新物理现象的发现、新设备的制造，为人工制冷发明提供了丰厚的土壤。

冷冻机的诞生揭开了人类征服低温历史的新篇章。从此，我们再也不用等待大自然的恩赐，无须依赖天然冰雪获得低温。机械制冷技术为冷藏工业奠定了基础，并使冷藏成为人类食物链中不可缺少的一个环节。机械制冷技术也推动了空调事业的发展，创造出更舒适的生活环境。家用冰箱和空调器日益普及，逐渐成为每个家庭的必备设施。如果说冷冻机的发明改变了人们的食物构成以至生活习惯，这毫不夸张。

机械制冷的发明产生了今天称为"制冷"的产业，把人造低温推进到一个更低的温度区间。根据选用制冷工质的不同，可以得到 $-150\sim-30℃$ 的低温，这已经超越了地球上自然界可能达到的最低温度。

寻找新的制冷方法

寻找新的制冷和冷藏方法的先驱者中，包括英国著名哲学家弗兰西斯·培根（Francis Bacon），他并为此献出了生命。培根不仅提出"知识就是力量"的名言，并且身体力行，亲自参加科学实验。这位伟大的英国科学家也许是世界上最早认识到冷藏食品对解决人类食物问题重要性的人之一，为此他还系统提出几种冰盐混合物制冷剂的配方。1626年，培根在用雪填宰杀好的雏鸡，探索肉类大规模冷冻储藏方法的实验中受了风寒，后来终因病情恶化而去世。他的工作是近代最早的冷藏食品的科学实验之一，指出了食品长期冷冻储藏的可能性和探索方向。

1752年，弗兰克林（Benjamin Franklin）已经观察到，把温度计用乙醚沾湿，然后向沾有乙醚的温度计玻璃泡上吹风，加速蒸发，那么温度计的水银柱一直可以下降到0℃以下（图4-1）。

图4-1　弗兰克林观察到乙醚挥发温度下降

1781年，居住在英国的意大利人卡瓦罗（Tibeius Cavallo）系统地进行各种醚和醇类物质蒸发降温的实验，并试图确定可以获取的冷量。1813年，马斯特（Alexander Marcet）则对二硫化碳做了类似的实验。

1748年，在苏格兰爱丁堡大学任教的威廉·古兰（William Cullen）教授用减压蒸发乙醚的方法，得到良好冷却效果，开创了利用水以外的物质作制冷剂的历史。

古兰教授是一位富于创新精神的科学家。除了担当医学院的内科医生外，他还负责每学期给学生讲授物理和化学课，很熟悉各种化学物质的性质。他发现，乙醚极易挥发，挥发时带走大量的热。他用一个手动的真空泵，不断抽取乙醚液面上的蒸气，使乙醚在负压状态下沸腾。随着压力降低，乙醚沸点也越来越低。常压下乙醚沸点是34.6℃；压力降到200mmHg[①]时，乙醚沸点已接近0℃；他进一步将压力降到100mmHg，对应的沸点低达-11.5℃。

18世纪的苏格兰是继巴黎之外的世界第二个科学中心，然而那时研究制冷技术仍要冒许多风险。爱丁堡大学校董事会由神学家把持，他们反对对于热的本性的任何深入研究。在他们眼里，每一个研究热的人都是教会的叛逆者，然而这并不能阻止科学家追求真理的努力。1755年，古兰教授制作了第一台人工制冷的实验设备，不过他采用的第一种制冷剂仍然是水。这台设备在真空罩下通过降压使水快速蒸发，他首次用人工方法制得少量的冰，同时他发表了"液体蒸发制冷"的论文，因此我们将1755年视作人工制冷的起点。后来古兰教授利用乙醚减压蒸发得到的低温也成功地制出了冰。

古兰教授的弟子和继承人布莱克（Joseph Black）则创立了量热学，并第一个明确阐述了潜热的概念。1756年，布莱克开始思考，为什么在冰熔化和水沸腾时，冰化成水和水变成蒸汽的消散过程都令人不可理解地缓慢。他作出解释，大量的热仅仅消耗在实现物质状态的变化上，原因在于发生了物质的微粒和称为热的细流之间的准化学组合，因此温度没有丝毫的变化。按他的说法，这种热是"潜在的"，称其为"潜热"。

潜热的概念至今仍在使用，潜热就是物质在改变物态时所放出或吸入的能量。然而对潜热的理解已较当时更深刻，按现代观点，物质状态发生变化实质是发生了能量转换，热这种形式的能量转变为物质粒子的势能。布莱克和他的学生还一起测定了水的汽化热和熔解热。他得到水的汽化热的一个数值是417kcal/kg[②]，另一个数值是450kcal/kg，而今天得到的准确值是2260kJ/kg（539kcal/kg）。对于冰熔化吸收的热量，他得到的测定值为77.8kcal/kg，已非常接近现在采用的335kJ/kg（79.80kcal/kg）。潜热概念的提出为获取冷量指明方向，目前我们制造的冷量绝大多数仍是使适当的液体变成蒸发状态而产生的。

在18世纪，液化当时已知的各种气体是那个时代物理学家孜孜以求的目

---

① 1mmHg=133.3224Pa。

② 1kcal=4.184kJ。

标，气体液化的先驱者们对人工制冷技术发展的贡献也功不可没。1774年普里斯特利（Joseph Priestley）分离出了氨。1798年荷兰人马鲁姆（Martinus Van Marum）通过加压到6atm①成功液化了氨（在非纯状态），更早一些克卢埃（Louis Clouet）和蒙热（Gaspard Monge）则用加压及冰盐混合物冷却的方法液化了二氧化硫。1799年福克拉（Fourcroy）和沃克兰（Vauquelin）、1804年莫尔沃（Guyton de Morveau）在常压下用雪和氯化钙混合物冷却的方法同样液化了氨。1805年诺斯米尔（Northmere）液化了氯化氢和氯。

法拉第（Michael Faraday）则对气体的液化进行了系统的研究。1824年，在做气体实验时，他清晰地演示了吸收制冷的原理（图4-2）。这是一个著名的固体吸收剂吸收气体的冷却效应实验，实验中利用氯化银吸收氨的放热现象与吸热放出氨的化学反应特性实现冷热传递。他的实验装置是一个连通的V形玻璃试管，左端放入吸收了大量氨的白色氯化银粉末。加热它的下端，氯化银放出氨气，氨气进入V形管另一端被水冷却，冷凝成液体。然后将热源移开，冷却水也撤走。由于氯化银强烈吸收氨，促使管右端的液态氨急剧蒸发。这时氯化银吸收氨向环境放热，而液态氨蒸发从环境中吸热，产生显著的制冷效应。

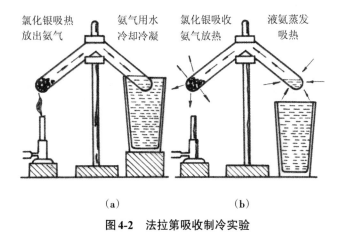

图4-2　法拉第吸收制冷实验

(a) 氨加压冷却冷凝；(b) 氨减压蒸发降温。

气体热性质的早期研究也指出了人工制冷的方向。17世纪波义耳和其后的查理、盖·吕萨克发现的气体定律，建立了气体体积、压强和温度之间的关系，从理论上叩开人工制冷的大门。对真实气体的研究和气体状态方程的确定，相

① 1atm=101325Pa。

律、热力势、化学平衡概念的引入则进一步奠定了人工制冷的理论基础。

这些早期的巧妙实验显示了制冷技术的诱人前景，鼓励人们去努力开发这一新的领域。当然，不管是古兰的低压蒸发乙醚的方法还是法拉第的实验，都未能构成一个连续的密闭循环系统，因而不能实际应用。成功地把这些创造性思想变为实用装置，还要解决许多复杂的技术问题，这经历了几十年时间。

世界上第一台冷冻机

蒸气压缩式制冷机最先登上制冷舞台，并仍在现代众多制冷方式中占主导地位。

伊文思的设计

1805年，美国费城的伊文思（Olver Evans）发表了乙醚压缩式制冷机的设计。他设想用泵抽取盛有乙醚容器上空的蒸气，使乙醚液体在低压下蒸发制冷，抽出的乙醚蒸气再加压变成液体返回，形成一个封闭循环系统。这是第一篇设想在一个封闭系统中使易挥发液体压缩和膨胀，利用机械方法制冷的论文。在这里伊文思已经提出了一种机械制冷方法的完整构想，他还是有名的单锅筒卧式锅炉的发明人。

英国人特里维斯克（Richard Trevithick）对伊文思的发明很感兴趣，与伊文思进行了持续的联系，进一步阐述了机械压缩蒸气密闭循环的思想，在1828年发表了一篇名为"人工制冷的产生"的论文。遗憾的是，他们都未能将自己的设计付诸实施，而将发明冷冻机的荣誉留给了帕金斯。

帕金斯的世界第一个冷冻机专利

盛夏，暑气袭人。一辆马车从伦敦疾驰而出，傍晚时停在远郊一栋屋子前。车上人小心翼翼地取出一捆毛毯，珍重地送给屋子的主人。拆开包了又包的重重包装，里面裹着的原来是几块碎冰。白发苍苍的老者欣喜地接过晶莹的冰块，抑制不住激动之情。

这是170年前发生的一幕。长途奔波，专程送冰，人们是特意来向冷冻机的发明人报喜的。几块普普通通的碎冰，宣告了冷冻机的诞生，揭开了人类征服低温历史的新篇章。

冷冻机诞生在英国，它的发明人却是美国工程师雅可布·帕金斯（Jacob

Perkins）。1834年，帕金斯取得世界第一项有关冷冻机的专利——英国专利6662号（图4-3）。帕金斯用乙醚作制冷工质，利用人力驱动的压缩机、用水冷却的冷凝器、膨胀阀和蒸发器组成一个密闭循环系统。作为世界各国政府授予的数以万计有关冷冻发明专利的第一件，帕金斯的专利说明书却极其简洁。整个说明书只有一句话："我申请的专利范围是：在一个周期过程中，利用挥发性液体的蒸发来进行冷却，同时不断地将其凝缩，就可以反复地无损耗地用以制冷。"

帕金斯的装置已经包括了现代蒸气压缩式制冷机的所有基本特征。在制冷循环过程中，乙醚蒸气在压缩机中被压缩，然后进入冷凝器，用水冷却，变成液体。液态乙醚经过膨胀阀，压力降低，温度也降低，成为汽液混合物。在蒸发器中，蒸气被抽取，压力降低，汽液混合物进一步蒸发，吸收热量。蒸发器浸在盐水中，得到的低温盐水用来冷冻或制冰。蒸发器中产生的蒸气再返回压缩机，如此循环。后代的蒸气压缩式制冷机可以选用不同的工质，但基本原理并没有变。

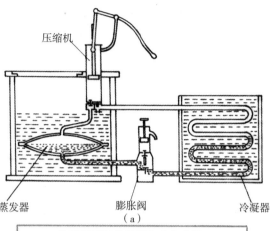

图4-3　帕金斯专利设备装置及说明书
(a)专利设备装置；(b)专利说明书。

帕金斯还是一位精明的机械工程师和多方面的发明家。1766年7月9日，他出生在美国马萨诸塞州的纽伯里波特。1787年，年方21岁的帕金斯被委任制造马萨诸塞州铜币的冲模。几年后，他发明了制钉机，一次即可使钉头成型并将其切断。后来，他钻研钞票镌版技术，首先用钢版代替铜版，降低了生产成本，并发明从一块钢版向另一块钢版复制镌版的方法。此外，他还做过高压锅炉和蒸汽机的实验，发明了一种测定船速的仪器和船舱强制通风的方法。1818年，帕金斯承接英国货币的镌版合同移居伦敦，直至1849年去世。

同样令人遗憾的是，帕金斯只做了一台样机，也没有立即继续开发下去。也许这是因为他的发明动机有些缺乏实际，帕金斯在费城居住时与伊文思很友好，伊文思的创想对他可能有启发，科学的好奇心和工程师的才能结合在一起使他做出了这个重大发明。帕金斯发明冷冻机时已届70高龄，完成英国的镂版合同又占用发明家太多钱财和精力，妨碍他投入必要的资本促进他的发明。尽管帕金斯冷冻机的样机的确曾经制出冰来，但当时并没有得到实际的应用。这种蒸气压缩式制冷机的工业应用在20年后才由澳大利亚的哈里森实现。

蒸气压缩式制冷机的工业应用

帕金斯发明冷冻机15年后，美国人特文宁（Twining）重又有了醚压缩机的想法，1853年获得了专利。在此之前，1850年他的机器已经在美国的克利夫兰、俄亥俄等地运转，机器可日产冰900kg。他的机器使用了许多年，但克利夫兰比较容易得到天然冰，他并没有取得商业上的显著成果。

由于一位叫哈里森（James Harrison）的从苏格兰移居澳大利亚的新移民坚持不懈的努力，冷冻机首先成规模地应用于澳大利亚。这并不是偶然的，澳大利亚的气候使其很难得到天然冰，以农业和畜牧业为主的产业结构使澳大利亚的经济严重依赖农畜产品的出口，人工制冷有更为迫切的市场需求。哈里森是一个有远见的企业家和报人，他清醒地认识到，解救澳大利亚经济的办法在于将富产的肉类销售给赤道另一侧的欧洲居民。为此他还创办了一份有影响的报纸，极力鼓吹将澳大利亚的肉类冷冻出口到欧洲的必要性。哈里森的发明有更为明确的目的，并一开始就致力于冷冻机械的实际应用。

哈里森清楚地知道，在将新鲜肉类通过穿越赤道的漫长旅行送往欧洲之前，首先需发展一种能在炎热气候中供工业应用的可靠的制冷装置。他着手设计自己的冷冻机，也选用乙醚为制冷剂。1855年，他申请了自己的冷冻机专利，但他的第一台冷冻机并不成功，机器无法运转。哈里森带着这台机器来到英国，在西伯（D. E. Siebe）的帮助下，机器顺利运行起来。1856年，他又带着他的冷冻机返回澳大利亚，并受啤酒商的委托，将改进的冷冻机安装在维多利亚和墨尔本的啤酒厂。这几套冷冻装置成功地运转了许多年。从此，蒸气压缩式制冷机正式登上工业应用的舞台（图4-4）。

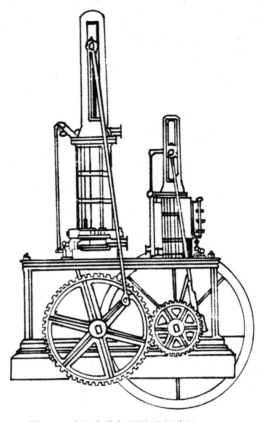

图4-4 哈里森蒸气压缩式制冷机

　　从1857年起，1台0.5马力①的小型冷冻机每小时可制冰8kg；1858年有3台8~10马力的带一个立式汽缸的机器安装在英国，而1859年同样的一台机器在澳大利亚的杰隆运转。1859年澳大利亚悉尼的P. N. Russell公司开始生产哈里森的机器，从此冷冻机开始作为一种工业产品成批生产并进入市场。1861年已有12台哈里森机器在英国和澳大利亚运行，为食品行业和啤酒厂制冰，在苏格兰的一家页岩加工厂也配备了哈里森的机器。1868年英国军队在部队医院采用这种冷冻机。在冷冻机发明的早期，哈里森的机器是可供选择的不多种机型之一。随着其他更适用的制冷剂的出现，1890年用乙醚作制冷剂的哈里森制冷机生产开始下降，1902年停止生产，这种制冷机共生产了45年。

　　哈里森一直念念不忘向欧洲出口冷冻肉类。1873年，他把他的冷冻机装在诺福克号船上，打算运20t冷冻肉，结果因机器出故障而失败。然而这丝毫没有

---

① 1马力=735.498W。

减弱人们长途运输冷冻肉类的强烈愿望。就在哈里森失败以后不久，另外一些实业家终于实现了冷冻肉类从美洲和澳大利亚输往欧洲的跨洋运输。

各种制冷剂的出现

帕金斯一定已经意识到工作液体的重要性，制冷剂应在适当的温度和压力下凝结、蒸发并反复循环，选择合适的制冷剂是决定冷冻机性能优劣的关键因素之一。不过首批发明家都是自然而然地想到用在常温下是液体的物质的蒸发来制冷，如水、醚类和醇类物质等。后来才发现，用常温下是气体、但物理学家已知道如何液化的物质作制冷剂更加合适。

蒸气压缩式制冷机最初用乙醚作制冷剂，乙醚易燃并有毒性，用作制冷剂有很多缺点。同时乙醚制冷机完全在低于大气压的条件下工作，防止空气进入系统也比较困难。工程师们在不断寻找更合适的替代品。

曾经短暂出现过两种制冷剂。1863特利尔（Charles Tellier）采用甲醚作制冷剂，它在高于乙醚的压力下工作，这可以防止空气进入回路，但这种制冷剂还是危险的。使甲醚制冷机扬名的是世界上第一艘实现从南美洲向法国运送冷藏肉类的远洋冷藏船弗瑞格瑞费克号（Frigorifique），它配备的是甲醚制冷机。另一种制冷剂是石油醚和石脑醚混合物。不过这仅是短暂的插曲，它们只是试用或在冷藏库短期运行过。

以后几十年里先后采用的制冷剂有二氧化碳、氨、二氧化硫和氯甲烷。

1866年，美国人洛（T. S. C. Lowe）发明了二氧化碳压缩式制冷机，但直至1875年，这种压缩机还没有得到实际应用。陆续有一些工程师作改进和实验工作，但主要是英国的霍尔（J. & E. Hall）公司为二氧化碳制冷机开辟了一个光辉的阶段。在英国从1890年起，二氧化碳制冷机逐渐取代了更早一些在船上普遍使用的空气循环式制冷机。第一次世界大战前夕，已经有十几家工厂生产二氧化碳压缩式制冷机，英国的船长们更偏爱这种形式的冷冻机，甚至在第二次世界大战以后还在制造二氧化碳压缩式制冷机。

二氧化硫制冷剂是瑞士科学家皮克代特（Raoul Pictet）1874年引入的，他是日内瓦的一位教授，当时正致力于气体液化的工作，尤其对二氧化硫的性质作过系统的研究。他发明了二氧化硫压缩式制冷机，从1876年起，由于日内瓦公司的努力，这种压缩式制冷机立即实现了工业化规模的生产，并获得极大成功。这种制冷剂的优点是自动润滑，不仅不易燃而且是灭火的。它的缺点是与潮气接触会产生硫酸，有很强的腐蚀性。皮克代特聪明地将压缩式制冷机包在密封罩里，顺利解决了这个难题。

二氧化硫制冷机主要在欧洲大陆和英国流行，用于屠宰场和化工厂。1876年盖姆吉（John Gamgee）在伦敦建立了世界上第一座人造滑冰场（40m²），不久又在切尔西建了另一座100m²的人造滑冰场，都采用的是二氧化硫制冷机。不过在美国，大型压缩式制冷机从未用过二氧化硫。在世界范围内，对于大型设备，二氧化硫制冷剂后来也逐渐被氨取代。

1878年，文森特（Vincent）开始采用氯甲烷作制冷剂。1884年起，巴黎一家公司开始生产氯甲烷压缩式制冷机，在第一次世界大战前，只有法国这家公司制造氯甲烷压缩式制冷机。这种小型压缩式制冷机主要用于法国，1920年美国也加入生产，在两次世界大战之间氯甲烷制冷机一度在美国很流行。

蒸气压缩式制冷机的大规模工业应用则是以氨蒸气压缩式制冷机的出现为标志。1872年，出生在苏格兰后来移居美国的年轻工程师戴维·波义耳（David Boyle）发明了氨压缩式制冷机，在22岁时取得美国专利128448号。他的第一台氨压缩式制冷机安装在美国得克萨斯的杰裴逊城，另两台也在1874—1875年投入使用。

在波义耳工作的基础上，德国工程师卡尔·林德（Carl Linde）于1875年对氨压缩式制冷机作了许多重大改进，使压缩式制冷机的效率和质量都有很大提高。氨较当时使用的其他制冷工质有显著优越的热力学特性，其循环更接近于理想的卡诺循环。它还有另一个优点，为了从常温达到通常的冷冻温度（不低于-20℃），压力循环范围为1.5~13atm，这相当接近于当时蒸汽机常用的压力。

氨蒸气压缩式制冷机很快就得到广泛应用。1876年林德制造了他的第一台氨压缩式制冷机（图4-5），这台压缩式制冷机有2个立式汽缸，汽缸的密封由一液浴保证。这台压缩式制冷机安装在里雅斯特的一家啤酒厂，并一直工作到1908年。1877年林德制造进一步改进的氨压缩式制冷机，带双效卧式汽缸，加上由2个垫片组成的填料盒，垫片由甘油分开。这种形式的压缩式制冷机立即获得巨大成功，被众多制造商视为最佳机型，并得到许多许可证，德国、瑞士、比利时、英国、美国的一些公司都生产这种压缩式制冷机。1879年，德国威斯巴登成立了林德制冰机公司，1885年成立了英国林德制冷公司。从1880年起，美国大规模生产氨压缩式制冷机。

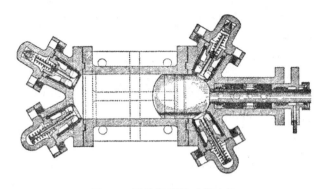

图 4-5　林德氨压缩式制冷机

　　制冷剂的选用各国并不均衡，1900 年左右，在美国、英国、德国几乎所有的压缩式制冷机都使用氨或二氧化碳。在法国，制冷剂的选用则更为多样化，53%用氨、28%用二氧化碳、11%用二氧化硫、8%用氯甲烷。工程师们着手对比各种压缩式制冷机的效率，在林德的推动下德国慕尼黑建立了一个试验站，从事压缩式制冷机效率的比较研究。总体上氨压缩制冷显示巨大的优越性，但在某一具体条件下，每种制冷剂有各自的适用性。

　　氨制冷剂的使用和氨压缩式制冷机的发明使蒸气压缩式制冷机迅速得以发展，在第一次世界大战以前已经在制冷业中居主导地位，林德是真正推广氨的人物。氨蒸气压缩式制冷机不仅用于冷藏和制冰，也用在餐馆、酒厂、人工溜冰场等。至今，大型冷冻装置中最常用的仍是氨蒸气压缩式制冷机。

格里与空气压缩式制冷机

　　比蒸气压缩式制冷机更早得到实际应用的是空气压缩式制冷装置。18 世纪中叶以来，人们已经知道预压缩空气膨胀会致冷，关于气体的查理定律也指出气体压强与温度变化之间的关系。盖·吕萨克就曾对气体膨胀制冷十分感兴趣，不少科学家也提出过一些用这种方法制冰的设想，然而这一切都还只是纸面上的东西，并没有进行实际的尝试。第一个将空气膨胀制冷用于实践的是美国佛罗里达州的医生格里。

医院院长的发明

　　格里（John Gorrie）是从另一个途径对制冷发生兴趣的。他从纽约州西部地区医学院毕业后，到美国南部的阿帕拉茨卡拉定居，是一家医院的院长。那时，美国海员常患疟疾和黄热病，苦不堪言。格里医生非常热心于治疗这种疾病，并且和美国政府签定了合同，负责在他开设的医院里治疗患病的海员。治疗中需要用大量的冰为病人降温，病员的病房也需要凉爽，但濒临墨西哥湾的佛罗里达州只能依赖从美国北部各州船运天然冰。由于气候的影响，冰的供应非常不稳定，时时威胁着对病人的抢救和护理。正是船运天然冰的日益不足，促使格里下决心发明一种机械制冰装置，用来保证医院里的烧热病人随时可以用到冰。

格里是一个发明天才，他于1844年制成这种冷冻机（图4-6），并在1850年获得美国专利8080号。这台机器安装在他开办的海员医院里，是世界上第一台用于冷冻和空调的商用制冷装置。

格里这样介绍他的发明："高度压缩空气，由于压缩能而发热。如果让压缩空气通过一个用水冷却的管子，并使冷却到水温的空气再次膨胀到1atm，就可以得到很低的温度，甚至低到足以冻结冰箱盘子里的水。"这里，格里已经成功地利用了气体膨胀制冷原理。他的第一台制冰机十分简单，在一个直径20cm的汽缸中将空气压缩到2atm，用水冷却汽缸消除气体压缩产生的热。然后让气体膨胀，此时降温，用于冷却盐水。格里得到-7℃的盐水，再用冷盐水来制冰。格里用冰给病房降温，将冰置于屋顶上，空气通过装冰的栅格篮进入室内，使病房凉爽。

空气压缩式制冷机还有另一个优点，冷空气可以直接导出，可能用于空调。格里也曾设想把这一发明用于远洋船上，使闷热狭小的船舱变得舒服宜人。

在那个年代，仍有许多人相信上帝造冰才是完美的信条，对人工制冷持怀疑和嘲讽的态度。因为担心宗教势力的攻击，格里谨慎地用预言的形式在报上介绍他的发明。不出所料，

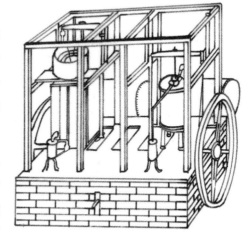

图4-6　格里空气压缩制冷装置

纽约一家报刊挖苦说："在佛罗里达州的阿帕拉茨卡拉有一个狂人，他竟然以为用他的机器能像全能的上帝一样造出冰来。"然而与攻击者的目的相反，这种大肆喧嚣以引人注目的策略反而帮了发明家的忙。格里的工作引起一些有见识的金

融家的注意，他们投入资本在格里的医院里设置大型制冷和空调装置。许多年里，特别是美国南北战争期间，天然冰的供应完全中断，格里的海员医院成为美国墨西哥湾沿岸各州唯一能为烧热病人提供优越治疗条件的医院。

格里的空气压缩式制冷机是敞式循环的，即空气膨胀后不再使用，经济性能较差。这种机器在他的医院得到应用，但未能普遍推广。尽管格里制冷机当时未能得到广泛应用，它的发明却给后人提供了许多有益的启发。格里以其卓越的工作赢得人们的尊重，他被命名为优秀市民，并担任过市议会主席。为了纪念格里对制冷技术的杰出贡献，在他的塑像上刻着如下铭文："一位开拓者，以他的聪明和才智致力于增进人类的利益。"

闭路循环空气压缩式制冷机

格里发明20年后，1862年苏格兰人柯克（A. C. Kirk）制造了闭路循环空气压缩式制冷机。随着海上冷藏运输业的发展，由于这种制冷机在船上使用完美的安全性，受到船东们的欢迎，一度成为冷藏船配备的主要制冷设备。

柯克是英国巴斯盖特炼油厂的工程师，在他的工厂里安装有一台哈里森的乙醚制冷机，柯克想换掉这种危险的制冷设备。他从苏格兰人斯特林（Robert Stirling）1837年制成的热空气动力机中得到启发。柯克的制冷机是按斯特林逆循环运转的再生闭路循环的，利用气体膨胀制冷。在压缩比为2时，柯克得到-13℃的温度。以后压缩比达到6或8，温度可达-40℃。第一台柯克制冷机从1864年起在工厂连续运转了10年，这是一个很大的成功。由于柯克的努力，空气压缩式制冷机才确立了它在工业应用中的重要地位。

空气压缩式制冷机在远洋运输船上的应用则始于 Bell-Coleman 制冷机。亨利·贝尔（Henry Bell）和詹姆斯·贝尔（James Bell）兄弟是英国格拉斯哥著名的屠宰商。他们力求改进从美国运往英国的用冰冷藏肉类的运输条件，为此求助于巴斯盖特炼油厂的另一位工程师科尔曼（James Coleman）。科尔曼对他的同事柯克的工作非常了解，他与贝尔的合作产生了获得专利的 Bell-Coleman 空气压缩式制冷机。

Bell-Coleman 空气压缩式制冷机的结构如图4-7所示，它有一个压缩缸和一个膨胀缸，活塞杆与动力机械相连。在运转过程中，空气从冷冻室抽入压缩缸，在压缩缸中被压缩升温进入冷却器降温。降温后的空气进入膨胀缸做功，压力下降，温度降低，低温气体进入冷冻室用于制冷。当压缩压力为4atm、气体膨胀到

1atm时，得到的低温空气温度理论上应可达到-73℃。由于存在热损，实际得到的低温空气的温度要高得多，约在-25℃。

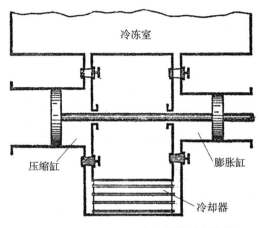

图4-7　Bell-Coleman 空气压缩式制冷机

　　1879年在瑟卡西亚号（Circassia）和斯特拉特莱温号（Strathleven）两艘远洋船上安装了这种制冷机。这一年瑟卡西亚号成功地将冷冻牛肉从美国运到伦敦。1880年2月空气压缩式制冷机取得更显著的成绩，经过9周约24000km的长途航程，斯特拉特莱温号将第一批澳大利亚的34t冻牛羊肉运到伦敦，这次圆满的成功在英国引起巨大的反响。当时尽管甲醚蒸气压缩式制冷机和氨吸收式制冷机都曾在远洋船上试用，但船东们对甲醚和氨缺乏信任。在15年间，大部分冷藏船上安装的都是Bell-Coleman空气压缩式制冷机。空气压缩式制冷机为开创肉类远洋冷藏运输立下巨大的历史功绩。1890年以后，由于设备庞大，经济性能差，Bell-Coleman空气压缩式制冷机开始遭遇霍尔公司二氧化碳制冷机的强大竞争，并逐渐被后者取代。1900年左右，空气压缩式制冷机在远洋冷藏船上失去了它的优势。

　　空气压缩式制冷机在陆地上没有取得像海上那样大的成就，仅在不太多的陆上冷库使用。由于它的安全性，使其在深矿井空气冷却方面有些建树。20世纪40年代，几十年不用的空气压缩式制冷机在低温技术领域得到新的应用，小型空气制冷机才又东山再起。

吸收制冷

　　在蒸气压缩制冷技术发展的同时，用热操作的吸收制冷装置也发展起来。吸收制冷装置比蒸气压缩制冷装置更早一些得到广泛工业应用，并在早期占有明显优势。

卡列与氨吸收式制冷机

法国工程师卡列（Ferdinand Carre）出身于一个制冷世家，他极具有发明才能并一开始就预见到人工制冷可能的重要应用。1774年普里斯特利发现并分离出氨，当时他就指出氨对水有很大的亲和性。利用氨的这一特性，1859年卡列的专利将吸收式制冷机（图4-8）收入制冷系统的宝库。

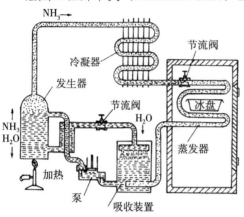

图4-8　卡列氨吸收制冷机

卡列的这种装置以水为吸收剂，而以氨为制冷剂。卡列装置中，从蒸发器出来的氨蒸气进入吸收器被水吸收，成为浓氨水，与此同时放出的热经换热器带走。浓氨水用泵输入发生器中，这时压力由1.5atm升到12atm（均指表压）。在发生器里，氨水被加热，蒸发出来的氨进入冷凝器，经水冷却变成液态氨，而剩下的稀氨水则通过节流阀减压后返回吸收器。液态氨经另一个节流阀膨胀至低压态，变成低温湿蒸气，然后进入蒸发器吸收被冷却物的热量，恢复到原状，完成循环。

显而易见，卡列装置中的吸收器、泵、发生器和加热过程，无非是为了从1.5atm的蒸发器回收氨并输入12atm的冷凝器中，也就是相当于一个氨蒸气压缩机。温度不高的情况下，一体积的水可以吸收数百体积的氨。用泵使一个体积的氨水达到高压侧的压力，比使用压缩机将数百倍这一体积的氨蒸气压缩到同样的压力要更为经济。正因为如此，卡列的吸收式制冷机立即进入工业市场，在冷冻机发展的早期，卡列吸收式制冷机较另外几种制冷机用的更普遍。

很快出现两种形式的机型：间歇运转的小型吸收式制冷机和连续运转的大型制冷机。

小型手提式家用设备每次可制冰0.5～2kg。设有两大主要部件：一个部件作为发生器和吸收器交替运行；另一个部件作为冷凝器和蒸发器交替使用。设备先在加热器上加热35～70min，多用木炭加热，制1kg的冰要消耗3kg木炭。饱和的氨水溶液要加热到130℃，氨气释放出并在冷凝器中液化。加热结束，冷凝器换作蒸发器，把一个装满水的铁罐放在蒸发器中，水就结冰了，这也要用与加热差不多的时间。

连续运转的吸收式制冷机一开始设计得就相当完善，几乎已经具备了现代吸收式制冷机的所有特征。系统包括一个发生器（配有精馏器以获得较为干燥的蒸气）、一个冷凝器、一个膨胀阀、一组浸在盐水中的蒸发盘管，用冰模制冰，还有一个吸收器和一台泵。1860年米尼翁（Mignon）和鲁阿尔（Rouart）在巴黎做了5台样机，每小时可制冰12~100kg。一项新发明这么快被推上市场，是非常了不起的事情。

卡列吸收式制冷机很快出口到其他国家，有力地推动了制冷技术的发展。德国和英国引入卡列吸收式制冷机，加以改进并大量制造。英国人里斯（Reece）改进了精馏器，而斯坦利（Stanley）用蒸汽锅炉代替了直接加热的火箱。1876年，英国伦敦Meux啤酒厂安装的吸收式制冷装置日产冰已达25t（图4-9）。

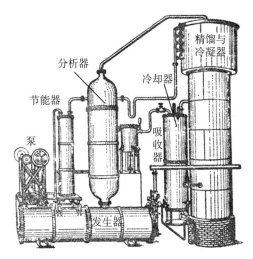

图4-9 伦敦Meux啤酒厂安装的卡列制冷机组

卡列吸收式制冷机发明正值美国南北战争期间，它突破封锁登陆美国南部。1863年，第一台吸收式制冷机运抵新奥尔良，这是一台日产冰200kg的装备，到南北战争结束后还在一直运转。大型吸收式制冷装置也陆续投产，1869年一家日产60t冰的大型制冰厂配备吸收式制冷机。在美国，首批吸收式制冷机主要用于制冰和啤酒厂。随后美国一些公司也在本土制造这种制冷机，吸收式制冷机成为那个年代在美国使用的最主要的冷冻机型。

当时，大型卡列制冷机每小时可制冰数吨，有的运行期超过20年。直到1890年，吸收式制冷机在数量上仍领先于其他类型的制冷机。氨蒸气压缩式制冷机兴起，吸收式制冷机不得不屈居其后，但仍长期与氨蒸气压缩式制冷机并驾齐驱，成为近代主要两种制冷方法之一。

近代实际应用中，常用的吸收剂—制冷剂系列还有氯化银—氨和溴化锂（氯化锂）—水。前者制冷效果最佳，但氯化银价格昂贵，故一般仅用于实验室。后者安全稳定，用于空调和对人畜有直接影响的冷冻设备。

大学生的创意

1925年，普莱顿（B. C. von Platen）和蒙特斯（C. G. Munters）对吸收制冷作了重大改进。当时，他们两人还是瑞典皇家学院的学生。两位发明家向42个国家申请了专利，仅美国一家电力公司就花500万美元购买美国的专利权。

他们取消了原来吸收式制冷系统中的两个阀和一个泵，而代之以在氨制冷剂中掺加氢气（图4-10）。制冷循环过程中，氨水在发生器里被加热，从水中驱出氨，经冷凝器液化。氨进入蒸发器时，冷凝器出口并不设一个减压阀以降低氨的压力，而是在蒸发器管段加进4倍于氨蒸气量的氢。虽然蒸发器内总的压力仍是12atm，氨蒸气的分压却下降到约1.5atm。氨分子向氢中扩散时就如向真空膨胀一样，吸热产生制冷效应。由于氢不溶于液体，在冷凝器出口端设一液封阻止蒸发器中的氢进入冷凝器。

氨和氢的混合气体进入吸收器，与从发生器中驱出的稀氨水逆向流动，水被冷却，同时吸收混合气中的氨。水不吸收氢，氢返回蒸发器的顶部。

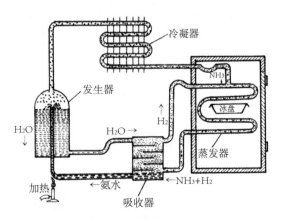

图4-10　普莱顿氨吸收制冷原理示意图(图中较大的黑点代表氨蒸气,较小的黑点代表氢气)

吸收器中形成的浓氨水，回流进入一个小管，上行至发生器。这个小管的直径与因加热氨水而在管中形成的氨气泡直径相同。与管径相同的氨蒸气泡上升带动发生器和吸收器之间液体的快速循环，并将液体提升到一个较高的位置。在这一系统中，不需要卡列装置中的泵强制吸收剂循环，也不用限压阀调压。加热除了使氨蒸发出来外，还提供循环的动力，而整个装置各处的总压力均相同。

两位瑞典发明家的创作的确是巧夺天工。道尔顿分压定律早就为人们所熟知，但如此巧妙地用于制冷装置，充分显示了发明家不囿于常规的丰富想象力。

两位年轻大学生的创意至今仍是吸收式制冷机的主要机型之一。

水蒸发制冷

除了上述三种制冷方式外，水蒸发制冷也是早期得到实际应用的技术之一，只是它的规模比前几种要小得多。从1755年到1866年，水蒸发制冷系统经历长达一个多世纪的摸索才从第一次实验走向商品化。

早期的水蒸发制冷装置

1755年苏格兰爱丁堡大学的古兰教授在真空罩下通过水的降压蒸发得到少量的冰。这虽然只是实验室里的实验，但古兰教授发明了第一台利用液体汽化潜热制冷的设备，直接利用水的蒸发制冷，这是最早的水蒸发制冷装置。

获取真空是水蒸发制冷的关键，初期人们多是用对水有强烈吸收作用的物质创造低气压。苏格兰的物理学家奈恩（Gerlald Nairne）和后来受聘于爱丁堡大学继续古兰医生工作的莱斯利（John Leslie）都相继对古兰的实验设备进行改进。1777年，奈恩主张在真空罩下用一个金属杯放水，用另一个玻璃杯放硫酸，这大大加快了制冰速度，1h可制得3kg的冰。莱斯利教授于1810年也发明了一套用浓硫酸吸收水蒸气制取低温的装置，并用这套装置制造冰。

1824年英国人瓦兰斯（John Vallance）改进了莱斯利的装置。1866年，发明了吸收式制冷机的法国工程师卡列的弟弟埃德蒙·卡列（Edmond Carre）为了防止硫酸的局部稀释而降低吸收能力，用吸入泵的活塞杆搅动硫酸使设备更为实用。这一发明立即得到商业上的巨大成功，水蒸发制冷装置开始大量用于冷却家庭中和咖啡馆中的水瓶。直至第一次世界大战前，这类设备在法国和英国成批生产。因此一般将1866年作为水蒸发制冷机的起点，这种制冷方式也是最早得到实际应用的制冷方式之一。

小型间歇运转的水蒸发式制冷机商业应用的成功自然刺激人们去开发大型连续运转的大型工业用制冷机。在英国，泰勒（Taylor）和马蒂诺（Martineau）探索通过其他途径获取真空。他们用一组机器做了试验，这组机器中有一台预先充满热蒸汽的大罐，在大罐外喷洒冷水快速降温，用得到的低气压使水蒸发来制冷。德国人温德豪森（F. Windhausen）在1870年左右也尝试解决这个问题，他从两个方面开展工作：一个是设法不用硫酸；另一个是设计通过蒸发所吸收的水分使硫酸不断浓缩的设备。1876—1878年，他制造了一批这种制冷机，有100多台，主要安装在美国。他的工作不很成功，因为他只能制造出顾客不大喜欢的海绵状冰。1881年，温德豪森终于为水蒸发制冷赢得一定声誉，他在英国贝斯沃特乳品厂中安装了一套水蒸发制冷装置，可日产冰15t。

蒸汽喷射式制冷

在19世纪末水蒸发制冷机的发展并不顺利，然而它对促进早期人工制冷技术发展的历史功绩是不可抹杀的。20世纪初莱伯兰克（Maurice Leblanc）采用了蒸汽喷射系统（图4-11），再次为水蒸发制冷恢复了活力。

1900年，研究蒸汽涡轮机的英国人帕森斯（Charles Parsons）设想在水蒸发系统中利用蒸汽射流产生的低压的可能性。1903年莱伯兰克提出蒸汽喷射器的专利申请，1908年他发表了机器完整的设计，1909年由威斯汀豪斯（Westing-house）在巴黎制造了样机。1911年，乔斯（Joss）和吉斯克（Genscke）在柏林设计了水蒸气喷射制冷机，并由迈耶（R. O. Meyer）在汉堡制成。

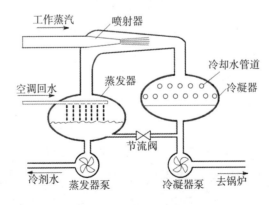

图4-11　蒸汽喷射式制冷系统

莱伯兰克的装置中，速度高达1200m/s的水蒸气射流经喷嘴进入适当形状的散流器里，产生的低气压引起容器罐中水的蒸发而降温。这里只采用了单一制冷剂水，水的无害性和利用当时大量使用蒸汽机废汽的可能性在一定程度上补偿了机器的低效率。水的大量消耗仍是一大缺点。1910年起，这种装置安装在一些化工厂和啤酒厂，特别是在一系列战舰上配备了水蒸发制冷机用于冷却军火仓。1914年，在18艘法国军舰、11艘俄国军舰、4艘奥匈帝国军舰、4艘阿根廷军舰、2艘日本军舰上安装了这种机器。

现代的水蒸气喷射式水蒸发制冷系统主要由喷射器、冷凝器、蒸发器、节流阀和泵组成。喷射器由喷嘴、吸入室和扩压器三部分构成。喷射器的吸入室与蒸发器相连，扩压器出口与冷凝器相连。

在工作过程中，锅炉产生的高温高压工作蒸汽进入喷嘴，在喷嘴中膨胀并高速喷出，喷出速度可达1000m/s以上，因此在喷口处形成极低的压力，使蒸发器中的水在低温下蒸发。蒸发器中的水在蒸发过程中要从未汽化的水中吸收潜热，从而使未汽化的水温度降低。这部分低温水可导出用于空气调节或其他生产工艺过程。工作蒸汽与蒸发器中产生的冷剂水蒸气在喷嘴出口处汇合，一起进入扩压器，在扩压器中流速降低，压力升高，进入冷凝器后被外部冷却水冷却变成液态水。冷凝器中的水一部分经节流阀降压后返回蒸发器，再次蒸发制冷；另一部分经泵送回锅炉，重新加热产生工作蒸汽，完成整个制冷循环。

水蒸发制冷可以得到比0℃略低的温度，从而制取冰。实际应用中主要用于制取冷水，用于空气调节或化工生产。

各种制冷方式的竞争

从1834年到1859年，短短的25年间几种主要形式的冷冻机相继问世，这并不是技术史上的巧合，而是科学技术发展到一定阶段顺应市场需求的自然结果。冷冻机进入应用后必然要经受市场的考验，在不同的时期适用于不同的用途，各种形式的冷冻机都曾交替领先，最后蒸气压缩式制冷机取得统治地位。

早期的冷冻机是由一批天才的先驱者们发明和制造的。从时间顺序上看，1859年发明的吸收式制冷机是出现最晚的一个。然而在制冷领域，1875年前无论从应用范围还是冷冻机的数量，卡列氨吸收式制冷机都占主导地位。

究其原因，卡列发明有更为明确的应用目的，卡列解决理论问题和工程应用问题的能力，他对未来制冷各种应用的预见性，使其在制冷先驱者群体中居领先地位。实际上卡列对改进乙醚蒸气压缩式制冷机也做过大量工作，他自己制造的乙醚蒸气压缩式制冷机曾在法国马赛的一家啤酒厂运行，并获得过多个关于蒸气压缩式制冷机各种阀门配件的专利。卡列吸收式制冷机幸运地选择氨作为制冷剂，氨的危险性远低于醚，而热力学性能又相当优越。另一个因素是当时的动力机械还是蒸汽机，蒸气压缩式制冷机的压缩机是用蒸汽机带动的，而吸收式制冷机直接利用热能，因而效率较高。吸收式制冷机一发明就立即进入市场并在几十年里成为冷冻机的首选机型。

格里空气压缩式制冷机是最先得到实际应用的冷冻机，1844年发明家将这一发明用于自己的医院里，但这种机器在其后的20年里几乎没有后裔。1862年苏格兰人柯克发明闭路循环空气压缩式制冷机，由于这种制冷机在船上使用的安全性，19世纪末在远洋运输冷藏船上一度几乎配备的都是这种形式的冷冻机。空气压缩式制冷机为肉类跨洋长途冷藏运输的早期发展做出巨大贡献。

1834年出现的帕金斯蒸气压缩式冷冻机是最先发明的机械制冷装置，它也多年没有得到实际应用。蒸气压缩式制冷机的工业应用是由哈里森20年后首先在澳大利亚实现的，直到德国工程师林德的氨压缩机出现，这种制冷机才引起全世界的注意并在其后几十年间发展成主导机型，在第一次世界大战前占据制冷领域统治地位并延续至今，只是制冷剂更多使用氟利昂。

水蒸发制冷规模较小，一直未能进入竞争之列。

19世纪六七十年代，各种制冷机相继进入工业应用，企业家、教授和工程师们都力图比较各种制冷方式的优劣。德国人是最早进行试验和比较的，在林德的推动下建立了世界第一个冷冻机试验站，这个试验站对各种冷冻机进行比较试验。德国在1912年正式颁布了测定压缩机功率的有关条例。

工程师们从技术和经济各个角度对冷冻机作了大量比较研究。早在1873年，林德阐述了蒸气压缩式制冷机优于空气循环式制冷机。1886年莱特富特（Thomas Lightfoot）提交给伦敦机械工程师学会的报告里第一个对当时所有的各种冷冻机提出完整的分析报告。1889年，工程师利兹（Leze）分析了空气循环式制冷机、蒸气压缩式制冷机和吸收式制冷机的优缺点，指出三者可以并存。同年，法国在举行艾菲尔铁塔揭幕式的同时举办万国博览会，各种类型的制冷机同时在展会上亮相，军人工程师巴里尔（Albet Barrier）借此机会认真考察了各种机型。他指出，空气循环型制冷机已经失去优势。对于大型机，蒸气压缩式制冷机和吸收式制冷机相近，而对于小型机后者稍占优势。至于价格，二氧化碳压缩式制冷机最便宜；对于中型机，氨和二氧化硫压缩式制冷机比吸收式制冷机贵；对于大型机，吸收式制冷机又比氨和二氧化硫压缩式制冷机昂贵。空气循环式制冷机是所有制冷机中最贵的一种。

各种制冷机一直在竞争之中，这种竞争促进制冷技术的进步。1875年制冷机还处于样机试制阶段，1914年已完美地实现工业化生产，氨蒸气压缩式制冷机牢牢树立起在制冷技术领域的统治地位，也正是在这一时期真正的制冷工业开始形成。不过至今也并没有哪一种制冷方式完全退出制冷舞台，在不同的环境和应用条件下，各种制冷方式有各自的适用性，并在不同的领域得到应用。

应该看到，首批制冷机的发明多半还是个人的天才创造，比首批蒸汽机更缺乏科学的研究。帕金斯、格里和卡列都未能利用热力学所创立的知识，而是凭经验摸索。在1875年前这一阶段中，有两位学者以他们对制冷技术研究的科学态度而著称。一位是西门子（William Siemens），他第一个对卡列的空气循环制冷机作了理论分析，并提出逆流换热设想，建议在空气膨胀制冷机中增设逆流换热器积蓄冷量。1857年，西门子为逆流换热器申请了专利。虽然他本人并未能去实现自己的专利，但他的天才构想却成为后来气体液化装置的关键技术。另一位是林德，他依据热力学原理开展制冷研究。1870年和1871年，林德的两篇论文从热力学的角度对各种制冷机的效率作了比较，堪称冷冻机发展史上的经典之作。1873年在奥地利维也纳国际啤酒商大会上，这位年轻的德国教授在报告中总结了氨蒸气压缩式制冷机的优越性，他的报告引人注目，他的实践也同样获得巨大的成功。

1875年后，热力学的原理和人工制冷先驱者的实践开始结合，这才真正拉开人工制冷的序幕（图4-12）。从此我们迎来了制冷技术蓬勃发展的时期。

图 4-12　压缩式制冷机制造车间，1875 年

天然冰的退却反攻

早期人工制冷都用于制冰，而人工制冷产业化恰逢天然冰产业的鼎盛时期。天然冰已形成成熟的市场，人造冰首先面临天然冰的激烈竞争。

在美国南部炎热的各州，获取天然冰的困难导致人们很快从事人工制冰。19世纪60年代初，世界上只有两种可用的工业制冷机，就是哈里森的制冷机和卡列的制冷机。美国南部首先选择了卡列的吸收式制冷机。

1869年，美国有5家制冰厂均在南部，1870年一家日产60t冰的制冰厂在新奥尔良投产。1879年，美国南部有29家制冰厂，其中5家在西海岸，而北部只有1家制冰厂。到了1889年，美国南部各州建了170家制冰厂，而中部仅有14家制冰厂。

在美国北部地区，天然冰利用冬天较冷的有利条件在一个时期成功地阻止了人造冰的扩张。然而，1888—1890年美国连续出现暖冬，为人造冰创造了机会。冰的卫生标准更为严格，也推动了人造冰的采用。例如，为当时纽约450万居民供天然冰的赫德森河，当有解冻和再冻交替气候出现的时候，冰中会产生裂缝，河水从裂缝中冒出带来大量杂质。河水再次结冻时，这些杂质就留在冰中。因此有这种气候发生时，纽约市的卫生行政部门就禁止天然冰与食品的直接接触。1908年，纽约大区消费了300万t的天然冰，而同时消费的人造冰也达到150万t。不过在1914年，美国北部的芝加哥2/3冰的消费量、底特律3/4冰的消费量仍是天然冰。

为了捍卫天然冰产业，美国天然冰企业联合成立了"天然冰协会"，共同对抗人造冰。在宣传上，天然冰行业继续鼓吹上帝制冰的优越性，宣称天然冰是上帝的赐予。1917年，当美国进入战争状态时，天然冰行业也适时地利用人们的爱国热情，提出用天然冰节省燃料油和氨。

　　尽管受到天然冰的强烈抵制，随着人工制冷技术的进步，人造冰还是在美国迅速占了优势。1909年有2000家人造冰厂，制冰量达1200万t；1915年有5000家人造冰厂，制冰量2600万t，这一年人造冰已超过天然冰，取得决定性胜利。1926—1931年，美国有6000家人造冰厂，年生产5600万t的人造冰，这也是人造冰产量的顶峰。从那时起，由于机械制冷不是通过造冰而是更直接地用于越来越广泛的冷却工艺，人工制冰业也合理地走向衰退。美国是这样，其他国家人造冰产业比美国小得多，也都在不同时期经历了相似的过程。

　　然而，天然冰从来没有淡出制冷行业，它一直在制冷行业中保有不可或缺的一席之地。近年来，人工制冷带来的环境和能源问题日益突出，人们又重新评价、认识天然冰和天然冷源的利用。作为一种绿色环保无污染节能型的冷源，天然冰和天然冷源的利用凸显其巨大的优越性。当然这并不是简单的历史重复，而是在新技术的更高一个层次上对天然冷源的利用。利用天然冷源的蓄冷式空调、低温冷却水、热泵等已经得到日益广泛的应用。这是返朴归真的思维，也是人类可持续发展的必然。

氟利昂制冷剂的发明

　　20世纪以后，冷冻技术最引人注目的进步是氟利昂制冷剂的发明。在此之前，冷冻机使用的是氨、二氧化硫、氯甲烷等有毒物质作制冷剂，在20世纪20年代由于氯甲烷从冷冻机泄漏，发生过多起致命的事故。这要求人们开发低危险性的制冷剂，三家美国公司的合作开发导致氟利昂制冷剂的出现，并成为几乎现在所有家用冰箱的标准配置。

　　在探索未知领域时，成功与否往往多少有点偶然性。氟利昂制冷剂的发明却是缜密计划的产物。

　　氟利昂发明之前，为了寻找更优良的制冷剂，人们几乎试用了当时所知的各种可能的化合物，经反复筛选，常用的制冷剂为数不多，只有氨、二氧化硫、氯甲烷、二硫化碳等数种。这些制冷剂用于空调，显得毒性太大，也不适用于家庭小型冷冻装置。人们仍希望找到更适宜的制冷剂。

20世纪30年代初，美国通用汽车公司的工程师，曾发明了四乙基铅防爆剂的托马斯·米德莱（Thomas Midgley）开始着手做这项工作。要想在一个前人广泛研究过的领域取得新的突破，其困难可想而知。既然人们已经筛选过已知的各种化合物，新化合物只能从筛选的漏洞中去找。米德莱先列出一份具有稳定挥发性的有机化合物一览表，——注明它们的沸点、凝固点等数值，并把曾用作制冷剂的几十种化合物圈上圈。然后，他又把元素周期表中可以生成稳定性好、挥发性强的化合物的元素也列成一张表，表中的元素有氮、硫、氢、氟等。两个表对照，果然有一片空白，当时已经作过制冷剂的化合物中没有氟的化合物。

为什么人们不曾试用氟的化合物作制冷剂呢？看来，氟是剧毒元素，人们可能不暇思索地把氟的化合物也归入有毒物质，先入为主地把氟化物从实用化合物中除名。米德莱却不拘泥于成见，他想，氟元素有毒，氟的化合物却未必有毒，别人忽略了的领域也许正可大有作为。

米德莱和他的助手立即先行合成二氟二氯甲烷。在此之前，人们已经知道这种物质在-20℃沸腾，对它的其他性质则一无所知。米德莱是幸运的，初步的动物实验显示，这种物质无毒。进一步研究表明，不仅二氟二氯甲烷，而且一系列链烃的氟的衍生物都是优良的制冷剂，通称氟利昂制冷剂，构成一个庞大的氟利昂制冷剂系列。

米德莱等人获得了1934年美国专利19265号，这是涉及氟利昂制冷剂的许多专利中的第一件。早些时候，通用汽车公司已委托杜邦公司进行开发，两家公司共同筹建了动力化学公司，开始大量生产这种新制冷剂。二氟二氯甲烷（氟利昂12）最早获得广泛工业应用，其他氟利昂制冷剂也陆续用于空调和冷冻装置。

氟利昂制冷工质的发明引起制冷技术的重大革新。这种工质具有无毒无味、无燃烧和爆炸危险，对金属腐蚀性小、热和化学稳定性好的优点。近年来为了改进制冷机的性能，常用由两种或两种以上氟利昂混合成的制冷剂：一类是共沸混合工质；另一类是非共沸混合工质。由于混合工质具有减少功耗、增大冷量、能达到更低温度的长处，引起人们普遍重视，越来越广泛地用于商业和工业装置中。

利用氟利昂制冷剂可以获得更低的温度。用氨作制冷剂，它的标准蒸发温度是-33.4℃，最低蒸发温度-70℃。氟利昂14（四氟甲烷）的标准蒸发温度为-128℃，最低蒸发温度可低达-140℃。这已经把地球上自然界的最低温度远远甩在后边了。

数十年后，人们才认识到这种物质破坏地球的臭氧层，造成大面积的臭氧空洞，危及地球上的生命。世界各国签订国际公约逐步减少和停止氟利昂的使用，并努力寻找新的代用品。新一轮开发适用制冷剂的竞争在世界各国的实验室中展开，人们期待性能更优越的制冷剂的问世。

近代冷藏业的兴起

冷冻机是适应冷藏业的需要而发明的，它的诞生为冷藏业的发展提供了必要的技术手段，并最终使冷藏成为一项巨大的工业，冷冻食品销售也成为大宗的国际贸易。

解决这一问题最迫切的当属大英帝国和澳大利亚，维多利亚时代的英国当时正处在工业革命的鼎盛时期和人口快速膨胀阶段。19世纪40年代英国农业连续歉收，急需进口粮食和肉类，而澳大利亚却正愁富产的牛羊肉难以出口。政府、企业家和发明家都在为实现肉类的长距离冷藏运输和长时间保鲜储存而努力。

1838年，一位英国商人莫特（Thomas Sutholiffe Mort）为了他的羊毛生意而移居澳大利亚，他和哈里森一样看到澳大利亚向英国出口食品潜藏诱人的商机，也清楚要实现肉类的跨洋出口首先要解决肉类的冷冻储存和长途运输。1861年，莫特在澳大利亚的悉尼建起世界上第一座装备机械制冷装置的冷库，他用的是吸收式制冷系统。1853年，莫特的一个股东尼利尔（Eugene Nicolle）也移居澳大利亚并在悉尼的Russel公司任工程师，正是这家公司几年后开始制造哈里森的制冷机。后来，莫特还创办了新南威尔士鲜品和冰公司，这家公司有自己的屠宰场和冷冻厂。1873年，哈里森在墨尔本建起另一座机械制冷的冷库。

同样在1873年，美国人霍尔顿（E. H. Holden）在得克萨斯建起一处用机械冷冻设备的屠宰场，具有每天处理100头牛的能力。

不久以后，机械制冷的冷库很快遍及全世界。1885年英国利物浦建成一座$15000m^3$的冷库，德国也在柏林建起$30000m^3$的八层冷库。俄国和日本分别于1898年、法国于1903年建起自己的冷库。至1927年，世界上有大型冷库200余处，总容积达数亿立方米。

在中国，机械制冷的冷库出现于1915年，这一年美国资本在上海建立了第一家冻蛋厂。第二年，英国资本又在汉口建了另一个冻蛋厂。冷库也用于鱼类肉类冷冻和制冰，但主要是用于冻蛋，1924年中国出口了24000t冻蛋。

同时企业家们也在努力实现冷冻肉类的远洋运输。初期有些不很成功的尝试，1868年特利尔用他的甲醚制冷机装备了一艘英国船"里约热内卢城"号，原计划从南美洲乌拉圭的蒙得维的亚出发前往伦敦，但机械故障迫使试验中断。1873年，哈里森用诺福克号帆船将20t用盐水系统维持冻结状态的牛羊肉从墨尔本运到了伦敦，这艘船还是由出发前装上船的冰提供制冷，然而由于盐水渗漏弄脏了肉，肉到目的港后已无法出售。

1876—1877年，特利尔再次用3台23.5kW的甲醚制冷机装备另一艘船弗瑞格瑞费克号，尝试在法国鲁昂和阿根廷的布宜诺斯艾利斯之间运输冷冻肉类。这艘65m的三桅帆船装有一台300马力的蒸汽机，吨位量为1200t，航速不快，只有6~7n mile/h。锅炉的故障也延长了往返时间，从法国到南美的航程用了105天，而回程用了110天。在法国鲁昂装上船的肉有10头牛肉、12头羊肉和2头小牛肉。用"干空气"保持冷却，肉保存得相当好，阿根廷人盛赞这一成就。回程在布宜诺斯艾利斯装上的25t肉却不太理想，肉在途中变质了，但实验毕竟取得了部分成功。

接着在1877—1878年，属于马赛Jullien公司的船巴拉圭（Paraguay）号由卡列配备了氨吸收式制冷机，成功地在布宜诺斯艾利斯和法国勒阿弗尔之间运输冷冻肉类。首航150t冷冻肉维持在-30~-27℃，50天后由法国到阿根廷，肉的状况极为理想。尽管返程意外地延长了，但在勒阿弗尔卸货的一仓80t冷冻羊肉全部可以食用，冷冻肉品质良好，价格也降到与法国本土生产的肉类很有竞争力的水平。这是一次完全成功的试验，这一成功开创了世界冷冻肉类贸易。

1879年起，大陆间冷冻肉类运输船连续不断，制冷设备却发生变化，都配备的是空气循环制冷机，因为甲醚和氨无法得到当时船东的信任。这一年，装有Bell-Coleman空气循环制冷机的瑟卡西亚号把冷冻牛肉从美国运送到伦敦。1880年2月，经过两个多月的航行，斯特拉特莱温号冷藏船也从澳大利亚运抵英国第一批34t冷冻肉。同年，当斯特拉特莱温号船再次把40t冷冻牛肉送到伦敦市民的餐桌上时，肉的保鲜度极佳，爱挑剔的英国人竟然无法把这些舶来品与本地新鲜牛肉相区别。澳大利亚人多年盼望的从澳大利亚向英国出口冷冻肉类终于获得成功。1882年，同样装有Bell-Coleman空气循环制冷机的Dunedin号帆船（图4-13）把第一批新西兰冷冻羊肉运到英国。

图4-13　Dunedin号帆船(1882年)

　　到这时候，冷冻肉类跨洲运输的试验已经结束，事实证明肉类冷冻远洋运输在技术上和经济上都是可行的，不久就出现远洋冷藏船队，直到今天也还是这样向欧洲供应冷冻肉类。当然，船上装备空气循环冷冻机只有不太长的时间，它很快被二氧化碳压缩式制冷机取代，后又让位给氨压缩式制冷机。

　　铁路冷藏车是1872年出现的，面临冷藏业的挑战，往昔运送活牲畜的运畜货车陷于被淘汰的境地。美国铁路当局在得克萨斯首建冷藏车，并投入运行。

　　近代冷藏卡车是1888年出现的。装有机械制冷装置的冷藏卡车一问世，旧式的用冰冷却的冷藏卡车逐渐就消失了。

　　鱼肉类是冷冻储藏食品中最早的一项，机械冷库最先用于大规模冷藏鱼和肉。冷藏家禽略迟一些，约在1870年开始，那年冷冻鸡首次从美国威斯康辛州运到纽约出售。贝类和蛋类冷藏始于1890年，水果类冷藏始于20世纪初，而冷藏蔬菜在20世纪20年代后才开始交易。20世纪20年代中期以后，冷藏扩展到预煮食物领域，30年代进入大规模商品生产。

　　当然，冷藏业的发展并不总是一帆风顺的。特别在早期，它面临的一个严重问题是需要改变人们传统的消费习惯。许多人认为食用冷冻食品不卫生，怀疑它丧失了部分营养价值，固执地把冷冻食品列为二等品。更有甚者，由于习惯与偏见，有些国家甚至曾经颁布过地方法令，限制、禁止建立冷藏库和销售冷冻食品。尽管如此，食品冷藏和冷冻运输业的发展仍很迅速。冷冻食品以其价廉物美日渐得到公众的好评。第一次世界大战后，冷冻食品已广泛流行，机械制冷也几乎完全取代了天然冰制冷。

　　20世纪，电力普遍应用，离心压缩机出现，机器转速提高，设备更为紧凑，机械制冷技术面貌焕然一新。各国竞相建设大型冷库，冷冻机制造业、冷藏业和冷冻食品贸易都具有相当规模，在国民经济中占有举足轻重的地位。现在，绝大部分鱼肉禽制品都是冷冻以后再提供给消费者，菜蔬水果也常常要经过冷藏。特别是加工成半成品的冷冻食物，给消费者带来极大方便。

家用冰箱的普及

今天在一个家庭中，电冰箱是远较其他家用电器更为必备的装置。虽然1876年人们就实现了冷冻肉类的跨赤道运输，工程师们也早有生产家用机械制冷冰箱的愿望，但就技术而言，制造可靠的、运转完全自动化的小型人工制冷设备并非易事，在家中使用机械制冷装置不得不等到40年之后。

究其原因，早期的冷冻机设备庞大笨重，价格昂贵，易出事故，机械和运转工程师不得不随时守候在旁边。冷冻机的发明在柴油机、电动机之前，最早发明的冷冻机的动力是人力，后来在相当长时间它使用的动力只有蒸汽，制冷压缩机也只限于卧式往复式，转速和效率都很低。这使机械制冷设备的使用只能局限于少数大型制冰厂、酒厂、食品加工厂和冷库。

早在1803年美国发明了用天然冰制冷的家用冰柜，美国生产这种冰柜长达150年，1953年才关闭了最后一家生产冰柜的工厂。在家用机械制冷冰箱出现前很久，用冰制冷的冰柜在美国广泛普及，从1830年到1860年美国人的饮食习惯已经发生根本性变化，用新鲜蔬菜、水果和冷藏的肉类代替了面包和咸肉。虽然后来冰柜用冰由天然冰改为人工制的冰，但冰柜本身并没有多大的变化。

1887年美国企业家有了制造机械制冷的家用冰箱的想法，在第一次世界大战前已有12种牌子的产品上市。这时的家用冰箱是分体式的，一部分是用盐水盘管降温的箱体，另一部分是制冷机组，不是全自动的也不太可靠，价格昂贵，还只能算作是家用机械制冷冰箱的摸索阶段。

小功率电机和高效制冷压缩机的发展为家用电冰箱的开发创造了条件。1918年美国 Kelvinator 公司首先推出了家用电冰箱。在美国这种冰箱的生产迅速扩展，1921年为0.5万台，1925年为7.5万台，1935年为170万台，1949年达670万台。1937年年底，49%的美国家庭已经购置了电冰箱。有趣的是天然冰与人造冰的激烈对抗似乎又在重演，当电冰箱销售商用猛烈行动占领市场时，制冰商为保护冰柜市场进行顽强抵抗。制冰商开发制造隔热性能更好的冰柜并提供更好的服务来与家用电冰箱竞争，冰柜的加冰周期也由两天一次延长为一周一次。然而家用电冰箱的优越性是不可抗拒的，1929年美国生产的冰柜和电冰箱数目几乎相等，都是80万台，1935年电冰箱却占了绝对上风，170万台比35万台，竞赛以电冰箱胜利告终。

直到1931年，家用电冰箱制冷机组几乎全是用二氧化硫作制冷剂，后来才改用性能更优越的氟利昂。首批电冰箱曾采用水降温，但不久就多改为空气降温（图4-14）。

今天我们使用的一个室存放冷冻食品、另一个室存放冷藏食品的双温冰箱由美国通用电气公司1939年引入，但在第二次世界大战结束后才大量生产。

和美国发展蒸气压缩式家用电冰箱不同，普莱顿和蒙特斯也将他们的发明用于家用冰箱，1931年瑞典的Electrolux公司成功推出吸收式家用冰箱产品。1933—1940年，这种冰箱在工业化国家的农村地区取得较大成功。它先是用煤油、后来用丁烷和丙烷加热，特别适用于无电地区。

图4-14 20世纪30年代家用电冰箱（顶部为凸出的散热器）

在我国，家用电冰箱普遍进入家庭还在改革开放后，但发展迅速，现在许多地区电冰箱的普及率已近百分之百，几乎达到饱和。

20世纪50年代初，由于家用电冰箱的普及，世界上大型冷藏库逐年增加的势头终于停顿下来。

空调进入家庭

在人工制冷出现前，人们早已使用洒水、通风、用冰雪降温等方法创造凉爽舒适的环境。中国唐朝皇宫里用水车提水浇屋顶降温。1555年阿格里克拉（Agricola）在他的著作中介绍煤矿中的通风系统，用马作动力牵引风箱向井下强制送风（图4-15）。这些都可作为早期空调的例子。

机械制冷的出现使人们立即意识到它在空调方面的巨大用途。事实上，格里发明的世界上第一台立即得到实际应用的空气压缩式制冷机并不是用于冷藏冷冻而是用于空调。格里用这台装置制冰，空气穿过悬挂在屋顶的栅格篮中的冰块进入室内，使病房凉爽。吸收制冷的发明家卡列1860年提交给法国科学院一份报告，他在预言人工制冷的多种用途中包括剧场、舞厅、别墅的降温。

图4-15　马牵引风箱为矿井送风(1555年)

1890年左右空调获得初步成就。在工业应用上，为了给材料加工提供合适的温度湿度环境，美国和欧洲的若干胶片厂、纺织厂、印刷厂、卷烟厂的车间安装了人工制冷的空调。在民用上，住宅、图书馆、餐厅也试用空调，1902年纽约证券交易所安装了空调，它用的是一套1000kW的吸收式制冷装置。不过这一阶段还多是零散的试验。

为发展空调起关键作用的是美国工程师威利斯·开利（Willis Carrier）。1902年起，他研究空气湿度的调节，在纽约附近的布鲁克林印刷厂安装他设计的空调。1904年他开发了带水喷淋空气洗涤室的集中式空调，这种洗涤室至今还在使用。特别重要的是，1911年他创立了湿空气图表，据此可对空调装置进行合理计算，将空调设计置于理论指导之下，因此把开利视作近代空调的创始者。

第一座带空调的电影院1919年在美国芝加哥建成，后两座有空调的电影院于1922年分别设在洛杉矶和纽约，纽约的电影院是第一座真正可以调节室内空气指标的电影院。到1931年，估计美国有400家电影院配备了空调。这是空调在电影院这一市场的大规模试验，为空调的发展提供了宝贵的经验。

大型商店的空调始于1919年，美国布鲁克林的Abraham & Straus商场第一个安装了空调。1927年得克萨斯州的圣安东尼奥有一栋办公楼全部安上空调。1935年第一栋无窗办公大楼出现，它建在Hershey巧克力厂内，完全依赖空调为办公室换气。

1929年美国巴尔的摩至俄亥俄运行线上的一列火车的餐车装上空调，1930年英国也开始出现空调列车。

从 1937 年起，美国的公共汽车和大客车采用空调，而私人小轿车大规模装空调则在 1945 年以后。

1926 年起，美国开始研制单体式家用空调，1929 年开始销售 1～3kW 空调器，用的是二氧化硫或氯甲烷敞开式制冷机组，水冷式冷凝器。1931 年起配用风冷式封闭机组。1930 年左右采用氟利昂制冷剂。窗式空调的专利申请 1931 年出现。不过这些单体空调在第二次世界大战前还只是小批量生产，1933 年为 2000 台，1938 年也才 13000 台。第二次世界大战后空调的发展则极为惊人，1946 —1949 年销售了 23 万台空调，1952 年销售 17 万台，1965 年为 300 万台，1975 年达 500 万台。

美国只是一个缩影，随着第二次世界大战后经济的恢复，欧洲、日本的空调保有量也迅速上升，公共建筑和运输工具普遍安装空调，空调也全面进入家庭。

空调在中国起步较晚，但发展极为迅猛，现在也已全面进入公共建筑和交通工具，并成为家庭常配备的家用电器之一。

第四章

冷冻机的发明

第五章　气体的液化

随着冷冻机的发明，当制冷技术主要还是作为一种人工造冰的方法发展的时候，在另外一个后来被称为低温工程领域的先驱者们已经在努力去达到更低的温度。不过最初人类深入更低温区的动力并不是对低温本身的追求，而是源于使气体液化的强烈愿望。气体的液化，特别是一度以为不可能液化的"永久气体"的液化，叩开了一个新的低温温区的大门，导致低温工程成为一门独立的学科脱颖而出。

今天把制冷和低温技术作为不同的学科对待，尽管它们的热力学原理是一致的并有共同的起源。这也许并没有什么可奇怪的，因为它们的发展适应不同的需求和不同的市场。更重要的是，二者感兴趣的温度区间不同。对于制冷而言，它的目标温度与人们在自然条件下的经验还有些接近，传统的蒸汽压缩制冷循环的温度区间不低于-40℃，为适应某些特殊需要使用制冷剂 R23 或 R508 可达到-80℃。这个温度与人们在地球自然界所能感受到的温度，在一定意义上还是可以比较的。低温技术早期发展的目标即在于液化"永久气体"和追寻绝对零度，其温度区间的上限典型地也在-150℃（约120K）。选择这样一个有点武断的分界，原因在于所谓的"永久气体"（氦、氢、氖、氮、氧、空气）的沸点都低于-150℃。这样一个温度已远远超出了人们可能感知的经验范畴，至少对地球上自然界的生命圈而言是一个不存在的极端低的温度。

低温技术的开拓者们应用和拓展了在制冷技术中得到的知识，在很多情况下将早期的制冷方法用于为获取更低温度的系统提供预冷。同时，当一些科学家致力于制取更低温度的时候，另一些科学家已经在研究低温下物质的奇异性质，工程师们也在努力实现低温技术的工业应用，形成了今天产值达数千亿美元的庞大行业。

永久气体的命运充满传奇色彩，氧、氢和氦的液化使人造低温依次跨越了-183℃、-252℃，直抵-269℃，液氦的减压蒸发成功超越了1K。在这一阶段，气体液化的历史也就是人类向更低温区挺进的历史。

气液转化的古老观念

古代人关于气—液物态转化的知识，主要涉及水和水蒸气，对云雨的形成也有相当清晰的了解。

《吕氏春秋》卷十五中写道："水泉东流，日夜不休。上不竭，下不满；小为大，重为轻；圜道也。"意思是说：水离开水源而东流，永不停息。上游的水源源而来，总不枯竭；下游却始终不会满溢。小河逐渐汇成大河，而重的海水却上升变成轻的云。这就是循环呀。这段2200年前的文字对自然界水的循环作了多么精彩的描述。

东汉唯物主义思想家王充在《论衡》一书中更明确指出："夫云则雨，雨则云矣。初出为云，云繁为雨，犹甚而泥露濡污衣服。……雨露冻凝者，皆由地发，不从天降也。"就是说，云和雨是同一种东西，水蒸发便成为云，云凝聚便成为雨，或者还可以凝聚成露，沾濡衣裳。雨、露、霜都是从地上产生，不是从天而降。

无独有偶，古希腊哲学家阿那克西米尼（Anaximenes，公元前550—前475年）认为："云是像制毛毡一样由空气压成的，把云再进一步压缩就变成水。"

当然，他们的论断多出自直观的感觉，通过实验实现气液转化是近代的事了。

液化气体的早期尝试

随着化学的发展，人们开始了解空气并不是一种单一的物质，而是有复杂的组成。氧和氮最先被区分出来，其他各种气体也一个又一个地被发现。研究各种气体的性质并尝试每种气体是否都可以像水蒸气一样液化，这自然成为人们关心的问题。

第四章已经提到克卢埃和蒙热成功液化二氧化硫。那是在1780年，他们让经压缩的气体二氧化硫通过一个插入冰盐混合物的螺旋管，首次使二氧化硫气体变成液体。蒙热也是一位多才的科学家，他还被称为"微分几何之父"，是法国皇帝拿破仑的学者朋友，又是卡诺的老师。

第四章也提到1798年马鲁姆液化了氨，不过他实验的本意是想验证波义耳定律是否适用于所有气体。为了这一目的，他选择了多种气体，其中之一是氨气。压缩氨气时马鲁姆发现，低压状态，氨的体积与压力成反比，很好地符合波义耳定律。压力加大，氨的体积—压力对应关系开始出现对波义耳定律的偏离，并不按波义耳的预言成比例减小。最后，在约7atm时，继续压缩，压力突然不再升高，只是体积在继续减少。这种情况的发生是因为氨已经部分变成液体，气体体积减小伴随液体的增加。在这个实验中，氨的液化完全是靠施加压力来完成的，不需要降低温度。氨在环境压力下的液化分别由福克拉和沃克兰在1799年及莫尔沃在1804年完成，他们用的是降温的方法，用雪和氯化钙的混合物作低温冷浴。

马鲁姆的成功开辟了一个新的实验领域，鼓舞人们去液化更多的气体。这里同样要提到著名的科学家法拉第液化气体的贡献。

法拉第生于伦敦一个铁匠家庭。由于家境贫苦，12岁就上街卖报，13岁到一家图书店当学徒。这使年幼的法拉第有机会阅读各种各样的书籍，激发了他对科学的兴趣。

1812年，22岁的法拉第第一次听到英国皇家学会主席戴维（Sir Humphry Davy）的化学讲座，戴维的精彩讲演给好学的法拉第留下深刻印象。事后，法拉第将自己的听讲记录寄给报告人，并表达希望能作戴维助手的愿望。戴维很赏识法拉第的才干，让他作了自己在皇家研究院实验室的助手。翌年，法拉第随戴维先后到法国、意大利、德国和比利时访问和讲学，受到一次很好的锻炼。就这样，法拉第开始了职业科学家的生涯。1824年，他当选为英国皇家学会会员，1825年担任英国皇家研究院实验室主任，他还是法国科学院的院士。

法拉第以研究电和磁之间的关系，发现电磁感应定律而闻名于世，这一发现奠定了电动机和发电机的基础。几乎同样重要的是他在固体、液体电导率方面的工作和对电解定律的阐述，关于磁场对极光的影响以及顺磁性和抗磁性材料的不同特性，法拉第也做过重要的研究工作。与这些人所周知的工作相比，法拉第液化气体的工作也毫不逊色，同样是极为重要的。前面已经提到过法拉第的吸收制冷实验，实验中他得到液态的氨。其实他做的研究要广泛得多，事实上他是第一个系统研究气体液化的科学家。

1823年，法拉第加热一种氯的水合物，研究它的分解情况。他把这种固体结晶放入一个密闭的倒置V形管中，并对其加热，管的另一端插入冷却液中冷却。起初，一些油状物的出现使他迷惑不解，这些淡黄色的液滴凝集在试管的冷端。很快就查明，这是液态的氯。原来，热端氯的水合物分解，放出大量氯气，产生高压，在冷端，氯气承受高压并被冷却而变成液体。

这种实验无疑是很新奇的。据说，有一次法拉第的朋友和传记作家帕瑞斯（Paris）到实验室拜访他，帕瑞斯看到法拉第的试管里满是油污（图5-1）。他惊奇地想，一向严谨认真的法拉第怎么用这么一个肮脏的试管做实验呢？法拉第看出好友疑惑的表情，不露声色地把试管打开。不一会，这种淡黄色的液体踪影全无，屋里散发出一股呛人的气味。第二天，帕瑞斯向巴黎发出了一条简讯，简讯的标题是：你看到的油原来是液化的氯气。

图5-1　法拉第在实验室（站立者是他的朋友帕瑞斯）

法拉第尝试用同样的方法液化更多的气体。不用说，选配适当的物质产生大量气体以获得高压，这种想法是颇为巧妙的，但是实验也非常危险。为了能观察到液体的形成，无法采用金属容器，只能使用厚壁玻璃管。被弯曲的玻璃管尽管是由很厚的玻璃制成，有时也经不住高压而猛烈爆炸。法拉第不顾这种严重的危险，仍相继成功地液化了二氧化碳、硫化氢、二氧化硫、氯化氢和一氧化氮等多种气体。

法拉第一定已经意识到低温对气体液化的重要性，他不光用水，也用冰和其他化学物质冷却气体。1834年，法国科学家蒂洛勒尔（Ange Thilorier）发明一种新的获取低温的方法，将干冰和乙醚的混合物抽真空得到-110℃的温度，这创造了当时的低温之最。1845年，法拉第在做第一批气体液化实验22年以后，又进行了第二次系列的气体液化实验。实验中用泵建立16～20atm的压力，同时用西蒂洛勒尔的方法把干冰和乙醚混合冷却剂抽真空得到-110℃的低温。二者并用，法拉第成功液化了上一次实验未能液化的几种气体，并终于使乙烯这种很难液化的气体乖乖地变成液体。

法拉第成功地液化了多种气体，这无疑是一个巨大的胜利。然而，法拉第和他同时代的科学家们似乎遇到了一个不可逾越的障碍。尽管他们作了各种可能的努力，却无法把最普通的五种气体——氧、氮、氢、一氧化碳和甲烷液化。

为了液化这几种顽固的气体，科学家们制造了种种精巧的装置，几乎采用了当时所能采用的一切技术手段。为了获取尽可能高的压力，爱米（Aime）设计了一种特殊的汽缸，将氧和氮封在汽缸里，沉入超过1n mile深的海底，压力超过200atm，结果是失败的。维也纳医生纳特勒尔（J. A. Natterer）也许在医术上没有给人们留下太多印象，他在高压压缩机的制造方面却成为杰出的先行者，并为气体的液化作了卓绝的尝试。1844年，纳特勒尔与最有名望的机械师合作，投资制造高压气体压缩机。实验时压力达到200atm，纳特勒尔亲自走到他的顾客面前宣布，他"有志继续压缩到2000atm"。事实上，他远远超过了自己的目标，几年后达到3600atm。无疑，这是高压技术领域一个十分令人惊讶的成就，纳特勒尔的纪录许多年没有人能打破。遗憾的是，纳特勒尔还是失败了，在巨大的"高压"下，氧、氮、氢、一氧化碳和甲烷这些最普通的气体拒不就范。当然纳特勒尔的努力仍是可敬的，他用实验证明，即使在3600atm下，常温下空气仍无法液化。

一系列洋洋大观、现在发现多是错误的实验使许多科学家相信这些气体永远不会被液化，好像它们根本就不符合任何物质都有气、液、固三态的定律。失望之余，人们给这几种气体起了个名字叫"永久气体"，意思是它们是只以气体存在的不可液化物质。

迂回——出路

并不是所有人都在"永久气体"的哀叹声中停住了脚步，仍然有许多科学家做着坚韧不拔的努力。

听出来的"临界状态"

在气体转化为液体的过程中，压力和温度都起作用，这一点法拉第和他同时代的科学家已经有所了解。然而对这两个因素如何起作用，还远没有明确的认识。科学家们希望了解气体液化过程中发生哪些现象，探索气体液体转化的一般规律，从了解气体液化的一般规律，进而找到液化某种特殊气体的具体方法。

早在1822年，巴黎内务部的一位专员图尔（C. C. de La Tour）就想弄清楚封闭容器内的液体被加热时会发生什么。为了能经受住高压，他把酒精封装在厚壁枪管里，不过这样他无法看到枪管内液体的变化情况，他别出心裁地用耳听。他把水晶球也封在枪管中，摇动枪管，发现水晶球在液体内滚动的声音和在气体中发出的声音不同。他将封好的枪管加热，并不断摇动听声音的变化，他终于用耳"听出"在足够高的温度下，容器内的酒精将全部变成气体，没有液体留在容器内。后来为了看到加热时酒精的变化状况，他不得不改用厚壁玻璃管。在实验中，他逐渐增加封装在玻璃管中的酒精，观察加热时酒精的变化过程。尽管用的是厚壁玻璃管，能承受巨大的压力，当放进去的液体多到占容器容积的1/2时，一般总是要发生爆炸。

根据这个实验结果，图尔得出他认为正确的结论：高于119atm时，酒精已经不存在液体状态；当这种变化发生时，他的试管里的液体突然在他面前变成气体。今天我们知道这个结论是不正确的，但是他却是第一个发现了气体—液体平衡的突出特征，即所谓"临界点"的人。当时他对气体—液体平衡的本性还远不清楚，而这正是气体液化的关键。这个谜由英国科学家安德鲁斯最终解开。

临界温度

1869年，英国科学家安德鲁斯提出临界温度的概念，从根本上动摇了永久气体的观念，并明确指出征服永久气体的主攻方向——降低温度。

英国贝尔法斯特皇家工学院的安德鲁斯（Th. Andrews）曾用近十年的时间试图用加压的方法液化永久气体。幸运并不偏爱他，他和当时其他科学家一样，得到的只是一次又一次的失败。挫折教育了他，他转而想，可不可以用容易液化的气体摸索一下气体液化的一般规律呢？这不失为一个明智的想法。气体液化总该有一个共同的规律，找到这个规律，也就找到了解决问题的方向。

从1861年到1869年，安德鲁斯作了一系列漂亮的实验。安德鲁斯认为他的工作是图尔工作的继续，不过他比他的法国前辈配备有更好的仪器设备，也从前辈的失败那里吸取了有益的经验教训。安德鲁斯分析，图尔用酒精做实验，这种常温常压下为液体的物质，气体液体平衡需要更高的压力，这个压力使他的厚壁玻璃管无法承受。因此安德鲁斯转而改用二氧化碳，这种气体在常温下是气体状态，他期望二氧化碳在气体与液体处于平衡状态的整个研究范围内需要的压力是比较低的。他也是采用马鲁姆测定氨的方法，不过他更全面地测定一定质量的二氧化碳在不同温度下压力变化时体积的变化。这样得出的一组曲线叫等温线，因为沿每一条曲线的温度是一定的。

安德鲁斯设计了一套简单而巧妙的加压设备，在各种温度下等温地压缩二氧化碳，精确地测定压力和体积值。后来的事实表明，选用二氧化碳做这个实验的确是一个聪明的决定，因为安德鲁斯正确地预见到，这种气体气液平衡的压力范围是比较狭窄的。

安德鲁斯把各种温度条件下等温压缩二氧化碳测得的压力和相应的比体积值，绘成一系列等温线（图5-2）。现在来分析一下这张图，先看13℃等温线。在曲线GA部分，比体积随压强增加而减少，这是符合波义耳定律的。在A点，也就是压强为49atm时，二氧化碳开始液化。对应于整个液化过程的是AB段，液化过程中比体积不断减少而压强却保持不变，因此AB是一条与横轴平行的直线段。B点以后，二氧化碳完全液化，只要比体积稍微减少一点，压强就急剧上升，反映了液体不易压缩的事实。如果再观察一下温度更高一些的等温线，你会发现它们的总趋势与13℃等温线一样，只是平直部分逐渐缩短，相应的饱和蒸气压也更高一些。

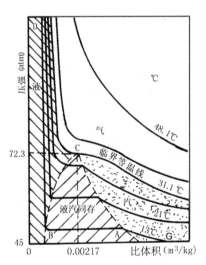

图5-2 二氧化碳等温线

1atm=101325Pa。

温度升到31.1℃时，曲线形状发生突变。等温线的平直部分缩成一个点，成为曲线上的一个拐点，对应于C点的压强是72.3atm。这时二氧化碳气体与液体比体积相符，呈现一种气、液不分的状态。压力超过72.3atm，二氧化碳就是液体了。温度高于31.1℃，曲线没有液相部分，不论施加多大压力，二氧化碳也不可能液化。

显然，31.1℃是二氧化碳性质发生质变的温度，必须在这个温度以下，气体才可能液化。这个温度就称为二氧化碳的临界温度。

安德鲁斯作出的等温线是以二氧化碳为特例提出的，但这一规律对各种气体都普遍适用。任何一种气体都有它的临界温度，只有在这个温度以下才能液化。这里把几种气体的标准沸点和临界温度列于表5-1中。同时也列出了转化温度，将在后面谈到。

安德鲁斯的结果不仅提供了大量气液转化的新事实，而且展现了一幅完整、漂亮、令人满意和信服的气相和凝聚态液相之间的关系图。从此过去一切模糊和矛盾的实验现象都有了合理的解释。在低温科学发展史上，临界温度概念的提出有重要意义，它把所谓"永久气体"从超自然的宝座上拉了下来。安德鲁斯的工作表明，以往人们液化气体失败的原因在于只专注于施加越来越高的压力，而忽视了另一个更为重要的条件——降低温度。只要能找到适当的方法使气体温度降到临界温度以下，任何一种气体都可以液化。

表5-1　气体的标准沸点、临界温度和转化温度

气体	沸点（K）	临界温度（K）	转化温度（K）
H_2O	273.1	647.2	
SO_2	263	430.4	
CO_2	194.6	304.3	1275
O_2	90.1	154.4	771
N_2	77.3	126.1	604
H_2	20.4	33.3	204
He	4.2	5.3	46

范德瓦尔斯方程

安德鲁斯通过实验归结出理论，这仍是一种唯象的解释。1872年，低温研究的第一位理论物理学家，35岁的荷兰科学家范德瓦尔斯（Johannts Diederik Van der Waals）借助于分子物理学，在他的论文《论气态和液态的连续性》中成功地解释了安德鲁斯的实验结果。

波义耳和马略特在常温下压缩空气的实验，后来查理和盖·吕萨克在等容或等压条件下的气体实验，构建了一个简单明晰的气体状态方程 $PV=RT$，这里 P 为压强，V 为体积，T 为温度，而 R 是一个常数。这个方程可以用简单的分子运动论来解释，它假定气体分子很小，它们的大小比起它们所占有的体积的空间来说可以忽略不计，除了质量以外，唯一不能忽略的是分子的速度，它们在空中飞舞，互相作弹性碰撞。用这个简单的模型能够清楚而直截了当地解释，为什么要使空气禁闭在它原来体积1/2的容器里，需要2倍于原来的压力，很方便地解释了压缩机变热和膨胀变冷等的原因。然而这一切与气体的液化无关，安德鲁斯找到了 $P-V$ 图中的水平线段，发现了气体向液体转化的节点，这时曲线完全偏离了波义耳定律，不再是原来光滑的双曲线。为了解释这个现象，气体分子只具有动能的概念需要修正。

范德瓦尔斯认为，简单的分子运动论忽略了两个重要的因素：分子的大小以及相互之间的作用力。为此他改写了气体状态方程，用 $\left(P+\dfrac{a}{V^2}\right)$ 代替 P，用 $(V-b)$ 代替 V （图5-3）。他的第一项修正计入了分子之间的吸引力，这种力使分子有会聚的趋势，其作用相当于一个附加的压强。附加压强和单位时间内与单位面积相碰撞的分子数以及由于分子间的引力而使分子动量的减小两者成正比，这两者又与单位体积内的分子数成正比，因此他用 V^2 除 a 表示这个附加压强，a 相当于一个比例常数。第二项修正中体积减少了一个常数 b，这表明分子本身占有一定的体积。

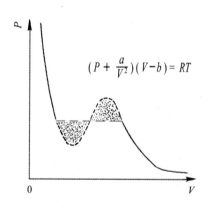

$$\left(P+\frac{a}{V^2}\right)(V-b)=RT$$

图5-3 范德瓦尔斯方程

新方程 $\left(P+\dfrac{a}{V^2}\right)(V-b)=RT$ 取代了原方程 $PV=RT$，如果同样画在 $P-V$ 图上就呈现一个奇妙的起伏。曲线上没有水平线，而是在起伏区任意给定一个压力，体积都有三个解。若把这三个点连成一条直线，就回到了安德鲁斯的等温线。事实上，分子之间的作用力要远比公式中的表示复杂得多，我们至今也没有一个简单的方程能一般地描述任何气体的状态。不过范德瓦尔斯方程把极为复杂的情况用一种简洁的方式明确地表示出来，这无疑是一个巨大的成功。从此，在讨论物质从一个凝聚态向另一个转变的时候，内聚力所起的作用也就清楚了。

高温下，气体分子的内聚力可以忽略，因为它们完全被极高的动能所掩盖，这时很好地符合波义耳定律。气体冷却时，动能减少，分子之间的作用力使它们自身偏离波义耳定律。温度更低，内聚力超过了动能，分子间不再乱撞乱碰而是彼此牵制在一起，这时就变成了液体。在液体中，分子仍有某些自由运动的可能，但彼此之间再也不能离得太远。温度进一步降低，动能变得非常小，分子失去了作为液态时的一点自由，每个分子都束缚在它邻近的分子上，整个分子的集合就冻结成固体。

范德瓦尔斯方程适用于任何物质，所不同的仅仅是两个系数 a 和 b。一旦这两个系数通过测量一条或数条等温线确定后，整个物质的状态图就可以作出。由于范德瓦尔斯方程在临界点以上也适用，a 和 b 能够通过测定气体液化区以上的等温线得出。一般来说，气体液化的临界温度的数值为 $0.15\,a/b$，知道气体的这两个系数，就可以确定临界温度。

安德鲁斯的实验和范德瓦尔斯修正的气体状态方程，把"永久气体"从不可液化的神圣宝座上拉了下来。新理论的提出使在黑暗中摸索的科学家看清了努力方向，几年以后终于传来征服永久气体的第一批捷报。

氧和氮的液化

1877年是低温科学史上重要的一年，这一年人们成功液化了氧，获得-183℃的低温，不仅进入一个前所未有的温度区间，同时也标志着一门新的科学——低温科学的诞生。

液氧二重奏

事件如戏剧般开场，时间在1877年圣诞节前一天的12月24日，地点在巴黎法国科学院的会堂。

几天前就流传有一项重要的发现要公布，与会者虽然照常按部就班地工作，却都以期待的心情等候这个消息。科学院的秘书杜马（Dumas）终于像报幕员一样站起来，引用法国伟大化学家拉瓦锡（La-voisier）著作中的一段话作为开场白：

"如果把地球放到太阳系较热的地方，比如说这个地方的环境温度比水的沸点还要高，那么所有液体甚至某些金属都将转变成气体进入大气中。另一方面，若把地球放到很寒冷的地方，例如靠近木星或土星的地方，那么我们的河流和海洋中的水都将变成冰山、空气，或者至少是它的某些成分，不再维持为肉眼看不见的气体，而转变成迄今为止我们还不清楚的新液体。"

自从拉瓦锡写下这些颇有些浪漫色彩的预言，几乎一个世纪过去了，科学家们想在实验室里造出拉瓦锡想象的"新液体"的所有尝试都失败了。而这一天要宣布的正是空气中最主要的成分之一——氧气被成功地液化。

会议先宣读了法国科学院一位新当选的通讯院士，在塞纳河畔沙蒂伦工作的法国科学家凯利代特（Louis Cailletet）的实验报告。凯利代特宣布，将氧压缩到300atm，并用蒸发着的二氧化硫使其降温到-29℃，突然释放压力，他观察到凝聚的氧雾，氧已被液化！

然而，凯利代特的论文刚宣读完，科学院的秘书又站起来宣布，比凯利代特论文还早两天，即12月22日，科学院收到一位物理学家从日内瓦发出的电报，电文是：

今天，在320atm下，用亚硫酸与碳酸相结合的方法，使氧冷却降温140度时，氧气被液化了。

R. 皮克代特

时间上相差仅两天，彼此相距600km的两项相互独立的实验，尽管方法有别，却得出同样的结果。在科学史上，当我们说某项发现是"独立"作出时，实际是指发现者不可能互相抄袭或者看过他人的成果。不过当把科学知识作为一个整体来考虑时，这些发现又绝不是独立的。科学的发展并不是靠一系列幸运的偶然事件，而是一种有机的成长过程。这不完全是一种巧合，而表明只要条件具备，科学之果会在不同地方同时成熟。1877年圣诞节前夕，凯利代特和皮克代特戏剧性地演奏了一曲液化氧的激动人心的二重奏，实际上演出早已安排好，宏大的开场必定在当时来临。

　　起初，凯利代特和他的许多前辈一样，希望利用高压使气体液化。他首先选用乙炔（C_2H_2）作实验物质，因为有人推测在室温下用约60atm即可使乙炔液化。实验中有一次偶然出了事故，实验用的玻璃管意外地裂了一条缝，气体猛然泄漏出来。凯利代特惊奇地发现，他百般努力而未达到的结果竟然不期而至，乙炔气体外泄时玻璃管内出现淡淡的薄雾，尽管这层雾转瞬即逝。凯利代特首先怀疑气体不纯，看到的雾可能只不过是水的微滴。他再次用高纯的乙炔重复实验，雾又一次出现，可以毫不怀疑乙炔的确被液化了。凯利代特作出正确判断：由于气体泄漏突然膨胀的冷却效应产生了液态乙炔雾滴。

　　科学的头脑善于从偶然事件中发现它的必然性。凯利代特立即不失时机地着手用这种方法去解决这一领域最重要的问题——液化大气中的氧和氮。他把氧气封装在一个厚壁玻璃管内，先用汞密封后再用水封。人力转动一个一人高的轮盘，带动水压机，把氧气加压到200atm（图5-4和图5-5）。同时，把厚壁玻璃管浸在蒸发着的液态二氧化硫中，冷却到-29℃。突然释放施加到气体上的巨大压力，与预期的一样，凯利代特又看到了淡淡的氧雾。他并没有立即肯定自己的实验结果，为了弄清雾是否是由杂质形成的，他又用实验室提供的纯氧气做验证实验，同时用氢气做对比实验，最后确认他得到的确实是雾状的液态氧。

图5-4　凯利代特气体压缩机和气体液化装置用标有O的小手轮开启阀门释放气体压力

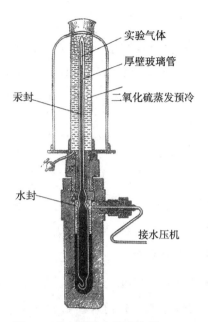

实验气体

厚壁玻璃管

汞封

二氧化硫蒸发预冷

水封

接水压机

图5-5　凯利代特气体液化器

凯利代特在给法国科学院的报告中说："我匆忙通知您，这几天我已经液化了二氧化碳和氧。也许，我所说的液化是不对的，因为在我使二氧化硫蒸发而得到的-29℃和200atm下，并没有看到任何液体。然而雾如此之浓，以致我能够推断蒸气很接近于它的液化点而存在。"他又写道："我已经做了我自己完全满意的对比实验。我把氢加压到300atm，冷却至-28℃，使其突然膨胀，在管中没有见到液滴的痕迹。我的气体（CO_2和O_2）一定是达到了液化点，因为雾滴只有在蒸气接近液化点时才能产生。"

凯利代特的实验能达到多低的温度呢？在他的实验中，突然释放施加在气体上的压力，极短时间内气体来不及与容器壁换热，近似于绝热膨胀过程。当气体绝热膨胀对外做功时，气体的内能减少，温度随之降低，压强也变小。膨胀前后的温度关系为

$$\frac{T_2}{T_1} = \left(\frac{P_2}{P_1}\right)^{\frac{k-1}{k}}$$

式中：T_1、T_2分别为绝热膨胀前后的温度；P_1、P_2是绝热膨胀前后的压力；k是绝热指数，它等于气体的定压比热容与定容比热容之比。如果把氧气近似地看作理想气体，上述实验条件下，理论上可以得到-218℃的低温。凯利代特自己当时估计在气体膨胀过程中，气体温度约下降了200℃，作为一种很粗略的猜测，

这个误差并不算大。当然，气体与管壁不可能完全绝热，实际得到的温度比这个要高一些。氧的沸点是-183℃，凯利代特至少达到了这个温度。

凯利代特实验中用的厚壁玻璃管，它的比热容约为封装在管中的高压氧气的100倍。绝热膨胀急冷凝成的氧雾，迅即与相对热得多的管壁接触而蒸发。凯利代特观察到的细雾只维持了一两秒。

另一位报告液化氧的科学家皮克代特在制冷领域也颇有建树，是二氧化硫压缩制冷机的发明人、一位有机械才能的科学家，用他的制冷机建造了世界上第一座人工冰场使其在欧洲扬名。皮克代特利用他在制冷领域积累的知识，也利用他经营冷冻机积蓄的资金支持液化氧的研究。皮克代特的实验方法与凯利代特的方法完全不同。他直接受安德鲁斯临界温度概念的启发，力图创造条件，使氧的温度降到临界温度以下实现液化。皮克代特独具匠心地采用了级联冷却法，这一方法后来在低温技术中成为经典技术得到广泛应用（图5-6和图5-7）。

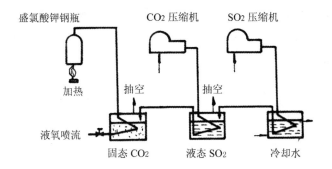

图5-6　皮克代特级联冷却示意图

级联冷却法利用临界温度依次降低的气体，使温度分级下降，最终液化临界温度很低的气体。第一种气体这样选择，它在常压下仅需加压就可以液化。然后使其蒸发，达到较低的温度，冷却第二种临界温度更低的气体。再对第二种气体加压使它也液化，并让第二种液化了的气体蒸发，用来冷却临界温度更低的第三种气体。如此下去，可以得到极低的温度。

在皮克代特实验中，室温下将二氧化硫加压到3atm，经水冷却液化，再使二氧化硫减压沸腾，达到-65℃。用液态二氧化硫冷却压缩的二氧化碳，使二氧化碳也液化。然后用泵抽取液态二氧化碳上空的蒸气，液态二氧化碳沸腾降温而固化。皮克代特相信，他得到了-130℃的低温。在长桶形的二氧化碳容器中放置4m长的厚壁铜管，管中充满470atm的氧气。这个压力是由与铜管连接的厚壁钢瓶中的氯酸钾分解提供的。皮克代特认为，在这一状态下，铜管中的氧处于液态。他在让一些氧从阀门逸出时，的确观察到携有蒸气和液体的喷射流。

图5-7　皮克代特级联冷却装置(打开标有 N 的阀门，观察到携有蒸气和液体的喷射流)

近代的研究表明，皮克代特铜管中可能并不是液态氧。当时他测定的二氧化碳的蒸气压为 10.5mmHg，相应的温度只达到−119℃，这刚刚低于氧的临界点。同时，铜管是与固态二氧化碳接触，传热不好，受压的氧的温度也许还要高几度，因此铜管中实际可能并不存在液态的氧。那么，皮克代特打开阀门时怎么会看到携带蒸气和液体的喷射流呢？可能性最大的是，这一液化现象是高压气体通过阀口时膨胀，由于焦—汤节流效应降温而产生。在皮克代特实验中，因为没有适当的方法和设备使冷量积累起来，他得到的氧雾也只存在几秒钟。

优先权的插曲

凯利代特和皮克代特的成功无疑是激动人心的，但同时宣告的一项发现也引出了一个棘手的问题：成功的前后顺序。如同任何比赛都有规则一样，科学发现的规则是以某种正式公布的先后为准，当时是以向法国科学院报告的备案时间为准。根据皮克代特的报告，他肯定实验成功的日期是 12 月 22 日。凯利代特又怎样呢？他的那篇论文宣读的日子晚了 2 天，是 12 月 24 日。不过凯利代特决定性的观测却早在 12 月 2 日作出，纯粹是由于个人的原因，他没有在 12 月 3 日、10 日甚至 17 日的科学院会议上宣布这一重要发现。原因在于，他准备在 12 月 17 日的科学院会议上竞选科学院通讯院士。他明智地认为，在那一天或那一天之前不久的会上宣布这一轰动的结果，是不够光明磊落的做法，有试图影响投票人之嫌。12 月 16 日，凯利代特只是在应邀的同事面前演示了他的实验。在第二天的科学院通讯院士的选举中，尽管有争议，他还是以33票赞成、19票反对当选为法国科学院的通讯院士。

凯利代特的重要宣布是在12月24日作出的，法国科学院在2天之前于12月22日先期接到皮克代特的电报，看来凯利代特要失去这一重大发现的优先权了。然而故事的结局是喜剧性的。12月2日，凯利代特在沙蒂伦做完他的决定性实验，曾给他在巴黎的朋友戴维利（Sainte-Claire Davlle）写过一封信，在信中给出了这个发现的完整记录。信是3日到达巴黎的，戴维利毫不迟疑地立即将这封信送到了法国科学院的常务秘书处。根据这封信的署名日期和邮戳的时间，凯利代特成为液化氧的第一人。

在值得纪念的12月24日会议之后一个星期，凯利代特又用同样方法液化了氮。这样，空气的两种主要成分在几天之间相继被液化了。

凯利代特和皮克代特用无可辩驳的事实推翻了"永久气体"的观念，用实验演示了地球大气中的气体可以呈液态存在。不过他们采用的方法并没有在液化空气工业上得到应用，而是很快被更好的液化空气技术所取代。同时，尽管他们工作的重要性得到科学界的承认，人们还是很快就意识到，真正决定性的一步乃是得到一定量的盛在容器中缓慢沸腾的液态氧。就是在12月24日的法国科学院会议上，另一位伟大的物理学先驱雅明（Jamin）清楚地指出："现在氧被液化的可能性已经证明了，但是其决定性的一步实验还有待人去做，其中包括使液态氧在它的沸点温度保存下来。" 后来，凯利代特不断改进他的实验，最重要的是使用液态乙烯代替二氧化硫在常压下蒸发冷却玻璃管，他实验的预冷温度进一步降到-105℃。在气体膨胀时，他注意到在玻璃管内出现激烈的湍流，不过在液气薄雾喷出时，还是立即蒸发了。他已经接近成功的边缘，但终究未能取得可供检测的液氧。

可检测液氧的制取

波兰科学家伏洛布列夫斯基（Zygmunt von Wroblewski）和奥利雪夫斯基（Karol Olszewski）迈出了制取可供检测的液态氧这具有决定意义的一步。

他们的成功是在凯利代特实验的基础上取得的。凯利代特总是坦率地探讨科学问题并慷慨地把他的实验技术无保留地提供给别人，许多同行乐于重复他的实验，拓展他的工作，巴黎最有名的仪器制造商杜克雷特也生产凯利代特型的仪器。1883年，正在巴黎工作的伏洛布列夫斯基购买了一台这种装置，运回波兰库拉克夫城的杰吉洛尼安大学（Jagiellonian），当时他刚刚被大学聘任物理学教席。

在那里，他找到一位有同样兴趣的同龄人奥利雪夫斯基教授，这位化学教授也正在研究气体液化课题，并已经用过时的高压装置没有多少成果地奋斗了13年。伏洛布列夫斯基的到来使奥利雪夫斯基非常高兴，伏洛布列夫斯基不仅带来了法国的新技术，也带来了当时"最现代化"的气体液化设备。他们两人于1883年2月开始合作，并于4月完成了凯利代特和其他人未能完成的事业，在波兰人的实验室里液态氧在试管中静静地沸腾（图5-8和图5-9）。

仅仅用2个月的时间取得这样的结果几乎是难以置信的，他们的成就让那些资金比他们充裕、设备比他们优越的科学家羡慕不已，然而波兰科学家的成功绝不是偶然的。首先，伏洛布列夫斯基和奥利雪夫斯基各有特长，他们的合作有很强的互补性。伏洛布列夫斯基对巴黎的实验非常熟悉，他亲自参加过这些实验，奥利雪夫斯基独自与陈旧的高压设备周旋了十多年，积累了丰富的实践经验。如果说运气的话，凯利代特的装置只需作小小的改进就可以稳定地生产出液态氧，

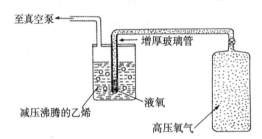

图5-8　伏洛布列夫斯基和奥利雪夫斯基装置示意图

他离成功只有一步之遥，但由于缺乏一种新的指导思想而未能迈出最后关键的一步。在这方面，波兰人当之无愧地应当取得全部荣誉，他们的成功源于他们对所涉及的物理学原理的更深一层的理解。

他们对凯利代特装置进行了两点改进。第一点改进是很平常的，他们将厚壁玻璃管弯下并封上口，这样使收集到的液态氧不会经过膨胀阀跑掉而是存积在玻璃管的底部。另一项改进是关键的，设法进一步降低温度。两位波兰学者用减压沸腾的乙烯取代凯利代特实验中常压沸腾的乙烯，使乙烯的蒸气压降到25mmHg，在这种状态下厚壁玻璃管可冷却到-130℃。当高压氧导入玻璃管时，在玻璃管壁上几乎看不到有液滴形成，而是以液体的形式收集在玻璃管的底部。1883年4月9日，他们终于让液态氧静静地在试管中沸腾，成功地得到可供检测的液氧。他们完成了氧的液化，但没有使用凯利代特原先的气体膨胀装置。

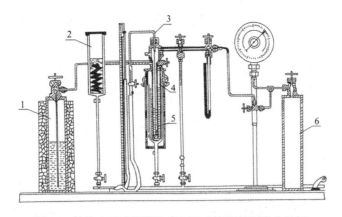

图5-9　伏洛布列夫斯基和奥利雪夫妻斯基氧液化装置

1—液态乙烯容器；2—干冰乙醚混合物；3—氢气体温度计；4—盛装液态乙烯的玻璃容器；

5—冷凝液氧用厚壁玻璃管；6—高压氧气钢瓶(60atm)。

今天我们用安德鲁斯的理论很容易解释波兰科学家成功的秘诀。正如伏洛布列夫斯基后来指出的那样，氧的临界温度为−118℃，临界压力为50atm，要使氧液化必须首先把它的温度降到−118℃以下。在波兰科学家的实验中，液态乙烯经过减压在−130℃沸腾，这比氧的临界温度低了12℃，因此只用了25atm就使氧气液化成功。而凯利代特在他改进的实验中也还是采用常压沸腾的乙烯，温度只能达到−105℃，比氧的临界温度要高13℃，因此他用了数百个大气压仍无法使氧液化。

一个有趣的故事是，奥利雪夫斯基在实验中用的是一台旧的纳特勒尔压缩机，这是他当研究生时在设备很差的杰吉洛尼安大学实验室里找到的。40年前维也纳医生纳特勒尔用来证明空气不可液化而是"永久气体"的装置，如今成了波兰人最后击碎"永久气体"神话的武器，历史好像开了一个不大不小的玩笑。

由两位波兰科学家联合署名的那次决定性实验的原始记录，提交给了法国科学院1883年4月16日的会议，论文则送到物理和化学年鉴发表。在取得这一系列成就以后不久，伏洛布列夫斯基和奥利雪夫斯基的合作只持续了几个月似乎就结束了，他们各自独立地进行自己感兴趣的低温研究。

伏洛布列夫斯基进而让液态氧在减压状态下沸腾，得到更低的温度，并用来在环境压力下液化氮、一氧化碳、甲烷和空气。到1885年，伏洛布列夫斯基已经有能力液化足够数量的这几种气体，供详细研究它们的物理性质。

不幸的是，伏洛布列夫斯基英年早逝。1888年，有一天伏洛布列夫斯基很

第五章　气体的液化

晚仍在实验室工作，不慎弄翻了煤油灯，死于由此引起的火灾。如今，伏洛布列夫斯基烧焦了的记录手稿（图5-10）还存放在杰吉洛尼安大学展览大厅中，这个大厅是以这个学校著名的学生、日心说的创立人 N. 哥白尼命名的。

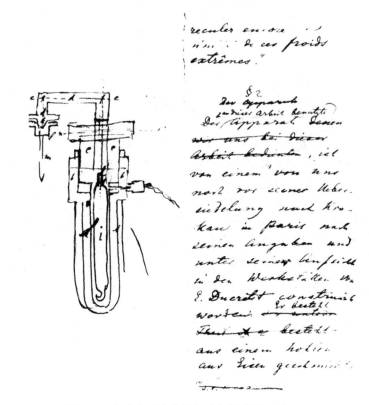

图5-10　伏洛布列夫斯基氧冷凝器草图手稿

两位波兰科学家得到适当数量的液态氧，这是一个重大突破。它最终用实验摧毁了"永久气体"的观念，证明安德鲁斯所测定的二氧化碳的压力—体积等温线的性质也适应于所有物质。也许更为重要的是，它使物理实验进入一个崭新的温度区间。现在已可能研究物质低于液氧沸点以下的性能。而在过去，人们无法达到这么低的温度，自然无从谈到对物质低温性能的研究。他们的工作还为重要的气体液化工业铺平了道路。

氧和氮的液化使低温纪录达到-183℃和-196℃。伏洛布列夫斯基和奥利雪夫斯基还曾用低温液体减压沸腾的方法制得-218℃的低温。以凯利代特和皮克代特液化氧为标志，宣告低温工程作为一门独立学科诞生。

空气液化装置的发明

伏洛布列夫斯基和奥利雪夫斯基成功获得可供检测的液态氧，这是一个巨大的进展，然而他们使用的仍然是一种效率低下、成本昂贵的制取液态空气的方法，液态空气还只能是科学家实验室的珍品。一些科学家和企业家已经注意到液态空气在工业上应用的广阔前景，1895年德国的林德和英国的汉普森又一次同时而相互独立地建立了一种气体液化的新方法，这种新方法提供了制取低温的新技术手段。由于所使用的装置结构简单，可以大规模生产，很快获得巨大的成功。后来，法国科学家克劳德改进了林德装置，在液化循环中增加了膨胀机，极大地提高了效率。1902年林德首次实现空气分离，从空气取得纯氧。以空气液化和分离为标志，低温技术走出实验室进入工业市场，并形成一个规模宏大的气体产业。

林德和汉普森装置的物理原理建立在30多年前焦耳和汤姆孙发现的焦—汤效应的基础上。

焦—汤效应

焦—汤效应的发现是焦耳关于热功当量实验的一个意外收获。

焦耳（J. P. Joule）从小随父亲参加酿酒劳动，没有经过正规的学校学习。后来他在著名化学家道尔顿（J. Dalton）帮助下，艰苦自学，成为一个有成就的科学家。焦耳一生中的大部分时间都是在实验室中度过，几乎用毕生精力研究各种运动形式之间的能量守恒和转换关系。他用实验方法测定了热功当量的值，并且是能量守恒定律的提出者之一。

在焦耳测定热功当量的实验（图5-11）中，最著名的是用落锤带动水轮，搅动密闭容器中的水，测定水温的升高以确定热和功之间的转换关系。其实，他做过的实验广泛得多，特别是曾经用气体做实验，研究气体内能与体积变化的关系，从另一个角度阐明能量的转换关系。

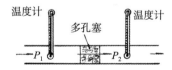

图5-11　焦—汤节流效应实验
P_1-高压侧压力；P_2-低压侧压力。

1861年，依照汤姆孙（即后来被封为勋爵的开尔文）的构想，焦耳和汤姆孙共同做了一个著名的实验。他们在与外界成热绝缘的管中堵一个多孔性木塞，用压缩机把气体均匀地输入管内，然后分别测定多孔塞两侧的压力和温度。在这个实验中，因为多孔塞对气体形成流阻，因此管子前面的压力 P_1 比后面的压力 P_2 高。空气在通过多孔塞时就经历了膨胀过程，但是没有做功。空气渗过塞中的细小通道时，分子不会因碰撞而弹回，因而也没有速度的变化。

如果按照查理定律，理想气体从高压侧经多孔塞流向低压侧时，温度应不变。实验中有两个现象令人感到意外：第一，空气和它的主要成分氧、氮，在膨胀过程中温度略有降低，其他研究的多数气体也有同样的反应；第二，在他们初期实验中，氢是唯一的例外，在膨胀进程中不是降温而是升温。随后的实验发现，随着温度的降低，气体在膨胀过程中冷却效果更佳，在足够低的温度下，就是氢也能用这种方法降温。

实际气体的温度产生与压力差成正比的变化，这就是焦—汤节流效应。对于每一种气体，节流前后温度的变化将取决于气体所处的状态。只有在一特定的温度以下，节流膨胀后气体温度下降，否则反而升高。幸运的是在创造低温时，越接近液化温度，致冷效应总是占优势。这个特定温度就叫转化温度。我们已列于表5-1中。

为什么节流会导致气体温度的改变呢？这同样可以用范德瓦尔斯方程解释。原来，任何一种气体都不是理想气体，分子自身有一定的大小并相互之间有作用力。气体被压缩后，邻近的气体分子并不像弹性小球那样只是在空间各占据一定的区域。它们可能有微弱的相互吸引，同时又有弹性变形能力，这种能力使气体分子间相互排斥。两种力的作用是不同的。气体膨胀时需消耗能量克服引力，促使气体降温。弹性斥力却正相反。对气体加压时，为克服弹性斥力需做功，气体膨胀时这个能量转变成热，导致升温。这两种力中哪一种占主导地位，就决定真实气体偏离理想气体的状况，在范德瓦尔斯方程 $(P + \dfrac{a}{V^2})(V - b) = RT$ 中，就表现为在一定条件下 a 和 b 的具体数值，从而引起温度上升或下降。

常温下，空气、氧、氮、二氧化碳的焦—汤效应温度降低，而氢和氦的温度升高。低于-70℃，氢节流膨胀温度降低；低于-230℃，氦的焦—汤效应温度才降低。实际应用中，为了获得更显著的节流制冷效果，选择的节流膨胀温度都远远低于转化温度。

焦耳、汤姆孙实验的本意并不是寻找降低温度和气体液化的方法，但他们的发现却指出了降低气体温度的一种新途径，成为气体液化的基本方法之一。在气体液化装置中，通常用一个有狭窄通道的节流阀实现节流膨胀过程。焦—汤节流阀一直广泛用于各种类型的气体液化装置中。

林德—汉普森空气液化装置

空气的液化在20世纪前夜发展成工业规模，这除了需要大量的基础理论研究外，更有赖于多方面的应用研究。一方面需要改进液化气体生产技术，提供大量廉价产品；另一方面也需要拓展液化气体的应用领域。1895年6月5日，林德在德国申请了高压空气液化设备的专利，并在此前已成功制取了液态空气，这是空气液化实现工业化的开端。

我们已经提到过林德在制冷领域的杰出贡献，他发明的氨压缩机导致了冷冻机大规模应用。林德液化空气的成功在于，他不仅是一位科学家，具有敏锐的观察能力，他还是工程师和企业家，具有将物理原理转化为实用装置和为产品找到应用的综合素质。焦—汤效应发现之初，人们只把它作为一个科学上的珍奇事物，觉得只有学术价值而没有应用价值，因为焦—汤效应的降温效果很微弱，因此多年没有人想到将这一效应实际用于气体液化。早在1857年，西门子的专利中也已经阐述另一项林德采用的主要技术——逆流换热器原理。林德的功绩在于，他把别人认为实用意义不大的焦—汤效应与逆流换热原理结合起来，通过逆流换热，将有限的焦—汤效应的降温积累起来，变成实用的工艺，实现空气的液化，并开创一个全新的工业。

在林德空气液化装置（图5-12）中，60atm纯的干燥空气先经水冷，再流经逆流换热器的高压通道，最后通过焦—汤节流阀膨胀到接近常压。节流膨胀气体降温，同时强制膨胀后的冷空气返回同轴管逆流换热器的低压通道，冷却热的高压气流。这样周而复始，冷量逐渐累积起来，喷嘴处的温度逐步降低，最后达到气体的液化温度，部分气体开始液化，液化的空气积存在容器中。液态的气体可通过一个阀取出，未液化的气体继续循环。

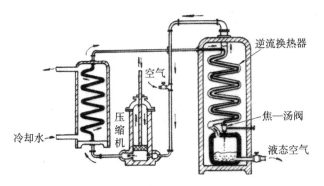

图5-12　林德空气液化装置

　　通常焦—汤效应的降温幅度很小，需要很高的循环气体压力，然而它的致冷核心部件是一个不需要在低温下运动的喷嘴形节流膨胀阀，简单可靠。这种液化气体的方法以损失致冷效率、提高循环气体压力为代价，换取技术上的简化，得多失少，技术和经济上是可行的。当然制造这样一个工业装置仍有许多复杂的技术问题需要解决。为了积累不大的致冷温降效应，对换热器提出更苛刻的要求，它既要有高的换热效率，又需避免过大的压降。林德采用一组同轴管实现高效换热，工程师们精心设计的逆流换热器成为液化器最重要的部件之一，构成使气体连续流动液化的关键一环。工程师们也不断研制效率更高的焦—汤阀，提高降温效果。

　　林德的第一次实验备尝艰辛，因为热交换器非常笨重，用了三天多时间才达到空气的液化温度，其中有两个晚上因为绝热质量差，温度还有所回升。林德在他的自传《我的生活和我的工作》一书中回忆到："怀着惊奇和激动的心情，我们看到温度按焦—汤定律下降，……我继续工作，直到积累的液化空气到了预期的那么多。我们打开阀门，美丽的带蓝色的液体开始灌入一个大锡盆，锡盆上升起朵朵白色的云团。我们1h的生产量约是3L。1895年5月20日—25日，我邀请《自然科学和技术》的代表参观了这套装置的公开演示。"

　　后来林德改进他的设计，采用两级膨胀（图5-13）。气体先经一级节流阀由200atm膨胀到40atm，约80％的气体经逆流换热器返回压缩机。其余部分再经二级节流阀膨胀到常压而液化。改进后节省压缩所需要的功，实际效率提高一倍。

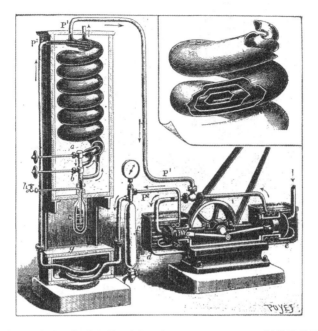

图5-13　林德两级膨胀空气液化装置（右上角剖面图显示三层同轴管换热器内部结构）

就在林德首次用这种简单模型液化空气的同一年，英国物理学家汉普森（William Hampson）发明了另一种空气液化器，并于1895年5月23日申请了英国专利。汉普森在伦敦女王与圣约翰医院里主管电器和X射线仪器部门。他是维多利亚时代的产物，1878年在牛津大学取得一流的学位，具有科学和艺术的造诣，并特别具有机械方面的天分。不过在一个时期内，他处于杜瓦等人的阴影之中。的确，杜瓦似乎曾不接受他进入杜瓦的研究组，也不愿承认汉普森对低温科学的贡献。

然而，汉普森以他有限的设备发明了紧凑的空气液化器（图5-14）。从机械学角度说，汉普森的空气液化器简洁雅致，相形之下杜瓦的装置显得粗糙而笨重。汉普森设计的换热器如此成功，直到今天在低温热交换系统的设计上仍被奉为楷模。

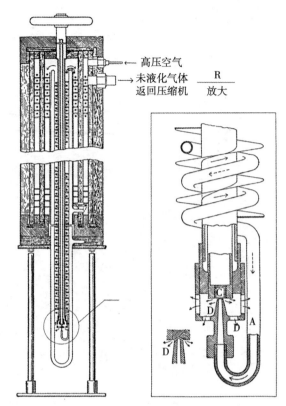

5-14　汉普森空气液化器（局部放大图显示高压气体螺旋管末端 A 与焦－汤阀 D 相连，螺旋塞 C 调整间隙）

　　汉普森空气液化器与林德空气液化器流程相似，只是采用了不同的换热器设计。林德换热器是一组同轴管，同轴管再缠成螺旋形，高压气体经内管通过，低压气体经管间环隙返回。而在汉普森型换热器中，高压气体是从一根盘成螺旋形的管中流过，螺旋管封装在两个圆桶的环状空间内，回流的低压气体从环状空间螺旋管间隙中流过。环状空间有三层，用一组同轴圆桶隔开，每层空间首尾相通，低压气体只能往返流动实现热交换。汉普森型换热器更轻也更容易加工，但安装要更为精细和费时。

　　1896 年 5 月，汉普森建立了一套装置生产液态空气。工业界立即认识到汉普森发明的卓越之处，英国 Brins Oxygen 公司购买了这一专利，制造实验室用的空气液化器，将这种装置提供给科学研究机构，这使大学和研究机构方便地得到液态空气温度的实验条件。Brins Oxygen Company 是世界著名的气体公司不列颠氧气公司（British Oxygen Company，BOC）的前身，不列颠氧气公司后来利用汉普森的设计，于1904年在美国华盛顿国家标准局建立了非常成功的工业规模的氢液化装置。

1897年底，美国纽约的查尔斯·特里普勒（Charles Tripler）也建立了一套类似的但规模更大的空气液化装置，液化空气的能力达25L/h。

林德—汉普森空气液化装置的发明是气体液化技术的重大进步。逆流换热器的采用，使有限的节流膨胀制冷效应积累起来，最终达到气体液化临界温度，从而可以取代处于居间温度的级联冷却过程。这极大地简化了空气液化装置，为气体的工业应用创造了条件。

克劳德空气液化装置

林德型空气液化器采用不对外做功的节流膨胀过程，设备简单，但能量损耗大，经济性差。为了改善循环的热力学性能，可以利用对外做功的绝热膨胀过程，不仅能够得到更大的温度降，而且可以回收一部分膨胀功。基于这种构想，出现了带膨胀机的空气液化器。

1887年，苏尔维（Ernest Solvay）根据凯利代特空气液化器原理，曾试图用膨胀装置液化空气，未获成功。低温下润滑油冻结堵塞机器，使苏尔维不得不放弃液化空气的努力。

1902年，法国工程师克劳德（Georges Claude）终于实现了带膨胀机的液化循环。他也遇到苏尔维遇到过的同样难题，但他成功地克服了这一系列技术上的困难。首先，膨胀机必须有良好的热绝缘性能，因为它的最终工作温度低于-150℃，要使外界流入的热量尽可能少。其次，膨胀机的运动部件活塞与汽缸之间的润滑是一个非常难以解决的问题，因为所有润滑油在这一温度下都将凝结成固体，苏尔维就因此而失败。虽然石油醚在-140℃时还可保持液态，能够使用，但很不理想。克劳德从另一个途径解决问题，他在活塞端使用一个干皮革制成的垫圈，从汽缸与活塞垫圈之间漏出的少量空气起到润滑剂的作用，取得较好效果，保证了膨胀机正常运行。

在克劳德的第一台空气液化器中，高压气体在一个活塞膨胀机中不与周围环境进行热交换而做功（图5-15）。空气做功消耗内能，温度下降，部分气体在汽缸中液化。未液化的冷空气再用于预冷进来的高压空气。反复使用活塞机，就可以收集到适当数量的液态空气。

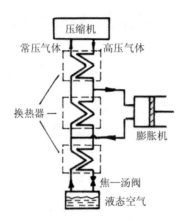

图5-15 克劳德空气液化系统

　　经过改进的克劳德型空气液化器，虽然主要依靠膨胀机来产生冷量和温度降，但最后仍用焦—汤节流阀实现气体液化。高压气流分成两路，大部分经过膨胀机，温度和压力降低后与低压回流冷气体汇合，经过逆流换热器冷却进来的高压热气体。另一部分高压气体经换热器逐步降温，最后进入节流阀，压力降到接近1atm，气体液化。而未液化的冷气体顺序通过各换热器冷却高压进气。同样起始温度和压力条件下，膨胀机产生的冷量要比节流过程大很多，因此克劳德循环比林德循环效率要高得多，极大地提高了能量的利用率。当然，由于增加了动设备，液化器的结构复杂，造价也更昂贵一些。

　　克劳德的成功同样历尽艰辛。当时他在一家大公司工作，只能利用业余时间研究自己的空气液化器（图5-16）。经过三年努力，研究工作似乎已经走入穷途，他自己办的小公司濒临破产。1902年5月25日是个星期天，他突然有了一个新主意，急忙用他能得到的不多器材试试这个想法。就在这天晚上，他第一次得到3L液态空气。他把盛液态空气的杜瓦瓶拿回办公室，原来准备第二天在这个办公室宣告关闭克劳德惨淡经营三年之久的小公司。说来也巧，他的一个鲁莽朋友来拜访他，看见地上放着一个精致的银色容器，颇为好奇，上去踢了一脚。杜瓦瓶裂了，刹时间多年心血化为乌有。每当回想起这段往事，克劳德不无感慨地说："幸而，尽管我已经没有了有形的证据，我还是成功地使每一个人信服，并在几周之后创办了新的空气液化公司。"克劳德的公司成为世界上著名的气体公司之一。

图5-16　克劳德(左)和他的第一台空气液化器

　　克劳德若单纯为追求一个科学实验的结果，他未必有毅力克服这么多困难坚持下来。在19、20世纪之交，空气液化和分离已经显现出在工业上大规模应用的诱人前景，克劳德更多是面向应用搞研究，在这个意义上可以说是市场引导克劳德走向成功。

　　林德型和克劳德型空气液化器至今仍广泛使用。在高效率的克劳德系统中，膨胀机产生的能量又用来辅助压缩机压缩空气，这部分能量可以得到额外制冷量。

　　林德和克劳德在专利权上时有纠纷，他们的公司在市场上激烈竞争，不过他们也明智地了解合作的益处。克劳德的膨胀机专利授权林德公司可以使用，林德在空气分离装置的专利也授权克劳德的公司使用。这种又竞争又合作的关系有力地推动了空气液化产业的发展，并最终惠及整个社会。

　　从1895年开始，低温技术在工业上的应用一直在拓展。最初的目标是从大气中提取氧气和氮气，氧用以满足大规模炼钢工业和其他技术加工的需求，氮气用于化学工业，液氮又是重要的冷源。从水煤气中分离氢也是重要项目。

　　林德、汉普森和克劳德的发明都有明确的应用目标，他们的专利很快导致了德国、英国、法国和美国大规模气体分离工业的出现。当时诞生的不列颠氧气公司、林德公司、空气产品与液态空气公司至今还是低温工业界的巨头。

第五章

气体的液化

氢的液化

氧液化成功后，许多科学家都挤身于液化氢的竞争之中。凯利代特曾想用他液化氧的方法液化氢，但他的一切尝试都失败了。皮克代特也曾一试身手，遗憾的是他的热情超过他的科学态度。他自信地过早宣布自己的仪器生产出液态氢，甚至基于当时化学上的错误预言，期望液态氢具有金属的性质。因此在凯利代特的报告中说见到蓝色的液氢喷出，撞到器壁上发出金属的当当声，而这一切后来都被证明是失实的报告。

1884年，在克拉科夫已经分开工作的波兰科学家伏洛布列夫斯基和奥利雪夫斯基，用凯利代特的方法各自建立了自己的氢液化装置。实验中他们都看到一层薄雾，也都希望它是氢的小液滴，然而又都证明不是悬浮的液氢液滴而是固化的杂质。凯利代特和皮克代特时代已经结束，一阵薄雾不足为奇，人们需要看到的是静静沸腾的液氢。

伏洛布列夫斯基在1884年液化氢受到挫折后，转而把全部精力用在寻找适用于氢的范德瓦尔斯方程的两个因子 a 和 b 上。他去世后，他的记录手稿和观测记录由他的学生交给维也纳科学院。伏洛布列夫斯基估计的氢的临界温度是30K，这是一个与实际情况很接近的结果。

现在我们知道，氢的临界温度是 33.3K，因此氢的液化比氧和氮的液化困难得多，因为无法利用任何一种物质的蒸发达到这么低的温度。即使是沸点极低的液态空气，减压蒸发一般也只能达到70K，最低约为 55K，仍远远高于氢的临界温度。不可能设计一种级联冷却的阶梯，使逐次降低的温度延伸到氢的临界温度以下。欲液化氢，必须设法填补这样一个巨大温度间隔。

杜瓦和氢的液化

第一个成功液化氢的是英国科学家杜瓦（J. Dewar）。他采用液态空气预冷和一次节流的方法，利用焦—汤效应降服了氢。

我们在前面已经看到，皮克代特在液化氧的实验中不自觉地用过这一方法。林德在工业规模液化空气装置中，把焦—汤阀作为使空气液化的最后一环的核心部件。杜瓦也是独立地想到采用这种方法液化氢。

杜瓦利用焦—汤效应第一个液化了氢，这在当时被视为超级技术成就。杜瓦身材矮小，性情急躁，但具有极为出色的实验技能。他是苏格兰一个小旅馆老板的儿子。10岁时，小杜瓦不小心掉进湖上的冰洞里，人虽然幸免遇难，却从此患上风湿病。沉重的疾病使他不能和小伙伴们一起嬉戏。他在养病期间有许多时间和农村木匠一起度过，有位细木工教他作小提琴，杜瓦学起木工，成为村里心灵手巧的木匠。这段经历使他受用终生，杜瓦把自己娴熟的实验技能归功于这段经历。在杜瓦金婚纪念时，他还向宾客们展示过一只他幼年时制作的小提琴，琴上刻有他儿时的铭文。

杜瓦起初在爱丁堡大学学习，后来就在这里得到一个化学讲师职位。1875年，他担任剑桥大学杰克逊实验原理讲座的教授，时年33岁。当时，剑桥大学还没有发展成它后来那些年那样一个杰出的科学中心，杜瓦能得到的工作条件很差。他曾在剑桥大学作过一些有益的光谱研究，但未能得到充分重视。杜瓦很有些艺术家气质，发现自己难于适应学校里流行的刻板气氛，他的人际关系处得也不好。在剑桥工作了两年后，1877年杜瓦又愉快地接受伦敦皇家研究院富勒化学教授职务。他一直担当这两个职务，直至1923年逝世，81岁高龄的杜瓦工作到生命的最后一刻。

从杜瓦发表过的论文看，他的研究兴趣非常广泛，但最突出的贡献还是在低温物理领域。法拉第成功液化氯气30年以后，想必是戴维和法拉第精神仍在皇家研究院回荡，杜瓦也致力于研究永久气体。仅在凯利代特液化氧一年以后，他就把凯利代特膨胀装置引入英国，在英国第一个制得液态氧。1878年夏天，他在皇家研究院著名的"星期五傍晚讲演会"上为听众演示了液态氧滴的产生（图5-17）。这次讲演是杜瓦一连串成功演示中的第一次，在他以后三十多年的科学生涯中未曾中断，并在他演示氢气液化的令人惊叹的实验中达到顶峰。毫无疑问，杜瓦是一位杰出的讲演者，他将他对科学的感悟与实验训练及艺术天才结合在一起。他的听众中，除了科学同行和政要外也不乏上流社会的贵妇人。这些女士们也许对科学家晦涩的演说一窍不通，但用她们的虔诚行动表示了对科学的崇敬。

图5-17　杜瓦在英国皇家研究院"星期五傍晚讲演会"上

　　用现成的装置重复凯利代特的实验毕竟容易一些，而要创造适于研究的低温设备要困难得多，杜瓦整整花了6年时间来完成他的第二步。经过多年努力，杜瓦建造了几台液化器，能够大量生产液态氧和液态空气（图5-18），为实现液化氢这一主要目标做准备。在汉普森发明利用焦—汤效应和逆流换热器原理工作的空气液化装置的同时，杜瓦也成功制成采用焦—汤效应液化空气的设备。在杜瓦的空气液化装置中，他的第一级预冷仍采用固态二氧化碳作冷媒，冷的二氧化碳气体穿过螺旋管外冷却管中的气体，螺旋管中的空气冷却后经焦—汤阀节流膨胀致冷。经过焦—汤阀部分空气液化，未液化的温度更低的空气返回，冷却一组直接连接到焦—汤阀的螺旋管，进行最后的预冷。与汉普森的装置比较，这套空气液化装置更为笨重，换热流程的安排也不尽合理。也许因为杜瓦在研究院的工作

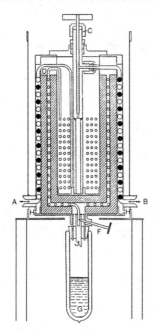

图5-18　杜瓦空气/氧液化器

A—空气入口；B—二氧化碳入口；C—二氧化碳阀；D—换热器底盘；
F—空气膨胀阀；G—杜瓦瓶；H—二氧化碳和空气出口。

使其少有与工业界的合作，他的所有研究多只是囿于实验室，而没在尝试工业应用。

1886年5月27日，皇家学会会长宣布他看到杜瓦将液态氧固化了，这是世界上第一个得到的固态氧。

1896年，杜瓦在一篇关于他的低温工作的文章中介绍了氢气膨胀致冷循环。它采用与空气液化器相类似的安排，将焦—汤节流阀与逆流换热器结合起来。杜瓦注意到，正如预期的那样，氢气在室温下节流膨胀并不降温。但是氢气经过液态空气预冷后再节流膨胀，虽然没有氢气液化的迹象，但已经能观察到冷却效应。他证明了从节流阀流出的气体温度极低，因为用这种气体冷却液态氧时，液氧变成蓝色透明的坚硬固体。杜瓦估计节流阀出气管的温度低达热力学温度20～30K。他确信氢的液化本身尚未实现，但认为可在这样低的温度下研究一些物质的性质。在论及氢气液化的可能性时，他充满信心地写道："采用不同形状的真空容器及更好的热绝缘，这些困难会被克服。可以收集到足够的液氢，并将它储存在特制的真空绝热容器中，这是毫无疑问的。"

又不知经历多少次失败，甚至冒着丧失生命的危险，杜瓦终于在1898年5月10日达到了他的目标。他生产出了20mL液态氢，在真空容器中平静地沸腾。这个消息在5月12日英国皇家学会的会议上正式宣布。在这艰苦的探索中，他的两名助手都因爆炸各失去一只眼睛。

杜瓦的氢液化装置基于焦—汤效应原理，但他从未对自己的装置作过详细说明。杜瓦第一次实验装置的大体情况是，把氢气压缩到180atm，高压气体先通过用干冰冷却到−80℃的管道，再通过用减压沸腾的液态空气冷却到−205℃的管道，最后经过一个节流阀自由膨胀。这时气体温度已经低于氢的转化温度，节流膨胀后，进一步降到氢的临界温度以下，部分氢气液化，杜瓦得到−252℃的低温。

在这次实验中，开始出现液氢的时间没有精确记录，但在运行约5min的时间内就收集到20mL的液氢。以后设备被氢气中的杂质固化所堵塞，实验未能继续进行下去。杜瓦观察到液态氢是无色的，液面明显呈弯月形。粗略测量液氢的密度很小，仅为水的1/14。杜瓦主要关心液化氢达到的温度是多少度，但测量温度时他遇到意想不到的问题，他用的热电偶温度计失灵，给出十分荒谬的读数。杜瓦当时无法想到，在接近绝对零度时，一些物理性质将遵循完全不同的新的自然规律。杜瓦虽然无法确定液氢的准确沸点是多少，但他肯定液氢的沸点非常低，因为他将两个封闭的玻璃管装入氧气和空气，并将其插入液氢中，发现管中的气体立即变为固体了。

在杜瓦液化氢的实验中已经显示出一些低温世界不同于常温世界的特异现象。他首次实验用的是热电偶温度计，令人奇怪的是，在急剧降温的过程中，并没有记录到预期的相应的电势差，温差热电偶温度计似乎在液氢温度下已经失效。他又采用铂电阻温度计，它是利用铂丝的电阻随温度下降而近似成正比例变化的特性制成的。杜瓦在先期液化氧和空气的实验中发现，在液态空气温区内，铂丝电阻的变化与温度的下降仍成正比。但用这种方法测定液氢的温度，若仍按这一比率外推到液氢温区，得到的读数令人怀疑，所推算的温度高达35K，远不符合可能的实际情况。杜瓦已经在猜测，这可能是由于当温度接近绝对零度时，电阻的变化率要比在液态空气温区时小，从而偏离了正常的电阻定律，因而在低温下应有另外的电阻变化规律。最后杜瓦采用气体温度计，用一个小的铜制中空容器（称为温泡）和一个压强计，用一根金属毛细管将两者连接起来构成一个系统。将温泡置于待测温度区，根据盖·吕萨克定律，由压强变化即可推断出温度的变化。充气压力十分低，因为充气压力越低，泡内气体的液化温度将更低于正常沸点，也就可能测出更低的温度。另外，考虑到毛细管与压强计并不是处于液氢温度下以及另外一些因素，得到的读数要加以修正。经过精确地修正后，杜瓦推算出液态氢的正常沸点为20K。这个结果与现在所知的液氢沸点为20.4K的值相比已相当接近，杜瓦当时的测定已经是非常精确了。

在成功液化氢以后，仅用一年时间，杜瓦接连在向绝对零度逼近的征程上取得重大突破，又第一个固化了氢。杜瓦在实验室中发现，当恒温器中液氢的蒸气压降到5cmHg时，液氢中出现一些泡沫，以后液氢慢慢地固化了。当时有一些化学家曾预言，固态氢是金属，但杜瓦得到的固态氢是透明的，说明固态氢不是金属。

杜瓦下一步的工作是确定氢的三相点，这一工作也是非常困难的。杜瓦从气体温度计读数中计算出的三相点温度是16K，其实他的估计过于保守，他所达到的温度已低于14K。杜瓦尝试进一步降低温度，但固态氢的蒸气压已经非常低，真空度很难提高，因此固态氢降温效果不明显。但杜瓦仍进一步对固态氢抽真空，他认为所达到的固态氢的最低温度是13K。我们现在很难确认杜瓦所达到的最低温度的准确数值，因为这完全取决于当时实验安排的细节，不过他很可能达到12K或者更低一些。

液化氢成功以后的若干年里，杜瓦在当时处于领先地位，几乎垄断了对低温下液态氢性能的研究，他发表了关于这一课题的大量论文。不过这种封闭的态度，也埋下了他日后在液化氦的竞争中失败的种子。

杜瓦瓶的发明

在早期获取低温的实验中人们已经感到，保存低温往往比取得低温更难，绝热难题成为逼近绝对零度的巨大障碍。获取低温本身耗能巨大，成本昂贵。低温状态，与环境温差越大，漏热越严重。当制冷装置的最大制冷量与外界漏热相平衡时，就达到了降温的极限。

储存低温液体的另一个不利因素是低温液体的气化潜热小。液体转变成蒸气需要一定的热量，正是这种气化"潜热"的存在才使气体得以保持液态。显然，输入同样的热量，潜热小的物质将更多地蒸发成气体。根据特劳顿（Trouton）定律，潜热与沸点（以绝对温度计）正成比。这注定了低温条件下才能液化的气体的气化潜热值很低。氧的沸点是水的1/4左右，当时已测定出它的气化潜热也基本为水的1/4。那时氢尚未液化成功，按氢可能的沸点估计，氢的气化潜热又只有氧的1/4多一点。后来的事实表明，氢实际的气化潜热比估计的还要低，这也如同杜瓦使用热电偶温度计和金属电阻温度计在低温下失效一样，都显示在低温下某些物理规律已不适用，必须用新的定律来代替。即使按照当时粗略的计算，如果能液化氢气，那时所有形式的容器也无法将液态氢保存较长时间。

在液化氧的尝试中，容器的低温绝热已经至关重要。在伏洛布列夫斯基和奥利雪夫斯基液化氧的装置中，将玻璃管浸在减压沸腾的乙烯中，从容器外部漏入的热量只能使乙烯蒸发，而玻璃管外壁始终处于减压沸腾的乙烯温度之下，沸腾乙烯的温度远远低于环境温度，这时液态乙烯就成为液态氧的保护屏。波兰科学家用这种方法实现了氧的液化，也用这种方法储存液态氧，杜瓦在他的空气液化实验中也采用过这种设计。

凯利代特在他的实验中发现，由于空气中大量水蒸气遇冷凝结，低温玻璃容器外壁结满一层霜，难以观察容器内的状况。他想出办法，在一只小试管外边套上一只大试管，大试管口上装一个大塞子，塞中钻一个孔，将小试管吊在中央部位。在大试管底部放些氯化钙作为干燥剂，以吸附被封闭在隔层内的水蒸气。只要大试管外壁不够冷，大气中的水分就不会凝结成霜。伏洛布列夫斯基和奥利雪夫斯基在他们的实验中也使用过这种容器。那时，科学词汇中又增加了一个新名词："低温恒温器"，专门用来称谓特制的盛装液化气体以便低温物理工作者进行观察和研究的容器（图5-19）。低温恒温器可以与液化器分开，不再是液化器的组成部分。液化器所产生的低温液体可通过一个阀门泄入外面的低温恒温器中，这样操作液化器和从事低温实验都更方便了。

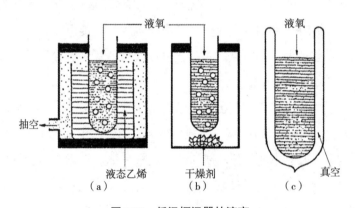

图5-19 低温恒温器的演变

（a）伏洛布列夫斯基和奥利雪夫斯基液氧容器；（b）凯利代特低温恒温器；（c）杜瓦瓶。

杜瓦在一次皇家研究院"星期五傍晚讲演会"上也带来一个这样的容器，装有事先才液化了的液态氧，在大厅里向听众演示液氧的性质。他用的恒温器是小试管外套一个大烧杯，烧杯的塞子固定试管，同样在烧杯底部放些干燥剂。不过杜瓦的讲演也许必须非常准时，他的准备工作也须与讲演接续得很好。他的观众能清楚地看到液态氧在试管内静静地沸腾，但用这种方法无论将塞子密封得多严，液氧维持的时间都很短，从外部漏入的大量热量不久就会把液氧蒸发光。

英国皇家研究院"星期五傍晚讲演会"的传统和杜瓦对演示实验的爱好，需要让观众看到液态气体在试管中"平静地沸腾"。杜瓦感到，迫切需要制作一种适于储存这些易挥发液体的容器，这种容器装入低温液体的蒸发量必须极小。

1873年，杜瓦尚未进入皇家研究院而在做量热器的研究工作时，他就开始了低温恒温器的研制。在后来的液化氧和氢的工作中，杜瓦继续做了大量低温恒温器的系列实验（图5-20）。杜瓦尝试过多种方案，在双壁容器隔层中放入活性碳、硅胶、铝和氧化铋，在器壁上镀银，将双层壁中间的空间抽真空。他还设计了一套装置，将三个双壁容器与一个控制用的真空设备相连，通过测定三个容器中液态氧的蒸发率确定各种隔热方式的优劣。杜瓦也曾试用过三层铝箔（相互不接触）的隔热屏，他当时认为其隔热效果不如镀银，其实只要再进一步，他本可以发现后来被称为多层绝热的原理，多层绝热要优于单纯镀银。尽管如此，他还是迈出了低温恒温器史上最重要的一步。

图5-20 杜瓦在实验室

　　杜瓦最终确定采用真空绝热的长颈瓶。真空能以实际上消除对流和最大限度减少热传导来阻止热的流动。这一隔热特性在杜瓦之前已为人们所知。然而，是杜瓦第一个想到并在实验中把真空隔热用于研究液化气体。他做的最重要改进是在容器内壁镀银，这就极大地减少了辐射热流，而辐射是真空状态漏热的主要途径。最后定型的真空绝热容器与我们常用的热水瓶一样，其结构之完美，使它一百多年后的子孙与它的祖先几乎还一模一样。

　　大约直到1892年，杜瓦才最后完善了他的设计。在1893年元月皇家研究院的一次讲演会上，杜瓦为他的听众演示了他新制作的真空容器。杜瓦展示了他的双壁容器，解释它与以往的双壁容器之间的不同之处在于两壁之间不仅只是把水分除尽，而且空气也被抽光，从而断绝了双层壁间气体传导的途径，极大提高了绝热性能。他说，他之所以想到这一巧妙的构思，是受自己20年前论著的启发，那时他在研制量热器，曾采用这种方法为量热器隔热。为了让听众亲身感受到真空绝热技术的优越性，杜瓦先请大家仔细观察容器中盛的液态氧，液面像水面一样平静，液氧在静静地蒸发。然后他将容器抽气封口的尖端碰破，让空气进入双壁夹层中，真空被破坏。这时人们看到液氧瞬间翻滚剧烈蒸发，一会就在听众面前消失殆尽。在大家的惊叹声中，杜瓦又拿出另外一种双层壁内外壁都镀银的真空容器讲解道：真空仅能隔绝气体传热，而器壁间还有辐射传热，镀银层反射掉绝大部分幅射热，所以这种双壁镀银真空容器的绝热效果更好。

　　这种双壁真空容器的原理看似简单，但要发明和制作它并不容易，要解决许多实际的技术问题。杜瓦碰到的一个巨大困难是要找到能胜任吹制这种复杂结构玻璃容器的玻璃工，吹成后的玻璃容器还要充分退火，以消除内应力，否则当容器内壁冷却到液态空气温度时将发生爆裂。他不得不到德国去加工他的新式容器。不过当杜瓦处心积虑解决低温液体的储存问题时，他的德国玻璃工却找到了这种新玩意的另一个用途。据说，这位德国利堡名叫米勒的年轻玻璃工发现，用杜瓦让他加工的容器给自己的婴孩存牛奶，牛奶过一夜还是热的，省了他和夫人夜夜为孩子加热牛奶的辛苦（图5-21）。杜瓦发明的本意是用于保冷，米勒的发现却导致用来保存热液体的保温瓶工业的出现。保温瓶制造业首先是在德国，然后才是在英国和美国，很快成为一项重要的产业。直到今天，这种用杜瓦的名字命名的杜瓦瓶更多还是用于存放热的液体，它几乎是每个家庭的必备品，并常被人们称作保温瓶。杜瓦从未为他的这项发明申请过任何专利，也从未从他的这项发明中谋取过任何的经济利益。

这个瓶给咱娃存放热奶正合适

图5-21　杜瓦瓶的新用途

杜瓦的真空容器成为他成功液化氢的重要工具。他将盛装液氢的真空容器放入另一个装有液态空气的更大的真空容器中，液态空气成为一个有效的冷屏，大大减少了进入恒温器中心部位的热量，顺利解决了在生产和储存液氢时由于液氢的气化潜热非常小带来的难题。

杜瓦的这一发明是低温技术史上最重要的事件之一，是人类保持、控制液氧温度和达到更低温度迈出的巨大一步，有力地推动了低温科学的发展。这种真空容器大大减少了漏热而根本性地改善了低温恒温器的绝热性能，这使实验用的液化气体不再是以 mL 而是以 L 为单位来计算。至今，真空绝热仍是低温绝热的最主要形式，人们也习惯地称真空绝热容器为杜瓦瓶。

每次杰出的发明一出现，总会有一些人去争功。杜瓦瓶的发明一发表，德国人宣称德国的温霍尔德（Weinhold）早在杜瓦以前已经使用真空绝热技术。法国人则申辩法国的达松瓦（Vase Darsonval）也早于 1888 年在生物学的研究中采用真空绝热。其实这些人若果真认识到真空隔热对保存液氧的重要性，就会去使用它。杜瓦的天才就在于他能在实践中将真空绝热技术应用于低温工程实验。更何况早在 20 年前，他就在量热器中应用了真空绝热技术，比温霍尔德和达松瓦还是要早得多。杜瓦对以他的名字命名真空绝热容器当之无愧，杜瓦发明真空绝热容器对低温科学贡献的重要性绝不亚于他成功地液化氢。

杜瓦在英国皇家研究院的成就是十分辉煌的。他唱的虽然是好戏，却始终是独脚戏，他没有留下任何学派和弟子。杜瓦虽然名义上在剑桥大学任职，但他完全忽略了这一工作，实际上以皇家研究院的工作取代了大学的工作，这使他脱离了学校那种自由交流和批评的学术氛围，也和工业界少有联系。杜瓦拒不公开他的氢液化器的细节，1908—1930 年，英国不列颠氧气公司在低温工业方面的进展也几乎没有从杜瓦的发明得到任何帮助。他少有朋友，杜瓦的助手只是在杜瓦发表论文的末尾被偶然提到，他们的名字从未作为合作者的身份出现，而杜瓦的成就与这些助手毕生的贡献分不开。杜瓦在他主管的实验室里是绝对的权威，实验室的章程规定得像古埃及法老的律令一样严厉，任何人都不例外。杜瓦与科学界的同行多有纠葛，到他临终时，站在他身边的唯一知心人是他的妻子。他们没有子女，他的妻子始终崇敬自己的丈夫，杜瓦对她也一往情深。杜瓦去世后，他的妻子收集他生前论文编印成册发表。虽然杜瓦有许多缺点，但他常常意想不到地宽宏大量。他爱好音乐，而且还是一些年青艺术家的保证人。他暗地里购买并分发大量音乐会的入场券，使更多的青年人有机会去听音乐会。杜瓦也尝试液化氦，参与液化氦的激烈竞争并未能成功。毕竟，靠科学家个人天才进行科学研究的时代已经过去。

氢的液化，又一次刷新了低温纪录。杜瓦液化氢达到的温度为 20.4K，用减压蒸发液氢的方法达到13K，这创下了新的低温纪录。

氦的液化

杜瓦和当时其他科学家都曾以为，氢的液化是接近绝对零度的最后一步。然而，就在气体液化技术不断取得巨大进展的同时，永久气体家族也增加了新的成员。19世纪末发现气体元素氦，它立即加入了永久气体的行列，并成为最顽固的一员。世界上许多著名实验室以液化氦为目标，展开顽强的攻坚战。

太阳之子回归地球

发现氦的经过本身就很有戏剧性。19世纪中期，在海德堡工作的本生（Robert Bunsen）和基尔霍夫（Gustav Kirchhoff）发明光谱分析技术，光谱仪成为化学家锐利的眼睛。每一种元素都有自己特定的谱线，只要从一个物体上取得一点样品，放在光谱仪上一照，就能知道它们的成分和含量。甚至茫茫宇宙中的遥远恒星，只需用光谱仪分析一下它们发出的光线，也能知道它们是由哪些元素组成，并且确定各种成分的比例。本生和基尔霍夫用这一新方法检验各种物质，先后在矿泉水中发现了新元素铯，在云母矿中发现了新元素铷。另一些科学家也用这种方法发现了铊和铟等元素，而最令人惊叹不已的则是氦的发现。

1868年8月18日印度发生日全食。世界各国的天文学家和物理学家云集印度，法国米顿天体物理观象台台长严森（P. J. Janssen）也率队考察。他对太阳表面喷发出的巨大火焰——日珥特别感兴趣，想弄清它到底是什么东西。这次严森不仅携带望远镜，还配备了光谱仪。日食开始，他把分光镜对准日珥，突然惊奇地发现一条不知来源格外明亮的黄色谱线。这条谱线似乎是属于钠的谱线，但又不完全相符。严森想仔细看看清楚，但日全食几分钟就过去了。他想，是否在平时日珥不可见时也能观察到这条谱线呢？第二天清晨，严森再次观测，他想了一个简单的办法，用一块圆盘挡住太阳的主体，而将分光镜对准太阳的边缘，昨天的现象历历在目。他从容观测，证明这条谱线的确不是钠的谱线。

严森写信向法国科学院报告他的发现，信是10月24日收到的。就在接到严森报告的同一天，法国科学院又接到英国皇家科学院太阳物理天文台台长洛克耶（J. N. Lockyer）的信，报告同样的发现。洛克耶是著名的英国《自然》杂志第一任编辑，他大胆猜测这一谱线可能来自一种新的元素。既而由弗兰克兰（Frankland）和洛克耶在实验室分析，与实验室里的谱线图比对，肯定这条谱线属于一种未知的新元素。1871 年，当时任英国皇家学会会长的开尔文对他们的研究结果很赞赏，在一次会上宣布："似乎已经发现了一种新元素，提议命名为氦。"氦—— Helium，意思是 "太阳元素"。这个词来源于 Helios，它是古希腊神话中的太阳神。

以后漫长的 1/4 世纪一直处于这样一种不可思议的状态，氦只能在太阳上探测到，在地球上却毫无踪迹。为什么氦藏匿得这么隐蔽呢？原来，氦在地球上相当稀少，又是化学惰性的，不与其他任何元素形成化合物，因此很难发现。

氦的奇特性格使它有时得以从化学家手中溜掉。1888—1890 年，美国地质调查所的一位矿物化学家希尔布朗德（W.F. Hillebrand）发现，沥青铀矿放到硫酸中加热时会释放出一种气体。他收集了一些气体做实验。这种气体不自燃也不助燃，不能使石灰水变混浊，也没有特殊气味。他误以为这是普通的氮气，未予深究而轻易放过，错过了一次重大发现的机会。

1894 年，后来担任了英国皇家学院自然哲学教授的瑞利（Lord Rayleigh）和伦敦理工学院化学教授拉姆齐（Sir William Ramsay）从空气中发现了第一个惰性气体元素氩，激起许多科学家研究神秘的惰性气体的热情。1895 年 3 月另一位化学教授亨利·梅尔斯查阅文献时看到希尔布朗德的报告。他猜想这种沥青铀矿中放出的气体也许是氩气，便请拉姆齐查对。拉姆齐把来自铀矿的气体充入放电管中，放电管里闪耀出黄色的光辉，在分光镜里出现一条很明亮的黄色谱线。这条谱线既不同于氩的谱线，也不同于已知的任何一种元素的谱线。忽然一个念头闪现出来，27 年前发现的太阳元素氦，它的光谱不也正是有一条明亮的黄色谱线吗？拉姆齐十分谨慎，请当时英国最著名的光谱专家克鲁克斯帮助检验，证实拉姆齐所得的未知气体即为 "太阳元素" 气体。1895 年 3 月，拉姆齐在《化学新闻》上首先发表了在地球上发现氦的简报，同年在英国化学年会上正式宣布这一发现。就这样，氦从天上回到人间，这位天之骄子原来也是地球上的居民。现在可以对地球上存在的这种新物质进行研究了。后来在空气、温泉和天然气中也发现了氦气，但非常稀少。

拉姆齐后来又陆续发现了惰性气体元素氖、氪和氙，并为此获 1904 年诺贝尔化学奖，同年的物理学奖授予瑞利。

很快查明，氦的沸点比氢的沸点更低。第一个液化氦成为世界范围的重大科学竞赛。

几个竞争小组

起初有三个主要的竞争者，他们是杜瓦、奥利雪夫斯基和荷兰科学家昂尼斯，这时昂尼斯已经在荷兰的莱顿建起完备的低温实验室。但夺魁呼声最高的是英国人，人们普遍以为拉姆齐是研究惰性气体的首位权威，如果杜瓦的低温专长与拉姆齐研究惰性气体的专长结合，他们将具有明显的优势。

杜瓦完成他的氢液化器后，满以为经过多年的苦心研究，可以达到向绝对零度逼近的最终目标。他也曾在一篇有关自己的氢液化器的通讯中将其称为"氢氦液化器"，认为在液化氢的同时可能液化氦。然而很快发现这一估计是错误的，液化氦要比液化氢困难得多。

1901年，杜瓦尝试用凯利代特型的装置液化氦。氦气压缩到100atm并经液氢冷却到20.4K，氦气绝热膨胀到常压，出现雾状物，由于产物中有固态物质，雾非常清晰。这可能是氦的液滴形成的雾，也可能另有原因。杜瓦怀疑这是由于在几次压缩和膨胀后，凯利代特管的末端存有小量固态物质的污染所致。杜瓦再次实验时将原来在20.4K膨胀时得到的雾状物中的固体分离出去，预冷液氢减压沸腾达到16K，再用这份气体重复在凯利代特管中的绝热膨胀实验，这次没有雾状物产生。从这个实验，杜瓦认为雾状物质不是由氦形成，最大的可能是混在氦中的另外一种惰性气体氖，这种气体固化的温度高于氦的液化温度，而氦的临界温度和沸点可能分别低于9K和5K。

低温科学家们面临一个巨大的障碍，若氦的临界点在10K以上，减压蒸发的液氢或固氢的温度都可能低于氦的临界温度，则利用不太多的氦气即可在凯利代特的装置中实现氦的液化。若氦的临界温度低于10K，由于凯利代特装置中厚壁玻璃管的热容量相对于有限量的氦气膨胀获得的冷量要大得多，不可能降到很低的温度，用这种方法不可能制得液氦，凯利代特装置的潜力是有限的。这时采用焦—汤节流膨胀循环能否成功，取决于在液氢所能达到的最低温度下预冷的氦气是否达到其转化温度。杜瓦认为，若能知道临界点，就能估计出氦的液化温度，也能估计出氦气进行焦—汤膨胀能有降温效果的有效范围。他感到，只有在氦气液化把握较大的情况下才适宜进行这样一次耗资巨大的实验。

1904年，杜瓦设计了一套精巧地测定在液氢温度下活性炭吸附氦气性能的实验。通过测定氦气的吸附数量，即可知道在该温度下氦气分子与活性炭分子之间吸引力的强弱，从而估计出临界温度。杜瓦估计出氦的临界温度是6K。然而一年以后，奥利雪夫斯基作出不同的估计，他推测氦的临界温度为1K。果真如此，则液化氦将难有希望了。又过了一年，昂尼斯在进行氦—氢混合物质的基本性质研究时，也得出与奥利雪夫斯基相似的结论，估计氦的临界温度为1K。值得庆幸的是，昂尼斯并没有轻易相信自己作出的这个悲观的结论，而是坚持认为可靠的估计只能来自于类似于安德鲁斯的等温线测定的实验。事实表明昂尼斯的决定是英明的，1907年他证明氦的临界温度确实为5～6K，说明杜瓦原先的估计是正确的。

液化氦要采用焦—汤循环，这种工艺需要相当数量的氦气，远远超出了当时所能提供的数量。解决氦气来源不足的难题，英国科学家有得天独厚的优势，杜瓦是低温方面的专家，而拉姆齐是惰性气体的权威。两位英国科学家又是近邻，皇家研究院距拉姆齐的实验室仅1nmile之遥，步行就可到达，他们有很适宜的合作条件。不料，杜瓦和拉姆齐的个人关系很不融洽，英国人的内耗让他们丧失了夺冠的机会。

原来，1895年12月，在皇家研究院的一次会议上，杜瓦宣读了一篇论文，宣称自己已经制得雾状的氢，他自信已处于最后成功液化氢的边缘。报告结束后，拉姆齐站起来说，他刚从库拉克夫得到消息，奥利雪夫斯基的氢液化器更为成功，奥利雪夫斯基所制得的已不是雾状的而是清晰可见的液态氢。据拉姆齐所说，奥利雪夫斯基的工作要比杜瓦更胜一筹。以后杜瓦徒劳地等待奥利雪夫斯基正式发表他的研究成果，直到1898年5月，杜瓦已经在真空容器中收集了20mL平静沸腾的液态氢，他才向英国皇家研究院报告首次将氢液化成功。然而此时拉姆齐仍重申奥利雪夫斯基液化氢的优先权，这使杜瓦感到惊讶并理所当然地要求拉姆齐提供他主张的证据。在下一次会议上，拉姆齐不得不承认他收到奥利雪夫斯基的来信，奥利雪夫斯基否认曾制得过处于平静沸腾状态的氢。拉姆齐的不实说法激怒了杜瓦，引起一系列激烈争吵。事情虽然过去，两个人仍耿耿于怀，这样一对合适的合作者却成了竞争的对手，拉姆齐也进入液化氦的竞争之中，各自孤军奋战，试图摘取第一个液化氦的桂冠。

虽然杜瓦迫切地需要拉姆齐处理氦的专门技术，起初他还是没有把拉姆齐视为重要威胁。因为要想液化氦，首先需要液氢，用液氢将氦氖混合气中的氦分离出来，杜瓦在这方面的条件显然更为优越。由于和杜瓦心存芥蒂，拉姆齐也不能从杜瓦的皇家研究院得到氢液化设备。不过，不久这一情况就发生逆转。拉姆齐找到一位能干的助手特拉维斯（Morris Travers），这个人两年里就建立起一套氢液化器，并发表了介绍氢液化器详细结构的文章。特拉维斯特意指出，他仅仅是为了进行稀有气体的实验才去研制氢液化器，又夸张地表示感谢汉普森对他研制氢液化器的支持，这不能不让人们联想起杜瓦与汉普森之间的芥蒂。特拉维斯在文章中直截了当地说，他的液化器结构不仅比别人的简单，而且用钱很少，只花了35英镑。这对杜瓦是一种讽刺，因为杜瓦不太愿意承认他人对低温科学的贡献，而他自己在低温研究上总是花费巨额的资金。

现在，拉姆齐也有了液氢，同样可以问鼎液氦。1903年特拉维斯准备尝试，他用大型真空泵对固氢抽真空，固氢的温度能达到$11 \sim 12K$。氦压缩到60atm，经固氢冷却然后膨胀，不过并未能得到液态氦。也许拉姆齐毕竟对低温技术比较生疏，他液化氦的各种努力都未能奏效，后来不得已放弃液化氦的愿望，转而专门研究从空气中分离稀有气体氖、氪和氙。

奥利雪夫斯基从1896年试图液化氢以后，也在尝试用凯利代特的方法液化氦。他从140atm、液态空气温度开始致冷。他当时十分乐观地估计最终温度达到9K，仍没有观察到任何氦液化的征兆。

杜瓦的工作同样不顺利，他打算用液化氢的同样方法，利用焦—汤效应液化氦，只是改用液态氢作附加预冷。他的助手伦诺克斯（Lenox）建议研制全金属的液化器，但杜瓦想看到液化器内部的情况而没有同意，这可能也是他的失策之处。他遇到的最大困难还是得不到足够数量的纯净氦气。杜瓦只能依赖从英国巴斯矿床中得到氦。不幸的是，这些气体中含有氖，而杜瓦又找不到有效的分离方法。回顾当初，如果杜瓦在低温实验上的技巧与拉姆齐在稀有气体方面的经验结合起来，这正是两位英国科学家达到液化氦的同一目标至关重要的因素。可惜他们分歧太深，杜瓦只有另起炉灶再建一套分离氦和氖的装置。但是杜瓦从未成功，他的氦气中仍混有大量氖气，结果在降温过程中，杂质氖先于氦的液化而固化，堵塞液化装置的管道和阀门，使实验无法继续。最后一场灾难又相继发生，一位年青的实验员由于操作失误，一夜之间把那些虽然不纯但非常珍贵的氦气全部漏光，因而前功尽弃。

1908年杜瓦在一篇名为"温度的最低点"的论文中介绍了他在液化氦气中面临的困境和苦恼。他认为，只要得到$100 \sim 200mL$纯净的氦气，他仍能成功。在这篇论文中杜瓦懊丧地作了如下的脚注："1908年7月9日，莱顿大学的昂尼斯液化氦气已经成功。"这场竞争到此结束，荷兰人最终胜出。

杜瓦从此一蹶不振，失去研究低温的热情，转而研究肥皂的液体薄膜，这个问题一直引起杜瓦的兴趣，直到他临终。杜瓦终于未能实现液化氦的宏愿而抱憾终生。

近代科学实验室的出现

1908年，荷兰科学家昂尼斯（Kamerlingh Onnes）液化氦成功，攻克了永久气体的最后一个堡垒。在其后的几十年里，世界低温科学舞台的中心一直在荷兰。

昂尼斯的胜利不是偶然的。杜瓦、拉姆齐、奥利雪夫斯基这些单独的研究者是那个时代绅士科学家的缩影。他们或是单枪匹马，或是仅有为数不多的几个助手，在十分广阔的领域内从事研究，有时也能天才地作出一些伟大的成就。但对于液化氦这种重大课题，已经要求多学科、多层次协同工作，要在同一时间里解决氦的纯化、小量珍贵氦气的处理、压缩机的密封、改进逆流换热器、研究低温下流体和固体的性能等。这已经是单打独斗的科学家所难以胜任的了。昂尼斯则不同，他代表20世纪科学研究的开端，研究人员高度专门化，有众多的研究小组、优良的装备和庞大的财政预算，科学研究以一种全新的模式进行。

昂尼斯出生于荷兰北部格罗宁根省一个古老的家庭。1882年，年仅29岁的昂尼斯担任莱顿大学实验物理学教授，这所大学是荷兰最古老和最有威望的高等学府。昂尼斯是一位思想敏感、精明强干、能正确熟练使用仪器的实验物理学家。他不仅仅是一个严谨的科学家，还是一个优秀的组织者和卓越的外交家。昂尼斯深刻地认识到，周密的计划和合理的组织对一个实验室的成功是极其重要的。在莱顿低温物理实验室中，他把这些思想付诸实施到前人从未有过的高度和深度。他的实验室不仅在低温物理研究方面在世界上起了决定性的作用，就整个实验工作而言，莱顿低温物理实验室也标志着20世纪近代科学实验室的出现。

昂尼斯治学严谨，他的教授就职致词的题目是"物理科学中定量分析的重要性"。在他的就职致词中要求把"知识来源于测量"写成标语挂在每个物理实验室的门上。他认为物理观察应该与天文上的观察同样严谨和精确，而在当时物理学的观察更多的还只是定性的描述。

昂尼斯对当代物理概念和物理理论上的革命很感兴趣，特别是范德瓦尔斯关于相对应态的论文给他留下深刻印象。范德瓦尔斯的论文假设，所有物质的三态行为的本质是相同的。昂尼斯特别对那些还没有被液化的气体的临界点感兴趣，因为根据范德瓦尔斯方程，这些气体是可以液化的。正是范德瓦尔斯的工作，直接地鼓舞了莱顿低温物理实验室的创建（图5-22）。

昂尼斯是第一个认识到科学研究将变得非常复杂而需要许多有效的技术服务的人。1901年，昂尼斯在他的实验室里与社会合作创办了一所培养仪器制造工和玻璃吹制工的学校，这是昂尼斯高瞻远瞩走出的最重要的步骤之一。这一大胆的举措不仅满足了他自己实验室对技术工人的需要，而且有深刻久远的影响。25年后，不仅在欧洲，遍及世界的物理实验室内都有莱顿培训的玻璃工。没有这些技艺高超的玻璃工吹制形状特异的仪器，许多物理实验是无法进行的。后来，这些受过严格系统训练的工人还成为荷兰年轻的电器工业发展的中坚。

(a)　　　　　　　　　　(b)

图5-22　莱顿低温物理实验室

（a）昂尼斯(左)和范德瓦尔斯在实验室；（b）昂尼斯和他的研究组。

昂尼斯还创办了《莱顿大学物理实验室通报》，这份杂志立即成为低温科学的带头刊物。他还是国际制冷学会（IIR）的创建者之一，这个学会是昂尼斯为鼓励各国低温工作者进行学术交流而倡议成立的。1908年，国际制冷学会在巴黎召开第一次各国代表大会宣告成立，昂尼斯满怀激情地说："把所有对低温感兴趣的优秀科学家汇集起来是完全必要的。"这个组织对低温科学的发展做出巨大贡献。

第一个成功地液化氦以后的20年里，莱顿几乎只研究低温并从全世界聘请科学家。昂尼斯开诚布公的态度与杜瓦秘密得令人猜疑的做法形成鲜明对照。杜瓦的实验室宛如一座神秘的圣殿，只有他本人和他的少数几个合作者才能进入。昂尼斯则把莱顿低温物理实验室的大门向全世界希望进行低温工作的科学家敞开着。"与莱顿进行交流"成为当时世界各地低温科学家的信条，莱顿实验室开放的鼓励学术交流的态度，使其在长达1/4世纪里成为世界低温科学的中心。

昂尼斯的成功还在于他是一个卓越的领导者和社会活动家，他用灵活的外交手段去筹集资金，用来购置设备，支付房租、研究人员的工资、印刷科学研究报告的费用等。他也曾遭遇过意想不到的麻烦，但都被他一一化解。19世纪90年代，当他规划建立氢液化装置时，有人俨然以公共安全为理由，请求内政部停止他创建实验室的工作。这些人在技术上是完全无知的，他们提出的理由是，教授用压缩气体进行实验易于引起爆炸和火灾，可能造成对人和建筑物的危险。有一段时间，莱顿的工作不得不停止，等待政府委员们的审查和裁决。范德瓦尔斯也是这个委员会中的一员，他英明地指出："压缩气体的汽缸爆炸所释放出来的能量要比3kg火药爆炸所释放出来的能量小得多，而（根据当时的法律）拥有3kg火药是允许的，也不会受到任何责难。"委员会对昂尼斯实验室的安全设施进行了审查并表示满意。同时昂尼斯还以他的名义派人员到其他国家考察，争取国外专家的支持。杜瓦当时尖锐地写下了这样的话："如果对你的赫赫有名的低温实验室和你正在进行的精彩工作加以任何限制，这对你的国家的科学（和全人类的科学）将是一种巨大的灾难。"经过两年的斗争，昂尼斯取得了胜利，莱顿实验室得以继续工作。

昂尼斯的实验室在规模、人员配备、组织机构和管理上都是以前的实验室所无法比拟的，重大科学课题多学科联合攻关的近代科学研究的组织模式出现，依赖业余科学家搞科学研究的时代已经过去。经过多年的准备，莱顿终于奏响了成功液化氦的凯歌。

成功液化氦

如果将氩的液化、氧液化比作是单兵作战，那氦的液化就是集团军的大规模战略进攻。

昂尼斯在莱顿建立的第一套主要装置是级联式的氧、氮和空气液化厂，该厂在1892—1894年建成。这套装置依据级联原理，用氯甲烷、乙烯、氧级联冷却，最后可以每小时生产14L液态空气。这么大的工厂能立即以高效率投产，的确是昂尼斯才华的证明，因为这是他10年精心设计的结晶。这也显示了昂尼斯的远见，这个气体液化工厂满足了莱顿实验室后来30多年快速发展的需要。

从莱顿的空气液化工厂建成到荷兰人成功液化氦的15年间，昂尼斯的实验室做了大量精确测量工作，其中大部分课题是与热力学的状态方程有关的测量。这些测量工作使昂尼斯能更深入地研究氦的性质，并在1907年证明了氦的临界温度确实为5～6K，而不是昂尼斯自己原先估计的1K，这也为氦的液化提供了重要的理论依据。

昂尼斯按部就班地对氦的液化发起总攻。虽然比杜瓦液化氢晚了8年，但在1906年昂尼斯的氢液化设备却具有工业化生产的可靠性，每小时稳定地生产4L液态氢已不成问题。1906年后，在莱顿的实验室安装了能不停顿地大量生产液态空气和液态氢的设备。昂尼斯的装置比他的竞争对手杜瓦和奥利雪夫斯基的要遥遥领先，后者的设备与莱顿的相比似乎只能算是儿童玩具。

取得大量纯净氦气是液化氦的关键环节，这时昂尼斯又展示了他卓越的外交才能。莱顿实验室使用的氦是从印度产的独居石矿砂中提取的，昂尼斯在他的记录中写道，他之所以能以优惠的条件获得大量的独居石矿砂，是通过在他兄弟领导下的阿姆斯特丹商业情报局的关系。他接着写道，有了大量的独居石矿砂以后，"要制取大量的纯氦气，其主要问题是要有坚持不懈的精神和耐心细致的工作态度"。从印度产的独居石提取的氦气比英国产的氦气纯度高得多，这也许是荷兰人先于其他任何人液化氦的决定因素。

昂尼斯在氢液化器的基础上，完成了氦液化器的设计。他所用的液化氦的方法和杜瓦的方法一样，也是利用焦—汤效应。在昂尼斯的氦液化装置（图5-23）中，气态氦经压缩机 P_1 压缩到40atm，高压氦气经螺旋管 S_1 与节流膨胀后的低温氦气第一次换热，再通过浸在液氢槽的螺旋管 S_2 冷却，在进入焦—汤阀节流膨胀前，最后经螺旋管 S_3 由刚节流膨胀后的最低温度的氦气降温。液氢槽与大功率真空泵 P_2 连接，液氢减压沸腾，氦被冷却到14K，这个温度已经低于氦的转化温度。高压氦气通过焦—汤节流阀膨胀，部分氦液化，而未液化的氦气流经逆流换热器返回，冷却螺旋管 S_3、S_1。这是一套复杂的设备，对机械加工和绝热都有很高的要求。任务交给莱顿的机械加工和吹制玻璃车间主任傅利姆（Flim），他和玻璃工技术能手克色尔林（Kesselring）出色地完成了任务。1908年6月初，设备耸立在实验室，一切准备就绪，只待发起液化氦的总攻。

1908年7月10日，这是低温科学史上重要的一天，昂尼斯终于从这台庞大的机器中第一次榨出60mL液氦。

《莱顿大学物理实验室通报》第108期上刊载了氦液化的报告。在绪论中，昂尼斯简要地叙述了历史。他回顾说，杜瓦第一个估计氦的临界温度为5~6K，后来奥利雪夫斯基把它降到了1K，昂尼斯本人在莱顿的早期工作也支持后一个数据。但他知道，最终的结果是要等到把氦的等温线仔细地测定出来以后。在氦液化成功的前几年，莱顿实验室测出这些等温线，得出的新结果和杜瓦的数据相符合，氦的临界温度为5~6K，这使人看到了希望。经过多年的准备，氦液化器的设计和制造终于完成，这种设计要求氦气密闭循环，从储气柜到液化器再返回储气柜，不让一点这种宝贵的气体损失掉。

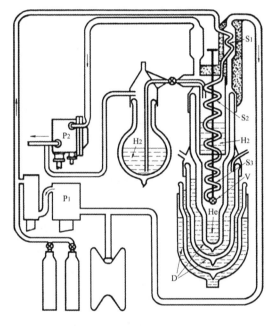

图5-23 昂尼斯氦液化装置

P_1—氦压缩机；P_2—氢真空泵；S_1——级换热螺旋管；S_2—二级换热螺旋管；

S_3—三级换热螺旋管；D—多重液态气体屏；V—焦—汤阀。

昂尼斯对氦液化的过程作了介绍。1908年7月9日预先生产了75L的液态空气，为第二天液化氦做准备。7月10日凌晨5时45分，液化氦的程序启动。第一步从液化氢开始，开动氢液化装置生产了20L液态氢备用。下午1时30分，开始预冷氦液化器。用液氢预冷氦液化器要非常小心，如果在准备阶段的复杂操作中有任何一点疏忽，一旦系统漏进微量空气，就会危及整个实验。因为空气可能在液氢中变成固体，凝结在玻璃制的氦容器壁上而无法观察。这套复杂的操作程序由傅利姆设计并事先组织操作人员多次演练，整个过程一切顺利，没有出现大的问题。氦的液化循环从下午4时20分开始，从这一时刻起，液化器的中心部分——低温恒温器，进入一个人类新的创纪录的低温区。低温恒温器中装有一支氦气体温度计，用来指示正在进行的实验情况，这支温度计也成了实验进行的唯一的向导。

实验设计得极为精密，但一个意想不到的情况还是几乎使实验夭折。在很长一段时间内，指示器没有变化，好像没有什么致冷发生。不断调整节流阀的开度和气体的压力，直到气体温度计上的温度出现逐渐降落。低温恒温器中的温度指示下降得很慢，而且是间歇的，而后又完全静止不动了。备用的氢已几乎全部用光，实验人员仍然没有在容器中看到任何液态氦的迹象。下午7时30分，这次尝试眼看就要以失败告终了。

不过，一个重大实验正在进行的消息已经在莱顿传开，一些昂尼斯的同事顺便来看看实验进展情况。就在这关系实验成败的关键时刻，其中有一位化学系教授施瑞尼麦克（Schreinemarkers）仔细察看了一下装置和仪表，他认为温度计静止不动的原因是它已经浸在液氦中。施瑞尼麦克建议把照明灯放得再低一些，这样便于更清楚地观察液面。昂尼斯立刻照办，灯在容器中缓缓下降，奇迹出现，人们终于看清了，容器中央几乎全部盛满液氦！

这一差错并不全是实验人员的过失。那时人们对液氦的性质还一无所知，而氦的性质又极为奇特。液态氦晶莹澄澈，对光的折射系数非常小，仅为1.02，几乎和空气的折射率相同。它的表面张力也很小，很难看清液柱的弯月面。一杯液氦放在那里，看起来就像一个空杯，不易分辨出它的液面。难怪依照人们通常对于液体的观念，稍不留神就差一点使已到手的液态氦溜掉。

这一激动人心的喜悦尚未过去，另一位客人又光临了，他就是库能（Kuenen）教授。使他惊奇的是，液氦与玻璃壁接触的弯月面几乎看不到，这与其他液体的性状截然不同。这些现象当时的科学家都无法解释，过了很久才弄清楚，这种现象与物质的新性质有关，当接近绝对零度时这种现象更明显。

第一次液化氦的实验中制得了60mL的液态氦。在实验的最后阶段，昂尼斯想用抽气降低蒸气压的方法得到固态的氦。为了能达到尽可能低的温度，先使液氦蒸发。直到液氦只剩10mL时，再将低温恒温器与大功率真空泵相连，将液氦上空的蒸气压降到0.01atm。令人惊异的是，没有固氦出现的迹象。因此昂尼斯得出结论，氦的三相点必然位于他的实验所获得的最低温度以下。当时，他并不知道他已经达到反比绝对零度高1K的极低温。昂尼斯对氦不能冷却成为固体感到迷惑不解。20年后人们才发现，氦只有在加压的条件下才能固化，遗憾的是昂尼斯并没有看到氦的固化，也未能知道这个奥秘的最后解释。

这个伟大实验大约在晚上10时结束，昂尼斯写道："在这个实验及准备过程中，不仅对仪器的使用达到最大限度，而且对我的助手也提出了最大限度的要求。"在论文的末尾，他以一个科学家的绅士风格提到他的竞争对手，指出杜瓦的许多预言是何等的正确。昂尼斯总结了观察到的液氦的新性质，这些现象是完全出乎人们意料的。由于液氦的表面张力极小，使他起初没有看到弯月面。用降温的方法，他未能使氦固化。还有一个令他惊讶的性质是氦的密度很小，只有水的1/8，比预期的小得多。这个性质的重要性后来越加显现出来。

在刊出《莱顿大学物理实验室通报》第108期时，伟大的胜利首先是氦的液化本身，当时人们认为绝对零度是可以达到的，而液化氦是通向绝对零度的最后一步。人们还不可理解液氦的那些奇异的性质，报告的作者自己也还不知道，除了达到一个新的低温温区外，他们已经开启了一扇通往美妙的新世界的大门，它对未来物理学大厦的根基产生深远的影响。

液态气体减压蒸发致冷的极限

氦的液化标志着最后一个永久气体被降服，至此人造低温的纪录推进到-269℃，也就是4.2K。为了取得固态氦，昂尼斯继续向更低的温度挺进。从凯利代特和皮克代特液化氧到杜瓦液化氢，为了达到更低的温度一直沿用降低液态气体饱和蒸气压的方法，人们不断采用抽速更大、效率更高、台数更多的真空泵去降低蒸气压，这种方法在昂尼斯液化氦成功后被推上顶峰。

1909年，昂尼斯将液氦上部的蒸气压降到只有2mmHg，相对应的温度约为1.38K。后来昂尼斯和他的助手们采用功率更大的真空泵，对沸腾的液氦减压再减压，将蒸气压降到0.2mmHg，得到的温度值约为1.04K。就是在这样低的温度下，氦仍保持为液态。这一温度已经达到当时用这种方法降温的极限，因为他们已经用了那时最有效的真空泵。要用这种方法获得更低的温度，必须有更高效的真空泵，为此昂尼斯不得不又等待了10年。

从那以后，为了满足高真空度的灯泡和电子管生产的需要，一种新型真空泵问世。1922年，昂尼斯最后一次向低温纪录冲击时，用一组12个最新型的扩散泵，抽取在一个精细屏蔽的低温恒温器内液态氦上面的蒸气，用这个装备他达到了0.83K。这一新的低温纪录是昂尼斯在法拉第协会的致词中报告的，他的话题是"至今所得到的最低温度"。报告结束时他提出这样的问题，这是否是迈向绝对零度的最后一步呢？若用此法降温，除非能发现一种比氦沸点更低的物质。但他又反驳说："我们不能接受这种限制，除非是作为一种假设。"然后他预言："我们相信，目前我们道路上的困难是会被克服的，所需要的第一件法宝是在我们能够达到的最低温度下，对物质的性质进行长期耐心地研究"。昂尼斯已经感觉到减压蒸发液氦制取低温的限度，指出向更低温度挺进的方向。

昂尼斯的本意是试图用这种方法制取固态氦。然而，抽真空减压蒸发制冷的方法这时已不那么有效，昂尼斯一直未能固化氦。后来发现，必须施加压力氦方能固化，这也是氦独特的性质之一。1926年，基瑟姆（W. H. Keesom）成功地得到固态氦，实现了昂尼斯的遗愿。

基瑟姆是昂尼斯的学生，后来接任昂尼斯莱顿大学物理实验室主任职务。1932年他曾做过一次实验，试图用降低液氦压力的方法得到尽可能低的温度。他把盛液氦的杜瓦瓶用低流阻管线和一组总抽气速率675L/s的扩散泵连接，使液氦减压到3.6 μmHg，相当于此蒸气压的温度稍稍高于0.7K。温度低于0.7K，氦蒸气压更急剧下降，真空泵完全失效，他获取更低温度的努力不得不就此止步。3.6 μmHg 相当于大气压的 $\frac{1}{2 \times 10^5}$，0.7K 已经非常接近于这种方法所能达到的最低温度的极限。

昂尼斯选择单纯降温的方法固化氦，这在当时尚不知道氦的相图的情况下，当然是完全可以理解的。不过，昂尼斯毕竟过于迷恋他的抽真空绝招。从降温技术来看，这实在是错误的一举。为什么这么说呢？那时的实验数据已经明显显示，在低温下氦的蒸气压随温度降低而急剧减小。这意味着，由于温度太低，氦原子已经无力从液氦中挣出而成为蒸气，因此什么样的优质真空泵也将无能为力，因为几乎已无气可抽。按已有数据外推，二者的对应关系大约是：0.5K——10^{-5}mmHg，0.3K——10^{-11}mmHg。如果想用这种方法达到0.1K的低温，液氦需抽空到10^{-32}mmHg的真空度。这么高的真空度在宇宙间也难寻，因为遥远的星际空间的真空度也不过10^{-16}mmHg，与此还相差一亿亿倍！

当然要获得更低的温度，我们还可以利用氦的同位素 ^{3}He。^{3}He 的正常沸点是3.19K，与 ^{4}He 相差不大。但温度更低时，同一温度下 ^{3}He 蒸气压比 ^{4}He 蒸气压高得多。1K 时，前者为后者的 74 倍，0.7K 时为 610 倍，而 0.5K 时达 9800 倍。因此，减压到同样程度，^{3}He 的温度比 ^{4}He 低得多。^{3}He 减压蒸发可以得到0.25K的低温。自然，³He减压蒸发降温也有限度，因为最终也将无气可抽。

如同纳特勒尔为了液化氧气，以惊人的毅力将氧加压到3600atm一样，基瑟姆为了获取低温将液氦上空的蒸气压降到大气压的 $\frac{1}{2 \times 10^5}$ 。应该承认这都是伟大的科学实践，但他们都未能达到预想的目标，因为他们要克服的已不是技术上的困难，而是物理原理上的障碍。人们多年在通往绝对零度的道路上徘徊，究其缘由，问题出在对制冷过程物理概念的理解上。

尽管早在1864年克劳修斯（R. J. E. Clausius）就提出熵的概念，并作了严格的数学证明，但因为熵的概念抽象，对于它的真实、直观的物理图像，犹如罩着一层神秘的面纱，使人难以看清它的真面目。当时，制冷行业仍习惯于用热力学第二定律解释制冷过程。开尔文把制冷过程的热力学第二定律表述为："利用无生命物质的作用，把物质任何部分冷到它周围物体最冷温度以下来产生机械效应，这是不可能的。"也就是说，制冷过程伴随的能量变化，是将有用的初级能量转化为不可用的次级能量。那时采用的各种制冷循环，包括通过焦—汤阀的节流膨胀制冷，都是把有用的初级能量转化为不可用的次级能量。也正是按照这一能量降级的观点，昂尼斯采用大型真空机组，试图以作机械功的形式，泵出被制冷物体的热能，获得低温。

但是，在低温下以作机械功的形式制冷是行不通的。制取低温所消耗的能量，总比我们仅仅按工作物质的比热容和温度变化所计算出来的能量消耗大得多，即使冷冻机的效率为百分之百也仍然如此。原因在于，不同温度物质的热能不能够严格比较。对同一制冷系统，若在不同的温度下，也不能依据泵出热能的多少来比较它们的效率。

向更低温区挺进，要求对制冷过程的本质有更深刻的理解，要求产生新的物理概念。若干年后，一些从其他学派成长起来的科学家用完全不同的方法，闯入了更低的温度区间。

伟大的历史功绩

昂尼斯掌握液氦这个新温区，他的研究方向开始侧重于研究绝对零度以上几度范围内物质的性质，他最杰出的贡献是发现了超导现象，这也使昂尼斯和他的合作者的兴趣从获得极低温上转移（图5-24）。由于超导现象的发现，昂尼斯荣获1913年诺贝尔物理学奖，这也是低温科学赢得的第一个诺贝尔奖项。氦的液化使物理学家能够在一个前所未有的低温区间研究物质的性质，作出超流动性等许多重大发现，昂尼斯的杰出工作为物理学开辟了一个全新的领域。

1926年2月，昂尼斯为低温科学的发展鞠躬尽瘁而逝世。以昂尼斯名字命名的莱顿的杰出实验室继续进行着大规模的研究工作，但过去几十年里，世界其他地方不断增加的低温研究中心分散了逼近绝对零度的工作。人们都牢牢记住昂尼斯，昂尼斯不仅是开辟液氦温区的先驱，而且为科学研究的组织和实验室的建设建立了一套全新的标准。昂尼斯是一位伟大的科学家，毫不逊色于他在学术上取得成就的是他在实验室建设方面的独创精神，他的实验室成为20世纪科学研究的榜样。昂尼斯是一位杰出的领导者，他知道如何与人相处，如何最大限度地发挥团队每个人的才能。对每项成就，他绝不独占，把荣誉分给为他的成功做出过贡献的人们，反过来他们也忠实于他的事业。有一个关于昂尼斯葬礼的有趣故事说，当仪仗队离开市区的教堂向公墓行进时，他的车间主任傅

图5-24　昂尼斯和他的氦液化装置

利姆和一等吹玻璃工克色尔林也跟随在灵柩的后边。因为教堂的葬礼仪式比预定的时间延长了，送葬队伍不得不加快行进速度。傅利姆对克色尔林说："看他老人家多好呀，现在还叫我们奔波！"言语中流露出对昂尼斯的深深敬仰，昂尼斯的人格魅力可见一斑。

当昂尼斯50多岁健在的时候，向更低温度进发的新思想已经形成，昂尼斯对这一切是清楚的。但是作为在另一个时代成长起来的科学家，他接受的是一种坚定而又有权威的经典物理学的教育，这些新思想与他格格不入。这些新思想是扰乱人心的革命的观念，已经改变并在继续改变着我们业已形成的概念。同时，对根深蒂固的经典物理模式的更新，开辟了新的低温物理学扣人心弦的前景。

科学在发展，我们必须抛弃经典物理学的不足和局限性，进入量子物理和相对论的时代。当然，我们也没有任何理由苛求科学的先驱们，毕竟只有通过近代物理长期曲折地发展，才能继续我们通往绝对零度的征程。

第六章　磁制冷

　　在前面谈到液氢、液氦及液态气体减压蒸发制冷的种种方法。这里，1K 构成了一条界限。1~4K 的温度十分易于利用减压蒸发液氦的方法达到，而制取更低的温度就要困难得多，大规模应用的难度也越大。例如，在 0.01K 温度下要获得 1W 的冷量，需消耗 1000kW 的能量，还要配有 10 万 m^2 的换热面积。人们习惯上便把 1K 以下称为超低温。

　　科学家们并未被 1K 所阻挡，绝热去磁制冷、^{3}He-^{4}He 稀释制冷、坡密兰丘克制冷和激光制冷技术相继出现，人类征服低温达到毫开、微开、纳开，并在 20 世纪末成功挺进皮开温区。

绝热去磁制冷

　　1926 年 4 月 9 日，也就是昂尼斯逝世 2 个月以后，美国加利福尼亚大学的拉蒂默（Latimer）教授在美国化学学会上宣读了一篇论文，论文的作者是从加拿大到美国的一位年轻讲师吉奥克（William Francis Giauque）。吉奥克提出用磁化的方法降温，在论文中详细介绍了这种方法，所能达到的温度将大大低于液氦减压蒸发所能达到的极限温度。吉奥克论文的投寄日期是上一年的 12 月 17 日，在他的论文投寄前数周，荷兰物理学家德拜（P. J. Debye）也于 10 月 30 日在德国物理学报上发表了一篇类似的文章，提出同样的方法。这样的巧合，好像是凯利代特和皮克代特几乎同时液化氧故事的重演，也像林德与汉普森几乎同时申请空气液化装置专利的再版。如果说液氦减压蒸发降温已经是"山穷水尽疑无路"了的话，磁制冷自然是"柳暗花明又一村"。

　　要理解磁制冷的工作原理，先简单介绍一下物质的磁性和居里定律。

居里定律

　　麦克斯韦（James Clerk Maxwell）已于 19 世纪末将电与磁的密切关系纳入他的严密的电动力学方程中去。按照麦克斯韦的电磁理论，磁场总是与电荷的运动，特别是电荷的转动相联系。一个通电的螺旋线圈感生磁场，可以用左手螺旋法则来确定磁场的方向，实际上这一法则同样适用于原子。原子中的电子也是运动着的电荷，它按两种方式与磁场相联系：其一是电子绕原子核的轨道运动；另一种是电子要绕自身的轴转动，后者称为电子的自旋。电子的自旋与电子的轨道运动都与磁场相联系，可以将电子绕原子核的轨道运动和电子的自旋运动分别视为小磁针，物质的磁性就取决于这两种小磁针的分布。而正是电子的这种自旋，在低温下导致了极为有趣的现象。

在常温下，电子自旋的取向通常是杂乱无章的，也就是自旋系统处于无序状态。因为小磁针取向各个方向都有，故物质总体上不显示磁性。一旦把它置于磁场中时，例如将其放置在电磁铁的两极之间，磁场将迫使这众多的小磁针按磁场的方向排列起来，这时物质就具有一定的磁性，称为物质被磁化了。在给定的磁场下，物质被磁化的程度称为磁化率，它表示小磁针沿磁场方向排列的整齐程度。在磁场作用的同时，原子又处于不停的热运动中。杂乱无章的热运动要阻止电子自旋方向的整齐排列而使其趋向于混乱。但在低温下，原子的热运动不太强，电子自旋按磁场方向有序排列就比较容易。这一现象在20世纪初被居里（P. Curie）发现，居里研究物质磁化率时进而指出，物质的磁化率与绝对温度成反比，这就是居里定律。

但是，并不是所有物质都如此简单地遵守居里定律。事实上，大多数物质的电子自旋间的相互作用十分强烈，所以它们的方向并不是完全杂乱无章，而是以相反方向并排排列在一起，变成一对对的。这就如同两个小磁铁由于相互吸引的磁力作用，使每一磁针的每一极都分别与另一磁针的异性极紧贴在一起而形成一对对的那样。这种物质就不遵守居里定律。但是有些晶体，特别是一些稀土金属和铁族金属的盐类，它们的电子自旋都被隔开而单独存在，这类物质服从居里定律。1924年昂尼斯和沃尔第尔（Woltjier）对这类物质进行过研究。他们选择硫酸钆作为研究对象，实验目的是观察在1K的低温和强磁场中，电子自旋是否有序化排列。结果他们发现，在1K时硫酸钆仍然遵守居里定律。昂尼斯还测出14K温度下$Gd_2(SO_4)_3 \cdot 8H_2O$的饱和磁化。不过他们并没有设想过这些性质在制取低温上可能的应用，但这些人的工作为德拜提出磁熵制冷新概念奠定了基础。

磁制冷采用顺磁性物质作制冷工质，多属于过渡族元素或稀土元素的盐类，它们的磁性质服从居里定律，称为顺磁盐。顾名思义，自然界还存在一类物质叫逆磁物质，它们相邻的磁离子正好取向相反，使产生的磁场彼此抵消。自然界大部分物质都呈逆磁性。顺磁性的一种特例是铁磁物质，如常温下的钢和天然磁石。

磁制冷原理

早在 1881 年，瓦尔堡（Warburg）首先发现金属铁在外加磁场中的磁热效应。1890 年，特斯拉（Telsla）曾利用磁热效应设计了一种磁制冷装置，并获得专利权。然而，当时在常温下工作的磁制冷机效率低，未能得到实际应用就被人遗忘了。1907 年，朗之万（P. Langevin）也注意到顺磁体绝热去磁的过程中，其温度会降低。但在几十年时间，既没有人去改进特斯拉的设计，也没有人去深入追究磁热效应的本质，这些发明和发现默默无闻地躺在故纸堆中。

德拜与吉奥克的工作使磁制冷技术重登制冷舞台，开辟了制取低温的新途径，并一次又一次刷新低温纪录。

德拜是荷兰人，在德国亚琛理工学院度过自己的大学生活，后来受聘于欧洲各名牌大学，得以博采各学派的长处。昂尼斯多年徘徊的教训使他思索，能否找到一种制取更低温度的新方法呢？

当时正是物理学急速发展的时期，量子论和相对论相继建立。朗之万提出物质的磁性理论，并得到验证。特别是热力学第三定律的提出和能斯特（W. Nernst）、普朗克（M. Planck）等人有关熵的论述，给德拜很大启发。

熵，简单地说就是物质系的"混乱程度"。普朗克指出："纯粹物质的熵，在绝对零度时均为零。"按照普朗克的说法，无论是金刚石还是石墨，也不管是固体还是液体，只有在绝对零度时才能找到它们共同的状态点。只有在这个状态点上，所有物质的微粒（分子或原子）都呈现高度有序排列的状态，也就是物质系的熵值为零。熵随温度降低而减小，从这个意义上说，制冷过程就是抽取被致冷物体的熵的过程，而制冷的关键就在于找到能供抽取的"熵源"。

气体的熵是温度和体积的函数，低温下气体早已液化或固化，难以用做机械功的方式抽取它的熵。这就是抽真空减压蒸发液氦不可能制取很低温度的原因。那么，低温下是否可以找到别的可供抽取的"熵源"和抽取熵的方法呢？

德拜是位擅长于物理图像的化学家。他敏锐地注意到，在顺磁性物质中，原子或分子磁矩在磁化时高度有序排列，去磁后又恢复到混乱状态，这正构成了一幅清晰而又实用的熵差制冷图。德拜对这幅图像附以严密的理论叙述和数学计算，提出了熵差制冷的概念和顺磁盐绝热去磁制冷的方法。德拜的固体热振动理论是他最著名的成就之一，并由于研究分子构造的卓越贡献获得1936年诺贝尔化学奖。

相比而言，另一位提出这一理论的美国化学家吉奥克年轻得多。吉奥克出生在加拿大的尼亚加拉瀑布城，但他的父母都是美国公民。他从尼亚加拉瀑布城工学院毕业，原打算谋个电气工程师的职务，但未能成功。美国胡克电化学公司雇用了他，他开始做实验工作，并决定将来成为一名化学工程师。两年后，他进入美国加利福尼亚州立大学伯克利分校，并在那里得到学士学位和博士学位。这时他的兴趣已经转为科学研究，1922年开始在伯克利分校任讲师。也就是在他获得博士学位和担任讲师的同一年，吉奥克也独立地提出了磁冷却理论，当时他只有27岁。吉奥克因其对化学热力学的贡献，尤其是研究极低温状态下物性的杰出成就，获1949年诺贝尔化学奖。

德拜和吉奥克提出用顺磁物质作制冷工质。此前昂尼斯已经测定出硫酸钆在1K温度下遵守居里定律，德拜和吉奥克认为，物质只要遵守居里定律，在温度较高时，其自旋必定是无序的，这时自旋取向也是杂乱无章的。在这一温度下尽管硫酸钆的晶格振动实际上已被冻结而几乎处于静止状态，晶格振动所引起的熵也已小到可以忽略不计，但在无磁场作用的情况下，硫酸钆自旋取向仍然是无序的，故其自旋熵（指自旋方向排列杂乱无章程度所产生的熵）并不很低。自旋熵必须在达到更加低的温度时才可能进一步减少。在1K以下低温时，硫酸钆这一类顺磁盐还要经历另一个重要变化。1K时强磁场能迫使顺磁盐自旋取向有序化，使熵减少，利用这一现象有可能进一步降温。

利用顺磁性物质的温熵图可以更清晰地说明磁冷却法，图6-1是一种顺磁盐从绝对零度到1K的温熵图。图中一条实线表示在零磁场中，顺磁盐的温度与熵的关系。物质在低温下的熵由两部分构成：一部分是晶格热振动的熵；另一部分是自旋熵。图6-1中显示，1K以上熵随温度升高而变大，这是因为温度较高时晶格热振动的熵作用显著，故熵随温度升高而变大。1K以下相当长的一个区间，熵随温度的变化极小，原因在于这时晶格的热振动已非常微弱，相应地也就是晶格热振动的熵变化极小；另一方面，在这一温度区间，无磁场状态下自旋熵也变化不大，所以表现为曲线平坦。温度更低，熵又随温度降低而减小，这是由于在极低温度下，即使没有磁场作用电子自旋也会趋于有序化，这是符合热力学第三定律的。在极低温度下，当热能低到比自旋间相互作用能还要小时，自旋熵差急剧减小。图中实线在极低温下突然迅速地趋向于零，就表示了这种效应。

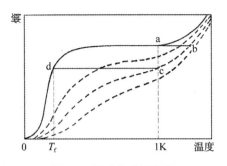

图6-1 顺磁盐的温熵图

a—制冷起点,零磁场;ab—绝热磁化,温度上升;bc—等磁场强度散热降温;

cd—绝热去磁,温度下降;da—零磁场,由于漏热升温。

　　图中的虚线是同一顺磁盐置于磁场中在不同磁场强度时的温熵曲线,其中越靠下的磁场强度越大。这是由于磁场有迫使自旋取向与外磁场一致的作用,当顺磁物质被置于磁场中时,尽管晶格热振动的熵不受磁场影响,但自旋熵的减小将使总的熵值减小。磁场强度越强,自旋取向有序化程度越高,熵值越低,在图像上显示为高场强下的曲线位置偏下。同时,顺磁性物质的磁化强度即电子自旋按磁场方向排列的有序化趋向,随温度下降而增加,也就是自旋熵随温度下降而变小,所以在图中实线与虚线间的差距,温度越低越加显著。

　　这里以硫酸钆为例说明磁制冷的过程。先用液氦将样品冷却到1K,对应于图6-1中a点的位置。然后将样品磁化,磁场强度达到1T,三条虚线中的中间那条表示磁场强度为1T时的磁化曲线。磁化过程瞬时完成,样品来不及与外界进行热交换,这个过程可视为绝热的。绝热过程样品的熵不变,样品的状态相应从a点移动到b点,同时硫酸钆的温度升高。在1K温度下将磁化热移去,样品温度重返起始温度1K,沿1T等磁场曲线从b点到达c点,熵值下降。c点是实际能产生磁冷却形成降温的起始点。绝热条件下撤去外加磁场,熵值不变,样品的状态等熵地从有外磁场状态的c点变化到零外磁场的d点。这一过程中,电子自旋力图恢复混乱排列的状况,从而磁熵增加。这一部分增加的磁熵就要从晶格那里得到补偿,使晶格熵降低,晶格有序化,也就是晶格温度降低,所以d点温度 T_f 远低于起始点c点的温度。最后样品吸热升温,从d点返回a点,完成一个制冷循环。

　　对比一下凯利代特先将气体压缩,然后再膨胀制冷以液化氧的方法,二者有相似之处。在温熵图中,从a点到b点是绝热磁化,相当于气体绝热压缩;由b点到c点,保持磁场不变,热量移出,温度下降,相当于保持气体压强不变,降低温度；由 c 点到 d 点，绝热撤去磁场，相当于气体的绝热膨胀。两种方法的原理是相同的，所不同的是，德拜和吉奥克选用的工作物质不是气体而是顺磁盐，工作过程中改变的不是压力而是磁场强度。

技术上实现绝热去磁要困难得多，一个最重要的因素是要求有极佳的可调节的传热性能。在磁制冷过程中，为了使顺磁盐能迅速冷却到 1K，顺磁盐与液态氦必须有良好的热接触，以便取出磁化热。但在绝热去磁时又必须破坏这种状况，要有尽可能好的热绝缘，使漏入顺磁盐的热量尽可能少。绝热去磁阶段能否顺利降温，得到的低温又能保持多长时间，这都取决于系统是否高度绝热。

磁制冷装置

德拜和吉奥克提出的方法从理论上指出通向未知的"磁温度"新领域的道路，但是否真的切实可行，还有待实践的检验。成功地实现磁制冷还要解决四个相当困难的问题：低的起始温度、强磁场、热开关以及比以往低温实验要严格得多的超级绝热。

昂尼斯的实验已经实现液氦在 1K 或稍低于 1K 的温度下保持数小时。系统是这样安排的，一个低温恒温器中盛有液氦，用真空泵抽真空获取 1K 低温。这个容器又依次套装在管径逐步增大的装有液态氦、液态氢、液态氮的杜瓦瓶中。也就是采用多层冷屏和多层真空绝热，保持最内层的低温。

为了使 1K 以下的极低温维持足够的时间，除了漏热要降到很小很小，在这个温度下顺磁盐的热容还应足够大，以保证外界传入的微量漏热不致使它有明显升温。实验发现，在磁化过程及电子自旋取向排列整齐化的过程中，顺磁盐的比热会出现一个高峰。较强的磁场易于满足大比热的要求，但获取强磁场要同时满足许多相互矛盾的要求，技术上难度很大。一方面，为了使磁场强度尽量提高，必须让大磁铁的两极尽可能地靠近；另一方面，为了良好绝热，又不得不在两个磁极间放上一个外层依次套有液氦、液氢、液氮杜瓦瓶的 1K 恒温器。这样一个由四个同心容器组成的恒温器，它的体积难以减小。一种方法是采用大型电磁铁，这需要耗用大量高质量的纯铁，相当笨重且价格昂贵；另一种方法是采用无铁芯的螺线管，其中通过大电流，产生强磁场。为了带走大电流所产生的大量热，必须用大量的冷却水或冷却油降温，这也需要解决许多特殊的技术问题，并且要配备专用的直流发电设备。电磁铁与螺线管这两种方法，在磁制冷的实验中都曾应用过。

磁制冷的不同阶段对传热有不同的要求。在顺磁盐的磁化阶段，顺磁盐与1K的液氦恒温器要有良好热接触，以使磁化热移出。在绝热去磁过程中正好相反，要求二者之间充分绝热，以使漏入的热量尽量少。解决这一问题采用了"热开关"，最早的热开关就是杜瓦瓶中的氦气。在需要导热时，向杜瓦瓶充入少量氦气；需要热绝缘时，将氦气抽出，保持高真空度。这种热开关让我们不禁想起杜瓦在英国皇家研究院"星期五傍晚讲演会"上作过的真空绝热容器的演示，他有意碰破抽气的封口，让空气漏入破坏真空，杜瓦瓶中盛装的液态空气马上就急剧沸腾。

　　德拜和吉奥克分别发表第一篇磁制冷论文的时候，莱顿低温物理实验室已不是世界上唯一能获得液氦的实验室了。在一些国家都建立了低温实验室，他们也有了液氦温度下实验的条件，所用的液氦设备类似于世界上第一台氦液化器。追逐1K以下温度的竞赛已经开始，其激烈程度绝不亚于当年液化氦的角逐。即使如此，从磁制冷理论提出，又过了7年，科学家们才准备好了实验。

　　这次竞赛的胜出者是美国加利福尼亚州立大学伯克利分校，作为一个杰出的实验物理学家，吉奥克第一个在伯克利成功实现了磁制冷。1933年4月12日，吉奥克和他的合作者麦克杜格尔（Mac Dougall）作了报告，介绍他们在加利福尼亚州立大学所作的三次磁冷却实验。第一次实验在3月19日进行，用硫酸钆作为样品，从3.4K的预冷温度开始绝热去磁，降到0.53K，取得首次成功。4月8日，他们再接再厉，设法加大液氦的抽气速率，将预冷温度降到2K，绝热去磁达到0.34K。4月9日，他们又从预冷温度1.5K降到绝热去磁温度0.25K。至此磁冷却获得完全成功，仅仅相隔20天的两次实验，就将磁冷却温度从0.53K降到0.25K，成绩喜人。

　　如何选择合适的用作制冷工质的顺磁盐是实验成败的关键之一。对顺磁盐的要求是：磁场变化时，磁性熵的变化应该足够大，只有这样才能有明显的制冷效果；同时，非磁性部分的熵，特别是晶格振动熵要比磁性部分熵小得多。如果不是这样，晶格热容量（晶格熵）就会像一座巨大的蓄热库，吞吐着磁熵变化所获得的小额冷量，完全淹没磁制冷的效果。吉奥克不愧为著名科学家，他非常熟悉物质结构与材料性能。在早期实验中，他首先找到低温热容量小、电子自旋磁矩相互作用小、磁熵密度高而又易于达到饱和磁化的几种顺磁性盐类，如硫酸钆 $Gd_2(SO_4)_3 \cdot 8H_2O$、硫酸铁铵 $FeNH_4(SO_4)_2 \cdot 12H_2O$ 和铬钒 $K_2SO_4Cr_2(SO_4)_3 \cdot 8H_2O$ 等。在他的第一次实验中采用了昂尼斯研究过的物质硫酸钆。

吉奥克的实验只是一个开始。一个月后，莱顿实验室（后改名为昂尼斯实验室）也宣布他们的磁冷却实验首次成功达到0.27K，他们所用的顺磁盐样品是昂贵得多的氟化铈。1934年，新建的英国牛津大学低温实验室也展开磁制冷的研究，库尔提（N. Kurti）和西蒙（P. E. Simon）也实现了上述温区的绝热去磁制冷。他们采用的顺磁盐是铁铵矾，这种材料价廉物美，是一种常用药品，平时用于皮肤划破后止血。他们还将金属镉的微粒与顺磁盐混合压紧后作为样品进行磁冷却，发现了金属镉在0.56K时变为超导体。几年后，剑桥大学也开始磁制冷研究。到第二次世界大战后，世界上一大批实验室都开展磁制冷领域的研究工作。起初，各个实验室仅仅主要研究顺磁盐的低温性质，后来则进一步研究在磁冷却温度下其他物质的性质。到了1950年，磁制冷在技术上已没有什么难题，成为一种通用技术，温度也达到绝对零度以上几毫开的极低温度。

在伯克利、莱顿和牛津所采用的磁制冷方法是相同的，磁制冷机都有完善的低温绝热装置、强磁场系统、高真空机组等。绝热去磁制冷过程可用图6-2说明。

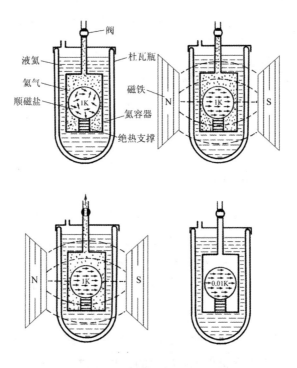

图6-2　绝热去磁制冷装置示意图

（**a**）预冷；（**b**）磁化；（**c**）抽取氦气；（**d**）绝热去磁。

（1）预冷：将通常制成球形或椭球形的顺磁盐样品，用一个低热导率的支架置于容器中。容器中充有供传热用的氦气，氦气可通过旋塞阀抽走，从而使容器达到高度真空。整个容器浸在已被减压而降温到1K的液氦杜瓦瓶中。这一阶段，让少量的氦气进入容器，关闭旋塞阀，由于在低温下氦气是良导体，所以顺磁盐被冷却到1K。此时电子自旋尚处于完全无序状态。

（2）磁化：施加高强外磁场，顺磁盐被磁化，磁矩按磁场方向取向，同时放出磁化热，可升温至10K。顺磁物质的热量由传热介质氦气传递给液氦池，本身温度又降到1K。

（3）抽取氦气：打开旋塞阀，抽出容器中用作传热介质的氦气，使顺磁盐处于高度真空绝热状态，阻止外界热量流入。

（4）绝热去磁：关闭旋塞阀，保持容器的高真空状态。撤去外磁场，顺磁盐力图恢复磁矩的混乱取向，只能从自身吸取热量，以满足磁矩混乱取向的能量要求。这样，顺磁盐温度可降至0.01K。

利用一个良好的热桥（如铜）与实验样品连接，可使样品温度仅比顺磁盐温度略高一点，可以研究在这一温度下物质的性质。在每一次实验中，磁冷却温度所能保持的时间取决于漏入容器热量的多少。在吉奥克进行的首次实验中，他就将磁制冷获得的低温保持了数小时。作为第一次实验，这的确是很了不起的成绩。相比较，一个月后在莱顿进行的第一次实验，要维持磁冷却温度几分钟都感到十分困难。这些实验室又花了几年时间不断改善绝热性能。后来，已能将漏热降到 10^{-8}W，这是极其微小的热流，保证了磁冷却温度保持更长的时间。图6-3为商品磁制冷机。

在早期的磁冷却实验中，实验人员总是苦于无法排除不明外界扰动对实验的影响。他们发现某些热量是从一些未知的途径漏入的，这种漏热常使精确的磁制冷实验无法进行下去。令人费解的是，这种扰动经常发生，而且白天比晚上严重。后来又发现，在低温恒温器附近有机械泵运转时，漏入的热量明显增加。他们

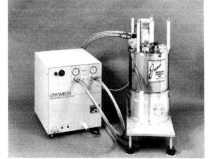

图6-3　商品磁制冷机

从这一现象查出问题的根源。原来，为了减少热传导，在初期的方案中曾用尼龙线悬挂样品。外界的机械振动，特别是正运行中的机械泵，使尼龙线也振动起来，尼龙线的振动能量转化为热能而传递给样品。这一热能非常微小，但在磁制

冷的极低温度下，它已显得很大，甚至使实验无法进行下去。后来改用棒支撑样品，虽然棒的固体绝热性能要比尼龙线差一些，但却能大大减少外界振动所产生的扰动，反而可以降低漏入的热量，得到较好的效果。由于白天外界的机械扰动要比夜里大得多，所以极低温实验多选择在夜深人静时进行，实验设备还要采用严格的防震措施。

在一般的极低温实验中，所要测量的物质的热容量总比顺磁盐要小得多，通常简单的一次退磁已经足够了。为了达到更加低的温度，也研制和开发了两级或三级绝热去磁装置。在这种情况下，是按照各级致冷中熵所能降低的数值以及对应的一级比一级低的磁致冷温度，依次选用不同的顺磁盐。这同样是一种级联制冷方式。

绝热去磁制冷方法经不断改进，获得的温度越来越低。1950 年，德克勒克（D. de Klerk）、斯太因兰（M. J. Steenland）和戈特（Gorter）采用铬钒和铝钒的混合晶体，达到了 0.0014K。1974 年又有人用镧化合物和稀释的硝酸铈获得 0.0012K 的低温，这已接近顺磁盐绝热去磁制冷所能达到的下限。

为什么顺磁盐绝热去磁制冷不能得到更低的温度呢？原来，对应于每一种盐都有一个特征温度——居里温度。当它的温度低于居里温度时，由于磁相互作用产生自发磁化，磁极子的相互作用能大于热能。在粒子间相互作用力的影响下，系统中的不规则排列现象消失，磁熵显著减小，它几乎与磁场强度无关，居里定律在这一温度下失效，因此也就无法用绝热去磁的方法进一步降温。对于顺磁盐而言，不同的物质发生自旋相互作用的温度各不相同。例如，硫酸钆约为 0.21K，铁铵矾约为 0.05K，而硝酸铈粗略说为 0.003K，这也是用这些物质作磁制冷所能获取最低温度的极限。看来，任何事物在一定的条件下总要走向自己的反面，造成顺磁盐绝热冷却现象的同一基本性质，这里反而成为限制所能达到的最低温度的障碍。

核去磁制冷

上述绝热去磁，习惯上也称为"电子绝热去磁"，因为在去磁制冷过程中，主要是顺磁盐物质的电子自旋磁矩取向发生变化。要制取更低的温度，就需要找到新的可供抽取的熵的来源，出现了"核绝热去磁"制冷技术。

原子核由带正电荷的质子和不带电的中子组成，原子核也像电子一样有自旋，也就是原子核绕自己的轴转动。所谓"核绝热去磁"，就是利用原子核自旋产生的磁矩的顺磁特性制冷。因为原子核磁矩之间的相互作用要比电子磁矩间弱得多，直到毫开温区核磁矩取向仍然是混乱的，因此可以用与顺磁盐绝热去磁类似的方法使核系统达到更低的温度。

核自旋的取向通过某些特定的实验可以观察到。实验观测和理论计算都显示，由放射性的原子核所发出的射线，仅出现在与核自旋的轴有固定关系的某些方向上。通常情况下，核自旋的取向是杂乱无章的，因而在发射射线的过程中不可能发现净的方向性效应，也就是在每个方向上测出的放射性强度是一样的。由于原子核具有自旋——核磁矩，每个原子核也如同一个小磁针，所以可以利用自旋的磁效应使核自旋转都按磁场的方向有规则地排列。在磁场的作用下，当核自旋方向完全相同时，则只能在样品的某些方向上才能测到射线流。不过核磁矩的数值极小，还不到电子磁矩的0.1%，因而在极低温度下要让核自旋取向一致也就非常困难。事实上，在0.001K时，还需要约5T的场强才能使核自旋有序化。原子核的磁矩源于核自旋，核磁矩的取向对放射性核尤为重要，因为通过它可以观察和测量放出的辐射相对于自旋轴的方向，从中获得的信息补充了核的相关性的实验，并曾导致第一次证明宇称不守恒。因此，尽管他们工作的大多数结果并不属于低温物理范围，原子核顺磁性的发现却指出了物质可能供抽取的更深一个层次的熵源。

1936年，苏联科学家拉沙列夫（B. G. Lasarev）和舒布尼科夫（Shubnikov）在测量固态氢在1.8K下的磁化率时发现原子核的顺磁性。当时世界上利用电子自旋降温的绝热去磁法已经获得成功，显然他们一定会考虑利用核自旋绝热去磁进一步降温的可能性。在20世纪30年代，莱顿的戈特，以及牛津大学的库尔提和西蒙也分别提出，不利用整个原子的磁性，而利用核自旋的磁性制冷。

从方法的提出到实现，历时20多年。困难之处在于，虽然核去磁原理与顺磁盐绝热去磁相似，实行起来却有很大差别。核磁矩仅为电子磁矩的0.05%，为了在核系统内得到与电子系统内同样比例的熵降，核系统的磁场与起始温度的比值比电子系统相应要大2000倍。在核制冷系统中，核制冷剂最小要在5T磁场下去磁，还要借助于顺磁盐致冷达到0.01K，同时核制冷剂与顺磁盐之间还要有十分良好的热绝缘。这就要求提供极高的磁场和极低的起始温度，然而在20世

30年代，要求 $H/T = 10^7 Oe/K$[①]还是无法解决的。

1956年，经过多年的努力，牛津大学的西蒙和库尔提研究小组第一个成功地实现了核绝热去磁冷却。他们从0.012K的起始温度去磁后，达到20×10^{-6}°K的核自旋系统的温度。这个令人难以置信的温度仅持续了极短时间，约1min后，核制冷剂又重新升温到核去磁的起始温度。第二年，吉奥克也宣告达到这一温度。人工制冷终于闯入微开温区。

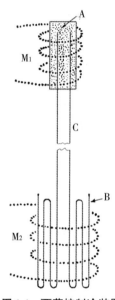

图6-4 西蒙核制冷装置

1956年西蒙等人的核去磁实验，其原理与两级串联的顺磁盐绝热去磁冷却颇为相似，但在技术上难度要大得多。图6-4为西蒙核制冷装置简图。第一级为顺磁盐绝热去磁制冷，A是顺磁盐。现在这一级的制冷效率要等于以前提到的两级串联顺磁盐制冷的总效率。第二级的核制冷剂B通过连杆C吊起来与第一级的顺磁盐A相连。在初期实验中，他们在两级之间未设热开关。M_1和M_2是两个利用水冷却能产生强磁场的螺线管，西蒙他们用了当时最强的磁铁才勉强得到所需的强磁场。图中省略了恒温器和其他的辅助设备。核制冷剂B和连杆C都用铜制成，具体制作工艺是将1540根直径0.13mm的漆包铜线捆成一束，这些细铜丝的顶端被压入顺磁盐A中，其末端折叠几次就组成了核制冷剂B。采用这种结构不仅能保证作为核制冷剂的铜与顺磁盐有良好的热接触，又因为用的是极细的铜丝束，可以避免在去磁过程中产生涡流电，防止核制冷剂B产生热。

在实验中，首先对电子自旋级的顺磁盐A绝热去磁，通过C的热传导将B冷却到约0.012K的温度。然后，对第二级核制冷从3T的磁场去磁，在磁场降为零后几秒钟测定核磁化率，据此推算所达到的温度。开始测定磁化率时刻的温度为0.000022K，因为在约1min样品就恢复到核去磁的起始温度，可以计算出在磁场消失那一时刻核自旋温度为0.000016K。

起初人们以为，温度的快速回升只是因为连杆C中没有装热开关，造成热流从A经C漏入B所致。以往两级顺磁盐制冷中使用热开关已有成熟经验，所以当

---

① 奥斯特，Oe，1Oe=1Gs=10^{-4}T。

时有人认为如果在C处加上热开关，就能克服核制冷级温度回升的弊病。但经过深入研究发现，问题并不仅在于热开关，而在于更深一层的物理机理。

再回顾一下温度的概念，气体的温度是以分子的平均动能来表示的，而在固体中则是以原子的平均振动能量来表示。另外也看到，自旋磁化率也是度量温度的一种标志。在核去磁制冷的铜线中，有三种现象存在：晶格原子的振动动能、核自旋的磁能以及简并电子气体的动能。实际上，以往我们已未加说明地假定在任何时刻，所有这三种形式所表征的温度数值是相等的。这符合绝大多数情况，在一般范围内，甚至在液氦温度下，上述假定仍然是正确的。这是因为在原子核自旋、自由电子与晶格振动之间的能量交换是非常非常快的缘故。在研究顺磁盐的时候已经发现，在1K以下，上述三种能量之间的交换仍然是很快的，但没有在1K温度以上快，故它们之间各自表示的温度已有差异，但是还不那么明显。不过，温度进一步降低，情况就大不相同了。

当温度达到0.00002K时，原子核自旋与自由电子、原子核自旋与晶格振动之间的能量交换所需时间与实验观察时间相比都不可忽略。考虑这一重要因素后，对1956年的首次核去磁实验所作的解释与当初极不相同。人们认识到，在核去磁中，当外磁场降为零的一刹那间，核自旋所对应的温度为0.000016K，但此时此刻自由电子及晶格的温度仍然处于起始温度。也就是说，这时铜制冷剂同时有两个温度，原子核自旋温度是0.000016K，而电子以及晶格的温度为0.012K。这时在制冷剂样品中将出现核自旋与其他物质间强烈的能量交换，从而使核自旋温度很快回升。

因此在讨论核制冷时，要区别两种情况：一种是仅仅降低为较低的核自旋的温度；另一种是所降低的温度中也包括自由电子和晶格的温度，甚至通过核去磁制冷降低另一种物质的温度。显然后者难度更大也更重要，它是研究在极低温的微开温区范围内物质性质的有力工具。

为使后一种核制冷取得成功，至少需要解决两个最基本的问题：一是高效率的热开关；二是更为有效的前级冷却。只有从前级漏入核级的热量尽可能少，才能保证核自旋在给定的时间内只吸收由核制冷剂中的电子和晶格所放出的热量，而使整个物质降温。一个典型的核制冷装置如图6-5所示。实验中，先对前级预冷用的顺磁盐进行绝热去磁，经下热阀将核试样冷却到0.01K。然后将具有核顺磁特性的核试样慢慢磁化到数万奥的磁场，它产生的核磁化热经热阀传给顺磁盐。再切断热阀，使核试样与顺磁盐热绝缘。继之以核试样的退磁过程，其温度下降到千万分之几开。这个温度是指核本身达到的温度，而不是整个样品的温度。如果将核冷却的效应传导给晶格而使整个样品冷却，必须通过传导电子的作用，达到平衡温度。这个过程产生弛豫时间可长达几分钟，由于漏热等原因而使整个样品的温度不可能太低。由于核试样往往无法与温度只有几毫开的"热源"完全隔绝，几分钟后它又回到原来温度。

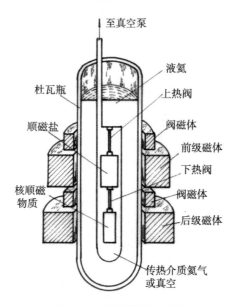

图6-5 核制冷装置示意图

现在核制冷条件比早期要方便得多。强磁场可由大功率超导磁体产生。预冷级低温用 ^{3}He-^{4}He 稀释制冷机获得，它可以方便地得到 0.002K 的低温，而且连续运转，比顺磁盐冷却作为第一级更优越。核去磁实验中常用的热阀是超导阀，这是 20 世纪 40 年代末根据超导元素热导率实验结果提出的。超导材料在正常态的热导率远远高于它在超导态的热导率，因此可以很方便地用改变磁场强度的方法改变它的状态，使其"接通"或"切断"热流。

科学家们不断努力创造更低平衡温度的新纪录，并力图把平衡温度保持较长时间。1967—1969 年，牛津的西姆科（O. G. Symko）获得 1.7mK 低温，并在 10mK 以下保持了几小时。1970—1972 年，芬兰赫尔辛基国家实验室的一个研究小组得到 0.4mK，并在 1mK 以下持续了数小时。

更低的平衡温度是德国人创造的。1981 年，西德朱里希实验室的玻贝尔（Pobell）教授，利用 ^{3}He-^{4}He 稀释制冷机先达到 0.025K。再采用 5T 的超导磁体，对镨镍5（PrNi$_5$）作第一级核绝热去磁冷却，使之达到0.005K左右。最后以0.005K为起始温度，利用核磁熵密度比PrNi$_5$高得多的金属铜作第二级核绝热去磁制冷，磁场强度高达8T，铜的晶格温度仅达几微开，整个样品的平衡有序温度为30μK。

最低核自旋温度的世界纪录由芬兰赫尔辛基国家实验室保持。卢拉斯玛（O. V. Lounasmaa）教授为首的一个小组用稀释制冷机预冷和串联工作的两个核制冷级获取极低温。第一级核去磁，铜的电子系统降温到0.00015K。然后进行第二级核去磁，把经过"冷固定"处理的0.03mol铜绝热去磁后，测得核自旋温度最低达$50×10^{-9}$K，即50nK的温度，而将电子、晶格的温度降到0.00025K。更新的纪录是，1993年，铑核去磁温度$280×10^{-12}$K（280pK）。1999年，芬兰赫尔辛基国家实验室达到的核自旋温度为$250×10^{-12}$K，2000年挺进到$100×10^{-12}$K。

一直到20世纪60年代，顺磁盐绝热去磁仍是得到毫开温度的唯一方法。这种方法的最主要缺点是，它是一种非连续的制冷方式，退磁结束后磁盐温度慢慢回升，因此只能维持较短时间，冷却能力也较弱。人们一直期待发明一种能获得持续毫开温度的方法，^{3}He-^{4}He稀释制冷机应运而生。

第七章　³He-⁴He 稀释制冷

³He-⁴He 稀释制冷机的发明是毫开温区制冷技术的一项重大突破。稀释制冷机的出现使人们可以很方便地得到绝对零度以上千分之几度的低温。过去毫开温度被看得神秘莫测，世界上只有为数不多国家的几个实验室能够达到。现在，只要财政上允许，任何一个实验室都可以毫不费力地购买到作为商品出售的稀释制冷机，极大地推动了超低温研究更普及地开展。

³He-⁴He 稀释制冷原理的提出

为了解释 ³He-⁴He 稀释制冷原理，首先简单介绍一下氦的同位素和氦的超流动性，氦超流动性的发现在第十二章还要单独讲述。

通常氦原子的原子核中有两个质子和两个中子，它还有一种同位素，原子核中有两个质子但只有一个中子。前者叫氦-4 (⁴He)，在不特别声明的情况下，所说的氦即指氦-4，后者称为氦-3 (³He)。这两种同位素性质有很大不同，³He 非常稀少，在自然界每 1000 万个氦原子中才有一个较轻的 ³He 原子。也许正是由于这一原因，科学家们多年都无法找到足够数量的 ³He 来研究它的性质。不过核工业的副产物之一是 ³He，近年发现一些天然气中富含氦，其中 ³He 含量也较高，这些都为 ³He 的研究和应用提供了条件。1969 年阿波罗登月飞船发现月球上存在 ³He，后来确定月球的月壤中 ³He 储量达百万吨之巨。如果将来能开发月球资源，³He 作为一种清洁的核能源有巨大的应用前景。

20 世纪 30 年代末，科学家们发现了液氦的一种奇异特性，在特定的温度下，液态氦的黏性完全消失，并进而表现出超流动性。用抽真空的方法降低液氦的蒸气压来降低温度，当温度下降到 2.17K 时，液氦发生相变，这一温度以下的液氦呈超流相。20 世纪 70 年代进而发现了 ³He 超流相，但它的相转变温度比 ⁴He 要低得多，约为前者的 0.1%，在 0.0026K 以下 ³He 才可能转变为超流态。

1951 年 H. 伦敦观察到，在低温下呈超流态的 ⁴He 中，即使混入少量 ³He，仍能保持超流状态。其中的 ³He 原子宛如存在于真空中，它不受摩擦而自由运动。若用一个仅可通过 ⁴He 的超流导管输入更多的超流体，³He 将向 ⁴He 中扩散，如同气体向真空膨胀一样降温。H. 伦敦提出利用这一现象制冷的设想，不过当时物理学界并未太注意他提出的这种制取超低温的新方案，因为那时很难得到足够数量的 ^{3}He，对它的性质也不太了解，同时 ^{3}He 和 ^{4}He 的相分离现象还没有发现，这种方式制冷在技术上也难实现。

1956 年，瓦尔特斯（G. K. Walters）和费尔班克斯（W. M. Fairbanks）发现，温度在 0.87K 以下时，^{3}He 和 ^{4}He 混合液分成两个完全不同的相，较轻的富 ^{3}He 相浮在上层，而较重的富 ^{4}He 相沉在下层。富 ^{3}He 相也称浓缩相，在 0.3K 以下时几乎是纯 ^{3}He。富 ^{4}He 相则称为稀释相，它含有 6.4% 的 ^{3}He，即使接近绝对零度也仍有 6.4% 的 ^{3}He 溶解在 ^{4}He 中。这一特性成为可连续获得毫开温度的稀释制冷机的基础。

1962 年，H.伦敦和门德尔松（Kurt Mendelssohn）等人再次提出稀释制冷实用技术方案。

稀释制冷原理与蒸发制冷有相似之处。低温下 ^{4}He 呈超流态，是惰性液体，而 ^{3}He 仍为正常流体，是个活跃成分。因此，若一个容器中盛有 ^{3}He-^{4}He 混合液，下层的富 ^{4}He 相对于上层富 ^{3}He 相来说，可以认为是只起支撑或"机械真空"的作用。只要采取某种方式除去一些富 ^{4}He 相中溶解的 ^{3}He，下层富 ^{4}He 相中 ^{3}He 浓度降低，势必破坏两相间的平衡，富 ^{3}He 相中的 ^{3}He 原子将穿过分界层扩散到富 ^{4}He 相中去。从界面上看，这相当于 ^{3}He 蒸发，只不过 ^{3}He 分子不是蒸发进入气相空间，而是"蒸发"进入液相的超流态 ^{4}He 中。这个过程实际上是 ^{3}He 不断被稀释的过程，若稀释持续下去，液体就不断被冷却。因此这种制冷方式称为稀释制冷。

当然 ^{3}He-^{4}He 稀释制冷与 ^{3}He 的蒸发制冷还是有很大区别。前面已经提到，在蒸发制冷过程中，随着温度下降，^{3}He 蒸气压急剧降低，最终无气可抽而不得不终止制冷过程，这限制 ^{3}He 蒸发制冷的极限温度是 0.25K。稀释制冷则不同，富 ^{4}He 相中 ^{3}He 的含量不变，不管温度多低，抽气机总可以维持恒定的 ^{3}He 循环量，因此可以得到比 ^{3}He 蒸发制冷低得多的温度。

^{3}He-^{4}He 稀释制冷机的诞生

1964 年荷兰科学家制成了第一台稀释制冷机，奥波特（R. de Bruyn Ouboter）和塔柯尼斯在莱顿实验室实现了 ^{3}He-^{4}He 稀释制冷循环。当时由于换热器设计得不太好，他们只得到0.2K。

1966年，霍尔（H. E. Hall）等人得到更好一些的结果，他们达到0.065K。同年，苏联的尼加诺夫（B. S. Neganov）建成一台高效率稀释制冷机，并达到0.025K。1968年，他进而把温度推进到0.005K。1975年，苏联的彼什科夫（V. Peshkov）和法国的格勒诺布尔（Grenoble）小组把稀释制冷的温度纪录提高到0.003K。同一期间，美国、英国等国家建起稀释制冷装置。我国也研制成功一台稀释制冷机，最低温度约35mK，0.1K以下时的制冷量为24 μW。

一台稀释制冷机要能长时间制冷，这意味着必须使³He连续循环制冷。稀释制冷机的结构如图7-1所示。在稀释制冷机中，稀释制冷过程发生在混合室。这里是整个装置最冷的部分，温度在0.1K以下，富³He相和富⁴He相就在这里分层。用一根管道将混合室下部与蒸发器相连，蒸发器中与混合室下部一样是富⁴He液体，而蒸发器温度为0.6K。不断用真空泵抽取蒸发器中的蒸气，因为在蒸发器温度下³He的蒸气压远远高于⁴He蒸气压，所以基本上只有³He被抽走，而⁴He并不参加循环。混合室里富⁴He相中的³He不断被抽走，富³He相中的³He原子穿过界面向富⁴He相扩散，就产生如前所说的降温效应。蒸发器中泵出的³He蒸气，经换热—加压—换热，再次凝结为液体，返回混合室，完成整个循环。

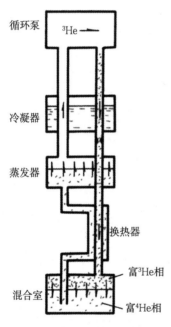

图7-1 稀释制冷机示意图

与其他各种超低温制冷装置相比，稀释制冷机成本较低，能连续制冷并得到持续稳定的低温。特别是它不需要大的磁体，不受磁环境的影响，这对需要避开磁影响的超导、核极化等实验尤为可贵。这方面许多精彩的实验常常是借助于稀释制冷装置完成的。

随着³He资源日渐丰富，稀释制冷机发展非常迅速，成为获得毫开温度的主要方法之一。现在，各种型号的稀释制冷机已由厂家成批生产，在0.1K温度下提供10~100 μW的冷量。稀释制冷的极限温度约为0.002K，可以很方便地提供0.003 ~ 0.5K的工作温度。

图中标注：循环泵　³He　冷凝器　蒸发器　换热器　富³He相　混合室　富⁴He相

第八章　坡密兰丘克制冷

水冷了要结冰，而冰融化时要吸收热量，这是我们熟知的事情，也是一般物质的通性。对 ^{3}He 的深入研究却表明，在一定温度和压力下，它的性质正好与此相反。1950 年，苏联理论物理学家坡密兰丘克（Pomeranchuk）首先提出，可以利用 ^{3}He 的这一反常性质制冷，这就是坡密兰丘克制冷法。

在研究 ^{3}He 的性质时科学家们发现，^{3}He 的一些临界数据与较重的 ^{4}He 同位素相似。在 1.15atm 下，它的临界温度为 0.32K，这表明 ^{3}He 与 ^{4}He 一样都有高零点能。在正常压力下，^{3}He 一直到绝对零度都仍保持为液体，只有在 34atm 以上才能固化。^{3}He 与 ^{4}He 的不同处也很明显，^{3}He 在固相中的自旋一直到 0.003K 都是无序的，而在液相中熵却迅速地减小。反映在 ^{3}He 的熔解曲线上，一个显著特点是，在 0.32K 附近，熔解压力有一个极小值，约为 29atm。因此，如果用管道输送温度低于 0.32K 的液 ^{3}He，压力达到这个极小值时，温度高的一端反而可能先固化冻堵。熔解曲线的反常形状表明，液态 ^{3}He 的熵值比固态的更低，也就是液态比固态更有序化。

1950 年，坡密兰丘克在莫斯科研究了 ^{3}He 的这些熵函数，并设想在这一温度和压力范围内，若绝热压缩液 ^{3}He 使其固化，^{3}He 体系将从周围吸收热量而产生制冷效应。在相图上，这一过程相当于沿熔解曲线从 x 点运动到 y 点（图 8-1）。当时他预言，利用这种方法可以得到 10^{-7}K 的低温。后来的实验表明，可以达到的最低温度为 10^{-3}K 左右。

坡密兰丘克制冷法提出后，实验物理学家们也作了某些具体计算。计算表明，即使一个极小的摩擦热也会破坏这个实验。因此很长时间里没有一个人打算实际动手作坡密兰丘克冷却实验。直到 15 年后，1965 年苏联物理学家阿努弗耶夫（Y. D. Anufieyev）才第一个做了这项工作。使人意外的是，他的实验居然成功了，他首次应用坡密兰丘克原理得到 0.018K，

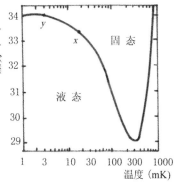

图 8-1　3He 熔解曲线

苏联科学家并进而将制取的低温挺进到毫开温区。后来芬兰赫尔辛基的研究人员也利用这一原理都获得 1 mK 的温度。

一个典型的坡密兰丘克制冷机如图8-2所示。提供压力的^{4}He室和制取低温的^{3}He室都用波纹管制造。向^{4}He室增压，波纹管伸展，带动连杆压缩^{3}He室。^{3}He室内压力增高，液态^{3}He固化降温，达到制冷效果。同时用铂温度计测温，而用电容压力计测定^{3}He室的压力。

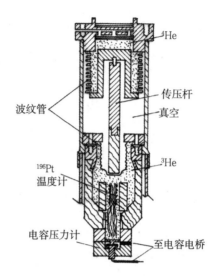

图8-2　一种坡密兰丘克制冷机

　　坡密兰丘克制冷在技术上的主要困难是获得无摩擦热的压缩。温度10mK时，只要有1%的压缩功转变为热量，就将全部抵消^{3}He固化所产生的制冷效应。因此在挤压^{3}He的坡密兰丘克室里，必须小心地采取特殊措施，绝对避免产生摩擦热。这就是人们一般不使用机械装置而是用液压装置来挤压^{3}He室的道理。

　　坡密兰丘克制冷也有它独特的优点。除了在低温下^{3}He压缩制冷比稀释制冷更有效外，^{3}He往往既是制冷工质，同时又是研究物质，这就方便了对超低温下^{3}He性质的研究。实际上，1972年第一次观察到^{3}He的超流动性，用的就是这一冷却方法。这些精细而困难的观察成功打开了^{3}He超流相研究的大门。

第九章　激光制冷

　　一提起激光，人们往往首先想到的是激光的热效应，如利用激光产生的高温打孔、焊接、切割钢板，或者是用激光作武器，打飞机、打坦克，甚至攻击外层空间的卫星，激光产生的高温也用来引发核聚变。其实激光也可以制冷，目前所达到的纳开级和正在进入皮开级的最低温度就是利用激光制冷技术取得的，激光制冷并保持着人制低温的纪录。

光的机械效应

　　物质的原子总是在不停地作无规则运动，这就是表征物体温度高低的热运动。原子运动越激烈，物体温度越高；反之温度就越低。激光制冷就是利用大量的光子阻碍原子的运动，使原子运动减速，从而降低温度。

　　早在1916年，当开普勒（Johannes Kepler）试图解释为什么慧星的慧尾总是背向太阳时，他就曾经提出光可能有机械效应，是光的"压力"使慧星物质偏向背离太阳的一方。麦克斯韦在1873年、爱因斯坦在1917年都对所谓的"光压"理论做出过重要的贡献。特别是爱因斯坦证明了原子在吸收和发射光子后，它的动量会发生改变。

　　典型地有光子动量参与的过程是康普顿效应，就是波长极短的电磁波（如γ射线或X射线）经散射物散射后波长变长的现象。1922年，美国物理学家康普顿（Arthur Holly Compton）用X射线做散射实验。他设计并吹制了X射线管，使管子的靶和散射用的石墨靠得很近；他还设计了特制的X射线分光仪，改进了探测用的可调象限计，这些措施大大提高了X射线散射实验的检测灵敏度。通过实验，他清晰地观察到，散射后的X射线包含两种不同的波长成分：一种和入射X射线波长相同，称为不变线；另一种则大于入射X射线的波长，称为变线。他进一步精确地测量了不同角度的散射X射线，发现散射角增大时，变线的波长也加大，且变线增强，不变线减弱。中国学者吴有训正好在康普顿作出这一重大发现之后接受康普顿的指导，参与了这项研究工作，成了康普顿得力的助手和主要合作者。吴有训在康普顿的指导下做博士论文，题目就叫"康普顿效应"。1925年他通过答辩，获得芝加哥大学博士学位。吴有训以精湛的实验技术、严密细致的工作和精辟的理论分析确证康普顿效应的普遍性，发展并丰富了康普顿的工作，使这一发现更快地得到国际学术界的承认，这一效应也称为康普顿—吴效应。

康普顿预言了反冲电子的存在，即光子与原子的外层电子发生非弹性碰撞，一部分能量成为散射光，另一部分能量转移给电子使它脱离原子成为反冲电子。1923 年，威尔逊（Charles Thomson Rees Wilson）用云雾室研究带电粒子的运动轨迹，观察到反冲电子。1933 年，弗利胥（Otto Frisch）第一次在实验中观察到反冲原子。

1928 年，印度物理学家喇曼（Sir Chandrasekhara Venkata Raman）发现光的另一种效应，当单色光通过静止透明介质时，有一些光受到散射。散射光的光谱，除了含有原来波长的一些光以外，还含有一些另外波长的光，其波长与原来光的波长相差一定的数值。这种单色光被介质分子散射后频率发生改变的现象，称为并合散射效应，又称为喇曼效应。散射光中有新的不同波长成分，与散射物质的结构密切有关。喇曼效应为光的量子理论提供了新的证据。为此，喇曼成为亚洲第一位获得诺贝尔奖的人。

喇曼效应中，某物质中射入一定频率的单色光时，在散射光中会出现此频率之外的散射光。因为光子携带的能量与光的频率成正比，若散射光的频率变小，也就是散射光较入射光带有的能量更少一些，此时物质吸收能量，这种散射光称斯托克斯（Stokes）线。反之，如果散射光的频率变大，物质将失去能量，则称为反斯托克斯线。

这一系列发现揭示了光与物质作用的基本规律，光的机械作用可以改变原子的运动状态。热的本质是运动，用光使原子运动减速，就可能达到制冷的效果。

多普勒冷却

气体分子或原子在通常情况下处于无规则的热运动状态。室温下原子、分子在空气中的运动速度为 300m/s 数量级，这一速度与超声速飞机相当。即使温度下降到 -196℃，氮分子的运动速度仍高达 150m/s。原子如此之高的运动速度使得人们对它们的观察和测量都极为困难。长期以来科学家一直在寻找一种让原子的运动速度减慢直至相对静止下来的方法。20 世纪 80 年代发展起来的激光冷却原子技术在一定程度上解决了这一难题。

这一技术的发展还要追溯到20世纪70年代，苏联科学家列托霍夫（V. S. Letokhov）和美国贝尔实验室的阿斯金（A. Ashkin）小组的物理学家，在理论上和实验上对光子与中性原子的相互作用进行了重要的早期工作。其中一项是他们建议用聚焦激光束使原子束弯折和聚焦，从而达到俘陷原子的目的。他们的工作导致了"光学摄子"的发展，光学摄子可以用于操纵活细胞和其他微小物体。

1975年，汉斯（T. W. Hansch）和肖洛（A. L. Schawlow）首先提出用相向传播的激光束使中性原子冷却。他们的方法是，把激光束调谐到略低于原子的谐振跃迁频率，利用多普勒（Doppler）原理使中性原子冷却，这就是多普勒冷却方法（图9-1）。

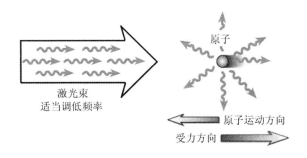

图9-1　多普勒制冷机理

激光怎样使原子减速呢？光可以看作是一束粒子流，这种粒子就是光子。光子一般来说是没有质量的，但是具有一定的动量。光子撞到原子上就可以把它的动量转移给那个原子。这种情况发生的条件是，光子必须有恰好的能量，或者可以这样说，光必须有恰好的频率或颜色。原子的内部结构（能级）决定了它能接受什么样的光子，原子处于一定的能级状态，能级的跃迁就是原子吸收和发射光子的过程。但原子的能级是一定的，因此它吸收和发射的光的频率也是一定的。

一个运动中的原子被迎面而来的一束激光照射，只要激光的频率与原子的固有频率一致，就会引起原子的跃迁，原子会吸收迎面而来的光子并减少动量。与此同时，处于激发态的原子会自发辐射光子再回到初态，在辐射光子时由于光子的反冲又会得到动量，这是一个不断反复的过程。但应当注意的是，原子吸收的光子来源于同一束方向相同的激光，都将使原子动量减小。尽管原子的每次辐射都会得到光子的反冲动量，但原子自发辐射发出光子的方向是随机的，它发射光子的方向是四面八方的，多次自发辐射的平均结果并不增加原子的动量。原子吸收和辐射光子的净结果是原子的动量减少，速度变小，也就是温度降低。

另一个要考虑的因素是，由于多普勒效应，处于高速运动状态的气体原子，迎面而来的激光的频率变大。只有适当调低激光的频率，使之适合运动中迎激光束而来的原子的固有频率，才会使原子产生跃迁，吸收和发射光子，达到原子减速的目的，因此将这种冷却方法称为多普勒冷却。

理论指出，多普勒冷却有一定限度，原因是入射光的谱线有一定的自然宽度。例如，利用波长为589nm的黄光冷却钠原子的极限为240mK，利用波长为852nm的红外光冷却铯原子的极限为124mK。科学家们突破了这一界限，研究者们进一步采取了其他方法使原子达到更低的温度。

激光冷却和陷俘原子

1997年诺贝尔物理学奖授予美国加利福尼亚州斯坦福大学的朱棣文（Steven Chu）、法国巴黎高等师范学院的科恩—塔诺季（Claude Cohen-Tannoudji）和美国国家标准技术院的菲利普斯（William D. Phillips），以表彰他们在发展用激光冷却和陷俘原子的方法方面所做的贡献。他们开发了用激光将气体冷却到微开温度级的技术，将原子的运动速度降到每秒几微米的程度，从而可能更精确地研究物质的性质。

操纵和控制单个原子一直是物理学家梦寐以求的事情。在固体和液体中，分子或原子都处于密集状态，相互之间靠得很近，联系难以隔绝，不可能对单个原子的性能进行研究。气体分子或原子在常温下总是高速运动，即使有仪器可以进行观察，它们也将很快从视场中消失，也无法对其进行研究。降低气体的温度，可以使它们的运动速度减小，但同时又出现另一个问题，气体一经冷却总是先变成液体又凝结成固体，仍然影响对单个原子性能的研究。解决这个问题的办法是在真空中冷冻原子，也就是在降温的过程中保证原子的密度足够低，从而避免产生凝聚和冻结。需要极低的温度才能有效降低气体分子的运动速度，在0.15K时仍会有速度达几十米/秒的气体分子，因为分子的速度是按一定的统计规律分布的。当温度达到1μK，也就是10^{-6}K时，自由氢原子预计将以低于25cm/s的速率运动。问题的关键就在于如何取得这么低的温度。

朱棣文、科恩—塔诺季、菲利普斯及其他许多科学家发展了用激光将气体冷却到微开温度范围的各种方法，并把冷却了的原子悬浮或拘捕在不同类型的"原子陷阱"中。在这里面，个别的原子可以以极高的精度进行研究，从而确定它们的内部结构。当在同一个空间中陷俘越来越多的原子时，就组成了稀薄气体，可以详细研究它的特性。这些新的研究手段扩展了对辐射和物质之间相互作用的了解，开拓了深入了解气体在极低温度下量子物理行为的新领域。它不仅有重要的理论意义，也有潜在的巨大应用前景。正是利用这种方法观察到了量子物理学中的一个重大预言——玻色—爱因斯坦凝聚。

1985年，朱棣文和他的同事在美国新泽西州荷尔德尔的贝尔实验室用两两相对、沿三个正交方向的六束激光使原子减速（图9-2）。他们让真空中的一束钠原子先是被迎面而来的激光束阻止下来，然后把钠原子引入六束激光的交汇处。这六束激光都调到比静止钠原子吸收的特征颜色有些红移，也就是频率稍低。其结果是，不管钠原子向哪个方向运动，都会遇到具有恰当能量的光子，并被推回到六束激光交汇的区域。在这个小区域里，聚集了大量冷却下来的原子，由于原子不断吸收和随机发射光子，这样发射的光

图9-2　朱棣文在实验室

子又可能被邻近的其他原子吸收，原子和光子互相交换动量而形成一种原子和光子互相纠缠在一起的实体，低速原子在其中无规则运动而无法逃脱，形成肉眼看上去就像豌豆大小的发光气团。由六束激光组成的阻尼机制就像某种黏稠的液体，原子陷入其中将不断降低速度。朱棣文形象地称这种机制为"光学黏胶"。这次实验中钠原子被冷却到240mK。

运用上述方法，原子只是被冷却，重力会使它们迅速从六束激光交汇处下

磁性线圈

陷俘原子团

六束正交激光

图9-3　磁光陷阱

降。为了让被冷却的原子在空间定位，就需要一个捕获它的陷阱。1987年作成了一种很有效的陷阱（图9-3），叫作磁光陷阱。除了安排沿三个正交方向的六束激光外，再加上一对平行的电流方向相反的磁力线圈。由于两个线圈的共同作用，在六束激光的交汇处磁场强度为零，四周磁场强度不断增大，形成一个"势能阱"。陷在阱中的原子具有磁矩，在陷阱中心时的势能最低，偏离

中心时就会受到不均匀的磁场力，这个力足以对抗重力而使原子返回陷阱中心。这时低速运动的原子虽然还没有被真正固定，却被激光和磁场约束在一个很小的区域内，从而可以在实验中加以研究或利用。

朱棣文小组还根据扎查利亚（J. R. Zacharias）和汉斯的建议，创造了一种可以以极高的精度测定原子光谱特性的装置。他们把高度冷却并被陷俘的原子非常平缓地向上抛出，在重力场中作抛射体运动，当达到顶端时原子正好处于微波腔内，然后在重力场的作用下开始下降。这时用相隔一定时间的两束微波辐射脉冲对这些原子进行探测。如果微波脉冲的频率经过正确的调谐，这两个相继的微波脉冲将使原子从一种量子态转变为另一种量子态。用这种方法朱棣文小组曾测定过原子两个量子态之间的能量差，第一次实验的分辨率就高达 2×10^{-11} 。

朱棣文和他的研究小组在激光冷却和陷俘原子技术中取得突破性进展，引起物理学界的广泛关注。继他们之后有许多小组投入这一领域的研究，并取得丰硕的成果，但朱棣文开创的激光减速和光学黏胶的工作一直是其他成果的基础。

与此同时，菲利普斯和他在美国国家标准技术院的小组研究了在光学黏胶中缓慢运动的中性钠原子云团。1988 年菲利普斯发明一种飞行时间法来测量冷原子的温度。这种通过飞行时间测量温度的方法是，在六束激光束关闭后，原子云以其温度所决定的方式膨胀，同时原子在重力的作用下下落。当它们下落经过一片状激光束时，所感应的荧光被记录下来。因为原子云膨胀的信号随时间有一个分布，通过探测这一分布信号就可以确定原子云的温度。多普勒冷却存在一个冷原子所能达到的温度极限，但菲利普斯发现，最低温度是在与多普勒极限条件相矛盾的条件下得到的，冷原子的实际温度比理论预言的极限温度要低得多。它们得到的原子温度约为 $40\,\mu K$ ，而理论预言的多普勒极限温度是 $240\,\mu K$ 。显然在光学黏团中存在另外的冷却机制。

朱棣文后来转到斯坦福大学，他所带领的几个研究小组以及法国高等师范学院的科恩—塔诺季小组所做的实验，不久就证实了菲利普斯发现的真实性。斯坦福小组和巴黎小组几乎同时和立即对此现象作出了相同的解释。原来多普勒冷却和多普勒冷却极限的理论都是假定原子具有简单的二能级谱。可是实际上真正的钠原子有好几个塞曼子能级，不但在基态是如此，在激发态也是如此。基态子能级可以用光泵方法激发，也就是说，激光能将钠原子转化为按子能级布居的不同分布，并引起新的冷却机制。这种布居分布的细节依赖于激光的偏振态，而在光学黏胶中，在光学波长量级的距离里偏振态会发生快速的变化。因此人们为这种新的冷却机制取名为"偏振梯度冷却"，菲利普斯最早发现的特殊冷却机制则另外取了一个名字，叫"希苏伐斯冷却"。希苏伐斯是古希腊神话中的一个人物，因违反天条被判处不间断地将重石头推上山坡，每当重石头到达山顶时又立即滚下，他又得重新将重石推上山，如此周而复始。激光冷却也有相似之处，原子总是在失去动能，就像是上山一样，经激光场又被光激发回到山谷，反复进行，动能越来越少，不断冷却降温。

1989年菲利普斯访问巴黎，他与法国高等师范学院的研究小组合作，共同证明了中性铯原子可以冷却到 $2.5\,\mu K$。它们发现，和多普勒冷却一样，其他类型的激光冷却也有相应的极限。以从单个光子反冲而得到的速度运动的一团原子所相当的温度就构成了这一反冲极限。对于钠原子，反冲极限温度为 $2.4\,\mu K$，而铯原子的反冲极限温度则低至 $0.2\,\mu K$。上述实验结果似乎就表示了，用偏振梯度冷却有可能使一群无规的原子云的温度低达反冲极限温度的1/10。在新近的发展中，人们进而将冷却了的原子拘捕到称为光格架的地方。这种格架是以光的波长量级作为间隔，靠改变激光束的位形加以调整。由于原子处在格架位置上比处在任意位置能够更有效地冷却，从而可以达到无规则状态下所能达到的温度的1/2。例如，对于铯，已经达到了 $1.1\,\mu K$。

单个光子的反冲能量之所以会有一个极限值，是因为不论对多普勒冷却还是偏振梯度冷却，两者都会发生连续吸收和发射的循环过程。每个过程都会给原子以微小的但却不能忽略不计的反冲能量。如果原子几乎是静止的，免去了吸收—发射循环，原则上可以在稀薄原子蒸气中达到比反冲极限还要低的温度，这就叫亚反冲冷却。1988年，科恩—塔诺季小组用这种方法使氦原子冷却。他们用一对相向传播的激光束，证明一维冷却可以达到 $2\,\mu K$，比理论预计的反冲温度极限低50%。1994年，科恩—塔诺季小组和另外一些研究组用两对相互正交并相向传播的激光束，证明了二维冷却可达到 $250nK$，约为反冲极限温度的1/16。1995年实验发展到用三对激光束，实现了沿三个方向的冷却，最低温度达到了 $180nK$，少于反冲极限温度的1/22。与其比较，理论预计，氦原子的多普勒冷却极限为 $23\,\mu K$，反冲极限温度为 $4\,\mu K$。1995年科恩—塔诺季小组进而成功地把铯原子冷却到了 $2.8nK$ 的低温，这都在不断刷新人类达到低温的纪录。

1997年诺贝尔物理学奖的得主各有不同的背景。菲利普斯是一位美国科学家，1948年生于美国宾夕法尼亚。朱棣文则是美籍华裔科学家，1948年生于美国密苏里州的圣路易斯，而他的父亲朱汝瑾是中国台湾省中央研究院的院士。科恩—塔诺季1933年出生在非洲阿尔及利亚的康斯坦丁，他是法国公民。这种多元化的文化背景也许正是获得科学界最高奖项不可忽视的因素。

玻色—爱因斯坦凝聚态的实现

通往绝对零度的道路

1924年，年轻的印度物理学家玻色（Bose）寄给爱因斯坦一篇论文，提出一种关于原子的新的理论。在传统的理论中，人们假定一个体系中所有的原子（或分子）都是可以辨别的，可以给一个原子取名A，另一个原子取名B，而不会将A混同与B。基于这一假定的传统理论圆满地解释了理想气体定律，可以说是取得了非凡的成功。然而玻色却向上述假定提出挑战，认为在原子尺度上根本不可能区分两个同类原子有什么不同。在此问题的基础上，玻色得出一套新的统计理论。

玻色的论文引起爱因斯坦的高度重视，迅速帮助玻色译成德文发表。爱因斯坦随后将玻色理论用于原子气体中，进而推测，在正常温度下，原子可以处于任何一个能级，但在非常低的温度下，大部分原子会突然跌落到最低能级上，就好像一座突然坍塌的大楼一样。这时所有原子处于相同的最低能态上，所有原子的行为也将像一个原子一样。形象地说，这就如同练兵场上散乱的士兵突然接到指挥官的命令，于是他们迅速集合，像一个士兵一样统一而整齐地行动。后来物理学界将物质的这一状态称为玻色—爱因斯坦凝聚态（BEC），也称为物质的第五态。

在很长一段时间里，没有任何物理系统被认为与玻色—爱因斯坦凝聚态有关。直到1938年伦敦提出低温下液态氦的超流动现象可能是氦原子的玻色—爱因斯坦凝聚的体现，玻色—爱因斯坦凝聚的假说才真正引起物理学界的重视。然而尽管超流等现象显示了玻色—爱因斯坦凝聚态的存在，但这些系统都很复杂，凝聚现象只部分地发生在这些系统中，系统中的强相互作用也使得玻色—爱因斯坦凝聚现象表现得不那么单纯。由于气体中原子之间的相互作用力很弱，更接近于爱因斯坦提出这一概念的系统，同时也使得理论与实验的比较变得容易，因而在气体中实现玻色—爱因斯坦凝聚成为科学家长期的梦想。

然而实现玻色—爱因斯坦凝聚态的条件极为苛刻和矛盾：一方面希望达到极

低的温度；另一方面还要求原子体系处于气体状态。朱棣文等人发展的激光冷却和磁陷俘技术提供了获取极低温有效的制冷方法。实现玻色—爱因斯坦凝聚态的条件是，粒子的德布罗意波长大于粒子的间距。在被激光冷却的极低温度下，原子的动量很小，因而原子的德布罗意波长较长。同时，在阱中又可以陷俘足够多的原子，它们的相互作用很弱而间距很小，因而可能达到凝聚的条件。1976年诺萨诺（Nosanow）和斯特瓦里（Stwalley）证明了在任意低温下处于自旋极化的氢原子始终能保持气态。这样，低温和原子保持气态的两个条件都可能得到满足，人们看到用实验检验这一猜想的希望。

20世纪80年代，物理学家开始尝试在气体中实现玻色—爱因斯坦凝聚态，但遗憾的是，众多实验物理学家将自旋极化的氢原子气体降温，并未观察到BEC现象。科学家们将兴趣转向碱金属原子气体，金属原子气体有一个很好的性质，不会因制冷而呈现液体，更不会高度聚集形成常规的固体。经过物理学家十几年的努力，美国科罗拉多大学天体物理实验室联合研究所（JILA）的物理学家康奈尔（Eric Cornell）和威曼（Carl Wieman）研究小组终于在1995年6月，也就是爱因斯坦作出这一猜想71年之后，首次成功地在铷原子蒸气中直接观测到玻色—爱因斯坦凝聚态。

1990年左右，威曼教授就提出，在激光冷却之后，应当停止光照并对磁阱中的粒子进行蒸发冷却。在实验中，充满冷原子的磁阱的边缘被降低，运动速度最快的那些粒子逃逸出去，留下的是宝贵的冷原子。尽管威曼教授的设想朝实现玻色—爱因斯坦凝聚态迈出了一大步，但直到就职于美国国家标准局的康奈尔加入他的小组，成为玻色—爱因斯坦凝聚项目的合作者之后，实验才取得实质性突破。康奈尔用旋转磁阱磁场的方法，有效地堵住原子出逃的漏洞，解决了一直困扰威曼的原子从磁阱中逸出的问题。他们先在磁光阱中对原子进行激光冷却，然后将原子转移到磁阱中进行蒸发冷却以达到玻色—爱因斯坦凝聚所需的低温。最终他们将温度降到了170nK，仅比绝对零度高出 $\frac{1}{10^7}$ ℃多一点，捕获了2000个铷原子，从而观测到了玻色—爱因斯坦凝聚现象（图9-4）。在这个温度下，原子的运动速度只有每秒几毫米，是常温下原子运动速度的 $\frac{1}{10^6}$。

几个月后，在美国麻省理工学院工作的德国科学家凯特尔（Wolfgang Kettele）研究组在2mK条件下捕获了 $5×10^5$ 个钠原子，在钠的原子蒸气中实现了玻色—爱因斯坦凝聚，并观察到了原子激光现象。他们也采用了类似的技术路线，只是使用了不同的方法防止原子从磁阱中逃出。

玻色—爱因斯坦凝聚态有很多奇特的性质，这些原子组成的集体步调非常一致，因此内部没有任何阻力。激光就是光子的玻色—爱因斯坦凝聚态，在一束细小的激光里拥挤着非常多的颜色和方向一致的光子流。超导和超流也都是玻色—爱因斯坦凝聚态的表现。

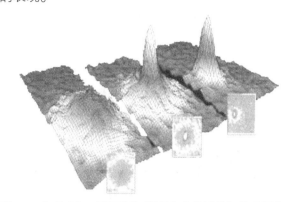

图9-4　宏观玻色—爱因斯坦凝聚产生的计算机处理图像

玻色—爱因斯坦凝聚效应可以形成一束沿一定方向传播的宏观电子对波，这种波带电，传播中形成一束宏观电流而无需电压。

处于玻色—爱因斯坦凝聚态的原子表现出光子一样的特性，美国哈佛大学的两个研究组利用这种特性，用玻色—爱因斯坦凝聚体使光的速度降为零，将光储存起来。

原子凝聚体中的原子几乎不动，可以用来设计精确度更高的原子钟，以应用于太空航行和精确定位等。

玻色—爱因斯坦凝聚态的研究也有可能延伸到其他领域。例如，利用磁场调控原子之间的相互作用，可以在玻色—爱因斯坦凝聚态中产生类似于超新星爆发的现象，也有人提出可以用玻色—爱因斯坦凝聚体来模拟黑洞。

随着康奈尔、威曼和凯特尔（图9-5）在实现玻色—爱因斯坦凝聚态方面取得突破性进展，世界上许多研究组相继在稀薄原子气体中实现了玻色—爱因斯坦凝聚态，并不断揭示这神秘的物质第五态的奇特性质。2002年3月19日，中科院上海光机所量子光学重点实验室王育竹等科学家历时3年，也在铷原子蒸气中观察到玻色—爱因斯坦凝聚。经过世界各国科学家的努力，人造低温的纪录推进到 3nK。康奈尔、威曼和凯特尔也因率先实现玻色—爱因斯坦凝聚态而荣膺 2001 年度诺贝尔物理学奖。

图9-5　凯特尔研究组的实验装置

2003 年 9 月 12 日的《科学》杂志报道了最新的低温纪录。在美国麻省理工学院，一个由德国、美国、奥地利等国科学家组成的国际科研小组改写了人类创造低温的纪录，他们将钠原子气体冷却，达到了 0.5nK 的温度，也就是绝对零度以上 $\dfrac{1}{2\times10^9}$ ℃，这也是人类首次进入纳开以内的极低温。

麻省理工学院创造最新的低温纪录时，科学家们通过一种称为"重—磁阱"的方法将低温气体限定在狭小的空间里，也就是通过磁场和重力的作用将原子气体陷俘在一定的区域。

该研究项目的共同主持人之一普里查德（David E. Pritchard）期望利用这一超低温技术能够制造更好的原子钟和重力及旋转传感器，进而大幅度提高和改善精密测量的准确度。项目的另一位共同主持人就是诺贝尔奖得主凯特尔。

激光冷却大物体

激光冷却原子气体的方法目前还只能在极小的尺度上处理极小量的物质，物质要以原子的个数计量，无法冷却大一些的物体。科学家们也在开发用激光冷却

第九章　激光制冷

固体和大物体的方法。

利用光使大物体冷却的想法是德国科学家普林西姆在1929年首先提出的。他的想法是，物质发射荧光时，它会变冷。这一过程可以这样实现，当原子吸收荧光时，它的电子受激，这个新状态是不稳定的，原子必须失去多余的能量。多余的能量可能以光的形式离开原子，若发射的光携带的能量比吸收的光带有的能量多，冷却便可实现。其方法是，对激光束中光子的能量等级进行选择，使其只被材料中那些已经具有某种能量的分子所吸收。当它们吸收光子时，它们受激进入更高一级的能态。在有些材料中，发射的荧光会将原子带到比它们原来能级更低的状态，也就是更"冷"的振动态。这种离开原子的光比吸收的光含有更多能量的情况称为反斯托克斯荧光（图9-6）。因为光具有的能量与光的频率成正比，宏观上就是吸收光的频率低，而发射光的频率高。

理论上普林西姆的想法很好，但实行起来并不容易。主要难点在于要找到一种合适的荧光材料，并把它固定在一个能让所有入射光都被吸收和所有的荧光都被放出的清澈的固体上。

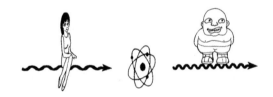

图9-6　反斯托克斯荧光：来了个纤女，走了个胖子

美国新墨西哥州阿拉莫斯国家实验室的一个研究小组首先实现了用这种方法使一个固体冷却。爱泼斯坦和戈斯内尔将金属镱掺杂在玻璃基质上，然后用高能红外激光照射。之所以选择镱是因为它发射荧光的效率高而且原子的结构简单，这样被吸收的能量变成热运动在材料里损失的机会就少一些。1995年爱泼斯坦小组对一块火柴棍大小的玻璃做实验时，作到了热能的损失率是激光能量的2％，它是气体中用多普勒冷却所能达到效率的一万倍。取得这一成功的重要因素是玻璃基质高度纯净，因而基质本身完全可以做到不会吸收或散射激光。

首次实验，玻璃的温度只下降了0.3℃。后来他们用光纤代替玻璃块，并增加被吸收的激光量时，他们做到使试样的温度下降16℃。他们不断改进实验装置，用一对新型的镜子形成一个空腔，这对镜子把一块直径约3cm的掺镱的玻璃围在里面。镜子能让镱的荧光通过，所以能量很容易离开。但镜子反射激光束，所以激光束将在空腔中来回反射而使冷却效率更高。在实验样机的空腔中，掺镱的玻璃以0.5W/s的速度失去能量。

激光冷却大物体还处于研究和开发的阶段，实际应用也许还有待时日。科学家们计算，假如将空腔结构进一步改进，它的温度能冷却到60K，这将展现光明的应用前景。

第九章

激光制冷

第十章　为落榜者立传

始0.5在为止，我们所介绍的各种制冷方法都曾在低温科学发展的一定阶段创造过低温纪录，或者有较为广泛的应用。不用说，这是有欠公平的。向绝对零度的迈进不仅仅是低温纪录创造者的功绩，也包含众多榜上无名的制冷技术的贡献。各种制冷方法互相竞争又相互促进，共同推动低温科学的进步。实际上，各种物理和化学现象，溶解、蒸发、吸收、压力、磁、光、电、声等，一切能使物质的微观粒子运动减速、使系统熵值减小的过程，都可能用于制冷。我们今天达到的低温绝不是终点，新物理概念的出现和新制冷方法的发明，还会不断刷新人造低温的纪录。在这里不可能为落榜者一一立传，只能择其要者介绍几种，它们是涡流管制冷、热电制冷、辐射制冷和声制冷。

旋风分离器的启发

1931年，法国工程师兰克（G. J. Ranque）试验离心分离含尘气流的旋风分离器时，发现一个意想不到的情况：气流越接近于分离器的轴心线，它的温度就越低，甚至低于送入旋风分离器空气的初始温度。在兰克之前有几百名工程师做过同样的试验，观察到这一现象的不乏其人，都不暇思索地放过去了。兰克却深究不舍，根据这一发现发明了一种新颖的制冷方法——涡流管制冷，1932年取得法国专利，1934年取得美国专利。

德国物理学家赫尔胥（Rudolf Hilsch）制造了一套涡流管，直到第二次世界大战德国战败，1945年盟军占领德国后，一个美国小组在赫尔胥的埃尔兰根实验室里找到了这一设备，它才引起科学界的重视。所以，涡流致冷现象又称为兰克—赫尔胥现象。

涡流管的构造很简单。它主要由喷嘴、涡流室、分离孔板和冷热两端的管子组成（图10-1）。气体分成两部分在涡流室内进行。涡流室的内部形状为阿基米德螺旋线，喷嘴沿切线方向安装在涡流室的边缘。在涡流室的一侧装有一个分离孔板，其中心孔径约为管子直径的一半或稍小些，它与喷嘴中心线的距离约为管子内径的1/2。分离孔板之外为冷端管子。热端管子装在分离孔板的另一侧，其外端装有调节阀，调节阀离涡流室的距离约为管子直径的10倍。

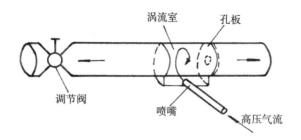

图10-1　涡流管示意图

　　经过压缩并冷却到室温的气体，通常是空气，也可以用二氧化碳、氮气等，经喷嘴切向进入涡流管，膨胀到常压。气体获得极高速度，在喷嘴附近处急剧旋转，形成自由涡流。气体内部经过动能交换并分离成温度不同的两部分，中心部分气流的温度低，经孔板中心孔流出，得到冷气流；边缘部分的气体从另一端经调节阀流出，为热气流。涡流管可以同时得到冷热两种效应，用调节阀控制两股气体流量之比。当高压气体温度为室温时，冷气流温度可低达−50～−10℃，热气流为100～130℃。冷热气流可以分别利用。

　　涡流管怎么会有将冷热气体分开的本领呢？原来，涡流管中气体高速旋转，气体的旋转角动量越接近管轴线越大。但是，由于气体的黏滞作用，实际上所有气体是以近似相同的角速度旋转。这势必使内层气体把自己的一部分动能传递给它外面的一层气体，自身变冷。外层旋转气体吸收动能速度加快，它在沿管子运动过程中，由于湍流损失，这部分动能逐渐转化为热，使气体温度升高。热气体经由调节阀导出。同时，从位于管轴线处的分离孔可以引出冷气流，它的温度就远远低于气体平均温度。

　　涡流管制冷机的缺点是效率低。曾经有一些工程师试图依据这一原理制造实用的冰箱，都因经济性赶不上传统制冷设备而败下阵来。这限制了涡流管制冷的广泛应用。不过涡流管也有它独特的优点，结构简单、维护方便、启动快，能够达到比较低的温度。涡流管不需要其他制冷介质，免除了氟利昂等对环境有害物质的困扰。目前它主要用于不经常使用的小型低温试验装置。在有压缩气体可供利用又需要获得瞬间降温的工厂里，如蜡烛、巧克力的制造中，涡流管制冷也是一种简单易行的方法。

　　近年来工程师在提高涡流管效率方面取得重大进展，他们把气流速度提高到与声速相当的程度，而使冷气流经小孔——喷雾孔流出。改进的涡流管制冷机已成功地应用在运输业中，并有希望设计制造出可与传统式冰箱竞争的定型产品来。

钟表匠的发现

热电效应早为人们所了解，它有三种形式。

1821年，德国物理学家塞贝克（T. J. Seebeck）发现，把一根磁针放在用两种不同金属导线组成的闭合回路附近，只要两个接点的温度不同，磁针便会产生偏转。若把冷接点和热接点对换，磁针的偏转方向也随之掉转。当时塞贝克提出一个错误的解释，他以为这是导线由于温度差存在而被磁化所致。后来人们弄清楚，磁针偏转显示的是回路中有电流和相应的电动势存在。尽管如此，这一效应仍称塞贝克效应。

1834年，法国钟表匠珀耳帖（J. C. A. Peltier）发现了塞贝克效应的逆效应。珀耳帖把铜丝两端各接上一根铋丝，再将两根铋丝接入直流电源的正负极。结果，铜和铋的两个接头，一个升温放热，一个降温吸热，这种现象称为珀耳帖效应。1838年，伦兹（H. F. E. Lenz）用珀耳帖效应首次成功冻结了一滴水。

1857年，开尔文发现一种与上述两种效应有关但观测起来更为困难的第三种效应：当电流流过存在温度梯度的均匀导体时，有一股横向热流流进或流出导体，它的方向取决于电流是从导体的热端流向冷端还是从冷端流向热端。若导体原来温度是均匀的，就不会有横向热流存在。这种效应用开尔文的本名命名为汤姆孙效应。

塞贝克效应成为热电偶测温的基础，基于珀耳帖效应则发展起来热电制冷技术。

热电制冷只需用电，没有运动的机械设备，显然是一种理想制冷方式，然而它却几乎被埋没了长达一个世纪。原因在于，虽然任何两种不同导体构成的电偶中都会产生珀耳帖效应，但通常这种效应很微弱，观测起来尚且困难，更不用说实际用以制冷了。直到半导体问世，提供了高效率热电制冷的新材料，这种古老的制冷方法才获得新的生命，所以也常称其为半导体制冷。

在热电制冷装置（图10-2）中，N型半导体和P型半导体接头构成一个电偶。当外电场使N型半导体中的电子和P型半导体中的空穴都向接头运动时，它们在接头附近发生复合。电子—空穴对在复合前的势能和动能转变成接头处晶格的热振动能量，宏观上就有热量释放出来。如果电流方向相反，电子和空穴都离开接头，在接头附近就要产生电子—空穴对，它们的能量得自晶格的热能，于是接头处吸热。热电效应的强弱与构成热电偶的材料有关，人们一直在努力寻求性能更为优异的半导体材料。

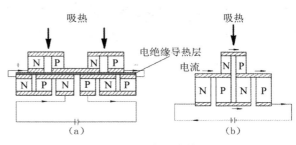

图10-2　热电制冷装置

（a）串联二级；（b）并联二级。

一级热电堆可以达到60℃的温差。要想得到更大的温差和更低的冷端温度，需用串联、并联或混联的方式制成多级热电堆。这时把上一级热电堆的热端贴在下一级热电堆的冷端上，使下一级热电堆的冷端起上一级热电堆热端的散热器作用。通常级数不宜过多，当数级为6~8级时，若热端温度为50℃，冷端可低达140~160K。

大容量时，热电制冷设备的效率低于蒸气压缩式制冷机。但它可靠性高、易于调节、没有机械转动部件，体积可以作得很小，这些长处使它在许多场合显得比机械制冷设备更适用，也常常是后者无法取代的。

在小型制冷机领域，冰箱、空调、凉水器、潜水服等都应用了热电技术，特别引人注目的是热电制冷技术成功用于核潜艇。人们也在尝试将珀耳帖效应与太阳能结合，开发光电池供电的半导体制冷冰箱。

利用外层空间的冷

外层空间的温度接近于绝对零度，是一个取之不尽、用之不竭的巨大冷源。当人们被束缚在地球上时，只能望天兴叹，近代空间技术的发展却使利用这一冷源成为可能。

宇航设备上的许多电子器件需要冷却，单独配备制冷装置是很昂贵的，人们想到直接利用外层空间的冷，制成辐射制冷器。

我们知道，温度较高的物体发射出去的辐射能总是大于它吸收的能量，温度下降。在宇航设备上，设法把要求制冷的物体的热辐射导向寒冷的空间，就可以方便地达到降温的目的。宇宙空间的高真空和极低温正好提供了辐射散热的理想环境。一个辐射制冷器由发射率很高的黑冷块、反射率很高的锥体和热屏蔽等组成。冷块是制冷物体，需要冷却的元件附着在它上面。它处于冷空间和锥体壁包围之中，黑冷块辐射的热量直接或经锥体反射后进入冷空间，辐射散热方向总要避开空间的高温辐射源。热屏蔽则用来遮挡地球的红外辐射、太阳的照射和飞行器本体的外来热流。

辐射制冷器也可以做成二级，最低温度可达 70K（图10-3）。它是一种不需要任何外加能源也不消耗机械制冷功的被动式制冷器，仅消耗一点点功率用于温度控制，这是其他任何一种制冷装置无法比拟的。取天之冷的辐射制冷器用于冷却宇宙飞船和人造卫星上的电子器件，显示了独特的优越性。

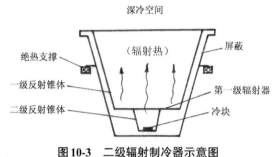

图10-3　二级辐射制冷器示意图

声制冷

声波在空气中传播时会产生压力和位移的波动，同时也会引起温度的波动。当声波所引起的压力、位移和温度的波动与一固体边界相互作用时，就会发生声波能量与热能的相互转换，这就是热声效应。这一效应可以有两方面的应用，用热来产生声，即热驱动的声振荡，据此可以制成热声压缩机，也可以用声来产生热流，即声驱动的热流传输，据此可制成热声制冷机。

声制冷的研究和开发兴起于20世纪80年代，首先开展这方面工作的主要是美国洛斯阿拉莫斯（LosAlamos）国家实验室和美国海军研究院，而热声效应的发现则要久远得多，可以追溯到18世纪。1777年，一位叫希金斯（Higgins）的玻璃工发现，当把氢焰放到一根两端开口的大管子适当的位置时会在管子中激起声波振动而发出声音。由此演化而来的里克（Rijke）管现在已成为学校课堂上广泛用作演示热声效应的装置。另一种较早的热声装置桑德豪斯（Sondhauss）管也是19世纪就提出来的，它与里克管的不同之处是在一根只有一端开口的管子中利用热声效应来发出声音。

现代实验热声学最重要的发展之一是美国新墨西哥州大学的卡特（Carter）教授和他的研究生费尔德曼（Feldman）在1962年对桑德豪斯管的改进。他们采用适当的结构来提高桑德豪斯管的效率，大大加强了管内的热声效应，并以

600W的热传输功率得到27W的声功率。

　　美国洛斯阿拉莫斯国家实验室的斯威夫特（Swift）和惠特利（Wheatley）则最先开展了热声制冷机的研制工作。惠特利教授提出，声谐振驻波和表面泵热效应的组合可以形成一种完全新型的"自然发动机"。气体热声效应、固体介质与气流之间所需的时均相位差是通过自发不可逆过程，尤其是有限传热温差得到的。在通常的制冷循环中都是需要提供外在的机械部件来保证循环中各过程的切换，而热声制冷机能自发调节位相，从而自动在各循环过程中进行切换。因而，虽然热声制冷的机理复杂，但热声制冷装置却具有部件少、结构简单、成本低、可靠性强等优点。1986年，霍夫勒（Hofler）提交的博士论文题目是热声制冷机的设计，他并实际制造了一台实验用热声制冷机。这台制冷机以扬声器驱动发声，在3W的热负荷下，制冷温度达到了-50℃。

　　目前，声制冷系统已用于红外传感、雷达及其他低温电子器件的降温。低温电子器件对制冷的要求与常规民用装置有很大不同，它要求的制冷温度低（-200～-50℃），但制冷量不大，同时要求机械振动小、可靠性高和小型轻量化。声制冷装置的特点正好能适应这方面的要求，因此可以期望声制冷技术在低温电子器件制冷领域有广阔的应用前景。这也许是航天工业和武器工业部门对开发声制冷特别感兴趣的原因。

　　目前家用冰箱和空调均采用机械式压缩制冷技术，用户对设备的静音提出更高要求，但提高降噪声水平的困难还不少。有人设想，在电冰箱的制冷系统上附加一套结构简单的声制冷装置，并以电冰箱压缩机的噪声作为制冷系统的能源，可望提高制冷效率而噪声会有突破性的下降。

第十章

为落榜者立传

第十一章　超导电性

通
往
绝
对
零
度
的
道
路

　　氦的液化给实验物理学家提供了前所未有的低温实验条件，研究材料的低温性能自然成为科学家们重要的工作。昂尼斯首先选取的课题是技术上最易于进行的项目——测定导体的电阻，然而这一研究从此改变了莱顿的主要研究方向，人们进入了奇异的超导世界。沿着昂尼斯开辟的道路，低温科学进入了一个广阔的新天地。

永不消失的电流

　　一般金属总有电阻，除了晶格离子振动形成电阻外，晶格缺陷和杂质存在也会阻碍自由电子运动而形成电阻。人们早就知道，金属的电阻同温度有关。温度升高，电阻增大；温度降低，电阻减小。显然，这是由于晶格离子的振动随温度上升而加剧，更强烈地阻止自由电子运动所致。那么，温度接近于绝对零度时，金属的电阻性质将怎样变化呢？昂尼斯也试图回答这个问题。

突然消失的电阻

　　当时，两位著名的物理学家开尔文和能斯特提出截然不同的两种观点。开尔文设想，在绝对零度附近，电子也将被"冻结"在具有最低势能的平衡位置上固定不动，因而金属在极低温度下变成绝缘体。能斯特却通过自己在柏林的工作得出结论，纯金属的电阻将随温度降低逐步地减小，当温度达到绝对零度时，电阻完全消失。还有第三种猜测，昂尼斯自己在较高温度下的测量表明，所有金属的电阻率都有随温度降低而变小的趋势。如果把这种趋势外推到极低温度下，在绝对零度以上几度的时候金属电阻将完全消失。昂尼斯依据当时的一个公式推断，纯金属的电阻在液氦温度下应迅速下降到零（图11-1）。

　　金属的电阻在绝对零度下是趋向无穷大，还是达到零，或者是在绝对零度以上几度就下降为零？孰是孰非，有待实验验证。

　　杜瓦在液化氢的实验中曾用铂电阻温度计测定液态氢的温度，他已经发现了金属电阻率低温下的反常变化。在液态氧和液态空气温度区间，铂的电阻与温度仍成正比，但当将这一比率外推到液氢温度区域，所推算出的液氢温度高达35K，非常不合理。后来杜瓦改用氦气体温度计测定的液态氢温度是20K，这表明在这一温度区间，当温度下降的时候，铂电阻的减少要比预期的小。这似乎印证了开尔文的理论，杜瓦也将这一现象解释为是金属电阻在极低温度下将变成无穷大的开始，并预计在液氢温区以下的某个温度时，电阻率将达到最小值，然后再上升到无穷大。

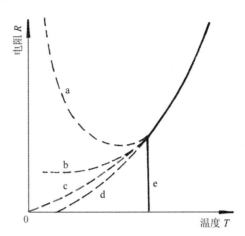

图11-1 金属电阻低温下可能的变化

a—开尔文预言；b—一般金属实测值；c—能斯特预言；
d—昂尼斯预言；e—超导体实测值。

1911年，在氦液化以后不久，昂尼斯就着手在更低的温区继续杜瓦没有完成的工作，第一个被测定的金属是铂。然而测定结果出乎意料，似乎与上述几种理论既不相符合也不相矛盾，铂的电阻随温度降低而减小，很接近绝对零度时，曲线变得平坦且不再随温度变化。实验还显示，金属越纯，剩余电阻越小。昂尼斯总结说，能斯特也许是对的，绝对零度时电阻应该消失，只是由于样品中不可避免地存在杂质而难以作到这一点。

下一步的工作是使用更纯的样品，使得剩余电阻尽可能小。他进而决定研究金导线，因为与铂相比，可以得到更纯的金。金的电阻率比铂小得多，同样地，重复验证实验证明，金越纯剩余电阻也更小一些。这也仍符合能斯特理论。

昂尼斯期望，要找到一种足够纯的金属，能在他所能获得的温度范围内，真正看到电阻消失。一个优秀的候选者是金属汞，选择汞的原因也许在于，汞在常温下是液体，易于重复蒸馏提纯，因此无须太昂贵的设备便可制得相当高纯度的汞。昂尼斯把汞制成导线，测定它的电阻随温度的变化。1911年4月28日，第一批实验结果提交给荷兰皇家科学院。昂尼斯报告说，汞在液氢温度下仍保持较高的电阻，在沸腾的液氦温度下也测到了电阻，但在稍低一些的温度下电阻便完全消失，以至于仪器不能检测出来。昂尼斯自信而得意地指出，这与他自己对金属电阻低温下变化的预测接近，汞的电阻在绝对零度以上几度消失了。不过昂尼斯还是在实验记录的末尾实事求是地指出，这些都只是初步的结果，还需要进行更为精确的测定。

仅仅过了一个月，5 月 27 日，昂尼斯又提交了第二份报告，这次测量精度有了进一步提高，而结论是完全出乎所有人意料之外的。在接近液氦温度时，汞的电阻较室温时低许多，仅约为原有数值的 1%。温度更低时，奇迹出现了，汞的电阻不是逐渐消失，而是刚好在液氦沸点以下陡然下降到一个无法测量的极小值。因为电阻消失是极其突然发生的，既不符合开尔文和能斯特的预言，与昂尼斯本人的设想也相去甚远。昂尼斯注意到这与他先前的公式并不符合，他所用的报告的标题是"水银电阻的消失"。

数月后的另一篇报告则使用了"论水银电阻消失速度的突然变化"这样一个引人注目的标题。和前面两篇论文一样，这一篇也很短，它肯定了前面关于汞电阻迅速消失的结果，并证明电阻消失的温度范围为 0.02K。

在发现汞的零电阻现象后的两年间，昂尼斯继续对金属的低温导电性进行广泛深入的研究。实验证明，零电阻现象并不是汞制得很纯的缘故，因为即使往汞中掺入杂质，它也仍具有这种性质。进而发现，除了汞以外，锡和铅也显示电阻突然消失。这一切说明，和后来发现的氦的超流动性一样，零电阻现象并不是电阻逐渐趋近于零的一种极限状态，而是物质的性质发生了某种质的改变，进入一种新的状态。昂尼斯终于明确认识到，他已经偶然地闯入一个完全出人意料、激动人心的新领域，这个领域内的一切现象在当时已有知识范围内是无法理解的。昂尼斯首先在 1913 年引入"超导"一词，刚开始可能还只是为了表述简单，但它成为低温研究中发现的最不寻常的效应，也是 20 世纪最重要的科学发现之一。昂尼斯因发现超导现象的伟大功绩而荣获 1913 年诺贝尔物理学奖。

永不消失的电流

昂尼斯是个思想敏锐的天才，他总是冷静而又周密地考虑问题，他知道为了深入了解这个全新的物理现象，需要在实验上从各个方面开展研究。他设计的第一个实验是测定汞的电阻率到底能达到多小，其电阻率是否确确实实降为零，还是只是一个极小极小的值。这里，用了"零电阻"一词。然而任何一种仪器的测量灵敏度都是有限的，根据测量仪器的灵敏度，只能说电阻小得测不出来，而不能靠仪器的直接测量证明电阻为零。昂尼斯却是擅长于解决这种困难问题的高手，他仅用三年时间就制成一种极为精巧的测定装置，直到今天还没有更好的方法可以取代它。

昂尼斯用铅丝制作了一个超导线圈，线圈与一设计得十分精巧的超导开关S_2相连接（图11-2）。当S_2开路、S_1闭合时，电流从处于常温的电池经一段铜导线流进超导线圈，通电的超导线圈将产生磁场，可以通过杜瓦瓶外的小磁针发不发生偏转测定出是否有磁场。其后将S_2闭合，S_1断路，电源供电被切断。实验发现，切断电流后小磁针的偏转情况与通电时一样。这说明虽然线圈不再从电池中接收能量，但电流仍持续地存在于线圈中。这种持续电流为昂尼斯提供了一种测定在超导线圈中是否存在极微小电阻痕迹的极为灵敏的方法。线圈中若存在电阻，则必定有能量损耗，电流将随时间而很快减小，电流的减小可通过外面的小磁针偏转角度的变化测定出来。昂尼斯发现，数小时后，直到杜瓦瓶中的液氦全部蒸发光，铅转变为正常态之前，小磁针都没有发生任何极其微小的偏转角度的变化。这表明持续电流始终没有变化，也就是说，线圈中已没有电阻，因而不产生能量损失，在超导线圈中通过的是一种长期存在不会变小的持久电流。

不久后昂尼斯又用另一种更为简单的方法证明超导体处于超导态时的电阻的确为零，这就是著名的"持续电流实验"。在这个实验中，用铅做成一个圆环，放在磁场中，再把环冷却到铅呈超导态，然后撤去磁场。根据电磁感应定律，在超导环中便感生出电流。测定感生电流强度的变化，就可推断电阻的大小。在长达两年半之久的持续实验中，环中电流没有可观测到的任何变化，真正是"永不消失的电流"。间接计算得到的电阻率（如

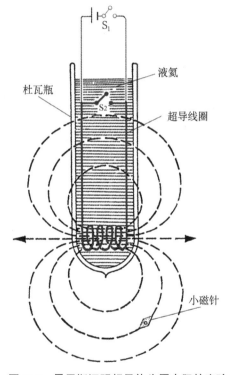

图11-2 昂尼斯证明超导体为零电阻的实验
S_1—常态开关；S_2—超导开关。

果有的话）为$10^{-21}\Omega\cdot cm$。随着实验方法的改进和测量灵敏度的提高，电阻率的上限修订为$10^{-25}\Omega\cdot cm$。这是一个极其微小的值，导电性极好的银在常温下电阻率为$1.47\times10^{-6}\Omega\cdot cm$，二者相差1000亿亿倍。

昂尼斯证实持续电流的实验，其后由另一些科学家进行了多次，他们所用的

检测仪器越来越灵敏，持续电流保留的时间也越来越长。唯一的制约条件是，只要液氦的供应不中断，材料就保持超导态，如果实验还在继续则电流完全可能保持到今天。由此可以认为，超导态的电阻就是零。

通
往
绝
对
零
度
的
道
路

超导的临界参数

早在昂尼斯发现超导现象的初期，他敏锐地意识到这一现象可能在电工技术上引起一场史无前例的革命，特别是对强磁场电磁铁的制造更为重要。用常规技术制造大功率电磁铁，由于在磁体中要通过大电流，线圈中将产生大量的热，这些热量必须靠冷却水带走，否则产生的高温将烧毁线圈。冷却水的流量和冷却效果的好坏限制了用正常导线绕制的电磁铁所能达到的磁场强度。如果用超导体制成线圈，由于无电阻，因此不会产生热，似乎应用可能极大。虽然维持超导态的低温条件耗资巨大，但与节约的电能相比，应该还是值得的。

1913年，昂尼斯的研究组曾经制造过一个超导铅线圈，试图在4.2K以下产生强磁场。结果却令人失望，在仅达几百高斯[①]的内磁场下，线圈就淬灭而恢复正常状态。这个早期的失败预示着超导的实际应用还要经历漫长的道路。

超导电性不失为大自然馈赠给人类的一份丰厚的礼品，可惜附有太多的条件。科学家们很快发现，超导态要受到临界温度、临界磁场和临界电流的苛刻限制。提高这几个临界参数成为低温科学家一个世纪来不懈追求的目标。

我们已经知道，昂尼斯发现汞的超导性实验中，汞的电阻是在某一特定温度下突然消失的。超导体从正常态转变成超导态的温度就叫临界温度。这里"突然"只是一种形象的说法。事实上电阻从一个有限值下降到零总是在一定的温度间隔里完成的，如水银发生超导转变的温度间隔为0.05K。超导体的纯度、晶格的完整性和有序度对转变的温度间隔都有影响。

不仅温度能够破坏超导电性，只要磁场强度足够大，任何一种超导体都将丧失超导性而变为正常态。使超导体由超导态转变成正常态的最小磁场叫临界磁场。临界磁场与温度有关，它与温度的关系曲线为一抛物线。纯金属的临界磁场一般都很低，通常不超过几百高斯。这就是昂尼斯试图用纯金属超导体制造强磁场失败的原因。

此外，当超导体通以电流，若电流值达到某一数值时也失去超导性，这个电流值叫临界电流。需要附带说明的是，完全导电性是对超导体通以直流电而言，

---

① 高斯，GS，$1T=10^4GS$。

若通以交流电或在高频电磁场作用下，超导体便不再具有完全导电性而产生交流损耗。这种交流损耗与频率和振幅有关，频率和振幅越大，总的交流损耗也越大。

显然，超导材料的性能由临界温度、临界磁场和临界电流密度三个参数综合衡量。这三个参量越高，超导材料的性能越优越。它们相互之间是关联的，若分别用 T_c、H_c 和 I_c 表示，在三锥空间就构成一个曲面，限定超导电性所存在的范围。曲面内是超导区域，而曲面外是正常态存在的区域（图11-3）。

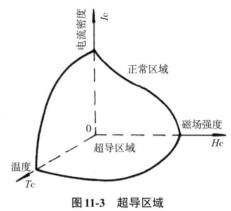

图11-3　超导区域

超导态存在的区域是很狭窄的，那些在低温下失去电阻的金属，当应用到高磁场强度和高电流密度条件下的时候，又失去它们的超导性能。正因为如此，20世纪60年代以前，尽管超导电现象已经发现半个世纪之久，超导技术的发展仍然是极其缓慢的。

开发新的超导材料

显然，超导技术的应用有待于开发临界参量高的超导材料。

在发现第一个超导金属汞以后的几十年里，人们一直在努力发现更多的超导元素。自1911年昂尼斯发现汞和锡等金属元素具有超导电性以来，已发现在常压下呈现超导电性的金属元素有28种。这里可以发现一个有趣的事实，临界温度高的纯金属，如铌、铅、锡等，常温时恰恰是电的不良导体。其中临界温度 T_c 最高的是铌（T_c =9.26K），其次是锝（Tc）和铅（Pb），临界温度分别为 7.77K 和 7.2K，钨（W）的临界温度则低达 0.012K。另有一些元素在高压下呈现出超导电性，如铯、锶、钡、钪、钇、镥、硅、锗、磷、砷、锑、铋、硒和碲等。制成薄膜或非晶无序化通常可提高超导元素的超导转变温度。一些常温下的良导体，如铜、银、金，还有铬、锰、铁、钴、镍等铁磁和反铁磁元素迄今未发现有超导电性。

起初，有些人认为，某种金属能呈超导电性，那是由于它的原子是超导的，则由这种原子所组成的合金应该也能呈现超导电性。不过后来人们发现，铋化金（Au_2Bi）是超导体，但金和铋却都不是超导体，说明这种看法是错误的。又有人发现，白锡是超导体，而灰锡不是超导体。白锡和灰锡的区别不在原子上，而在晶格上，前者是四方晶体而后者是立方晶体。这些都显示，产生超导电性的原因来自于金属中自由电子气体的性质，而与原子本性无关。这指出一条寻找新的超导材料的途径。但即使在今天，虽然已经有了更多的实验数据和更完善的理论，仍远不能正确地预测新的超导材料，超导电性的本质并非那么简单。

为获得 T_c 较高的超导材料，合金和化合物超导材料一直是研究的重点。组成合金和化合物超导材料的元素可以都是超导元素（如 Nb_3Sn、V_3Ga），也可以是只有一个超导元素（如 La_2C_3），或都是非超导元素（如多硫氮聚合物）。经过多年的努力，20 世纪 60 年代发现许多种合金和金属间化合物——主要是铌钛合金和铌锡合金具有超导性。它们的临界温度远远高于各组分的临界温度，同时在失去超导性能前仍可以经得住高得多的磁场。人们还逐步发展起制造这些超导材料的特殊工艺。这一切促使超导技术获得令人瞩目的进展。

最初是在 1954 年，发现了临界温度高达 17.1K 的 V_3Si 和 18.3K 的 Nb_3Sn。1969 年制得 Nb_3AlGe 超导化合物，临界温度为 21K，后来进而于 1973 年发现铌和锗的晶状化合物 Nb_3Ge，临界温度提高到 23.5K，这一合金超导材料最高临界温度纪录保持了 20 年。它们的临界磁场分别高达数万至数十万高斯，现在已发现的这类超导合金和化合物超过 1000 种以上。

制造这类超导材料，它的冶炼方法、几何形状和尺寸，对材料的临界温度、临界磁场、临界电流和损耗等，都有很大影响。19 世纪 60 年代，昆茨勒（J. Kunzler）就这一课题进行的研究是很重要的。他指出，适当绕制的 Nb_3Sn 磁体可以获得高达 20 万 Oe 的场强，从而开辟了大型超导磁体的领域。

然而这些超导材料的临界温度仍然是很低的，其中最高的也仅稍高于液氢的沸点。这就构成了通常所说的超导电技术应用中的"温度壁垒"。几十年来人们一直在不懈地努力，探索更高临界温度的超导材料。这个工作是极为艰苦的，从 1911 年发现超导现象到 1986 年，超导材料的临界温度才从汞的 4.2K 的提高到铌三锗（Nb_3Ge）的 23.5K。

合金超导体的最新进展是二硼化镁超导体的发现，它的临界温度达到了 39K，是迄今为止临界温度最高的金属化合物超导体。它的发现也很有喜剧性。

尽管二硼化镁早在 1950 年已经被科学家们发现，但是其超导电性却从来没有人研究过。2000 年 3 月，日本青山大学秋光纯教授指导他的大学四年级学生永松纯做毕业论文，让永松纯做有关二硼化镁的样品实验。永松纯在制作了 165 个样品之后惊喜地发现，二硼化镁具有超导电性，其超导转变温度高达39K，远高于科学家们曾经设想的金属化合物超导体临界转变温度不高于30K的极限。

二硼化镁超导材料的发现引起科学界的高度关注。虽然它的发现在高温超导体的发现之后，临界温度也比高温超导材料低，但有其独到的优势。高温超导体多为陶瓷材料，性能硬脆，加工和应用都比较困难，而二硼化镁超导体容易合成，加工简便，同时资源丰富，价格低廉。二硼化镁容易制成薄膜和线材，能够广泛应用于制造CT扫描仪等多种电子仪器仪表，制造超级电子计算机的元器件以及电力传输设备的元器件，它在电子领域和计算机领域有着广阔的应用前景。

迈斯纳效应

发现超导体的零电阻现象以后，在相当长一段时间里，人们一直把超导体看成是仅仅具有零电阻性质的理想导体，自然而然地认为超导体的磁性完全由它的理想导电性决定。1/4世纪以后人们惊奇地发现，与多年的想当然截然不同，超导体并不是理想导体，而是一种完全抗磁铁，具有"迈斯纳效应"。这很有些类似于氦超流性的发现，它也是在氦液化30年后才被人们所认识。

为了说明超导体与理想导体有何不同，不妨考察一下它们在磁场中从初始状态经历不同的过程到达终态的磁行为。

先设想一个球形导体，它沿路径a发生变化，样品的初始温度T高于临界温度T_c，未加磁场，这时球形导体处于正常状态，用N表示。再把温度降到临界温度以下，使样品呈零电阻态，用S表示，最后加上外磁场。根据电磁感应原理，在加磁场时，球形样品将产生感生电流，方向如图11-4中箭头所示。既然电阻为零，没有焦耳热损耗，感生电流永不衰减。样品的感生电流力图抵消外磁场的作用，使样品内部的磁通量$B_内=0$，磁力线完全被排斥出体外。若在外磁场不变的情况下提高温度，使导体恢复正常态，表面电流消失，磁通量又重新进入样品中，球内外的磁场完全相等。由于超导体和理想导体同样具有零电阻，它们都表现路径（a）所示的磁性质。

现在改变一下变化过程，使样品沿路径（b）变化。初始状态仍同路径（a），温度高于临界温度，样品处于正常态。这次先施加外磁场，因为样品仍处于正常态，有焦耳热损耗，感生电流很快衰减，磁力线穿透样品，样品内部的磁通量不为零。然后再把温度降到临界温度以下，如果把超导体仅看作是理想导体，它只是一个单纯的无穷电导，零电阻这一特性并不能影响它周围磁场的分布，因此磁力线将照常穿透样品。进一步在温度不变的条件下撤去外磁场，这将在球形导体外感生出持续电流，感应电流所产生的磁场完全补偿外磁通量的减少量，这时样品将成为球状的磁偶极子，类似一个条形磁铁。这与沿路径（a）变化的结果是不同的。也就是说，从理想导电性推出的结论是，过程不同，理想导体的磁状态也将不同。在迈斯纳效应发现之前，超导体被误认为是这种单纯的无穷电导体，并推论超导体的实际状态与它的变化过程有关。

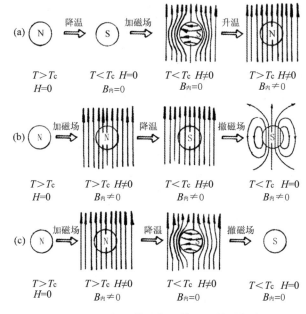

图11-4　理想导体和超导体不同的磁行为

(a)理想导体和超导体路径；　(b)理想导体；　(c)超导体。

T—样品温度；T_c—临界温度；H—外磁场强度；$B_内$—样品内磁通量；N—正常态；S—零电阻态。

超导体就是单纯的无穷电导体的错误观念持续了20多年，直到1933年德国科学家迈斯纳（W. Meissner）和奥西菲特（R. Ochsefield）在柏林宣布一个新的发现，才使人们对超导电性的认识有了一个新的根本性改变。

他们发现，在上述过程中，实际上不管是先降温后加磁场，还是先加磁场后降温，当样品温度低于临界温度时，磁力线都将完全被排斥出样品体外，内部磁通量恒为零。超导体沿路径（c）变化，外部条件的变化和路径（b）相同。同样是在常温下施加磁场，磁力线穿透处于正常态的导体。然后在外磁场不变的情况下降温，使球形导体转变为超导态，实际状态是，这时磁通量并不是保留在球形导体内而是完全被排除在外。这意味着在外磁场不变的条件下超导体也产生了感生电流。也就是说，超导体沿路径（c）变化与沿路径（a）变化的结果是一样的。最后，若在温度不变、样品仍处于超导态的状况下撤去外磁场，样品并不是磁偶极子，而是根本不呈磁性，此时球内外均无磁场存在。这称为迈斯纳效应：当材料由正常态变成超导态时，在任何情况下，都将自发地将磁力线全部排挤出超导体之外。

为什么人们会多年误认为超导体就是单纯的无穷电导体呢？也许这是由于早期莱顿的实验证实了这一点。然而不同的是，早期实验中用的金属球是空心的，而人们并没有注意到这是一个非常重要的因素。迈斯纳和奥西菲特改用实心球做实验，才发现了隐藏着的超导电性这个十分重要的性质。

比较这几种不同的变化途径，不难看出超导体与理想导体有着本质的区别。理想导体具有零电阻，可以看作是一个单纯无穷电导，它的实际状态与变化过程有关。超导体则不然，它不仅具有零电阻，也具有零磁感应强度。超导体的这种完全抗磁性是自身一种独特的性质，不是完全导电性的结果。超导体内无磁通状态与它的变化过程无关，超导体是一种与过程无关的热力学平衡态，因此同样可以应用热力学、电动力学等理论进行研究。

应该指出，把超导体看成是完全抗磁体是仅从它在磁场中的行为看的。如果单纯从完全抗磁性出发，同样不能解释超导体的零电阻现象。完全抗磁性和零电阻是超导体彼此独立的两个基本性质。

迈斯纳在观测超导体完全抗磁性的实验中，将一个长圆柱形超导体表面上绕一个探测线圈，再把它与检流计相连接。样品最初处于正常态，然后加上与样品轴线平行的磁场，磁力线穿透样品，因而穿过探测线圈的磁通量骤然增加，检流计偏转一个角度。再降低样品温度，当温度通过临界温度时，样品发生超导转变，这时检流计再次突然发生偏转，不过方向与上次相反，偏转角度相同。临界温度以下，不管是撤掉外磁场还是重新加上外磁场，检流计都不再发生偏转。

在迈斯纳实验中，温度达临界点，检流计发生与施加磁场时反向的偏转，表明原来穿过探测线圈的磁通量突然减小，因而在探测线圈上产生一个与原来施加磁场时大小相等、方向相反的感生电流。检测计反向偏转角数值相同，正好说明原来穿透样品的磁通全部被排斥出样品体外。在临界温度以下，超导体对磁场简直是"刀枪不入"。

我们说超导体在超导态时完全把磁力线排斥出样品体外，这只是一种近似的说法。超导体表面产生感生电流，表明磁场还是有一定的穿透深度，只是这一深度极小，约在 10^{-7}m 数量级。超导体的完全抗磁性是由于外磁场在超导体表面极浅的这一层内感生出屏蔽电流，屏蔽电流产生的附加磁场恰好抵消了外磁场，使超导体内磁感应强度恒为零。因此，只有当样品尺寸与穿透深度相比很大时，把超导体描述为一种完全的抗磁体才是正确的，而薄膜超导体已不再视为具有完全的迈斯纳效应。

1945 年，阿克德（Arkadieu）曾用一个实验，形象生动地演示超导体的完全抗磁性。他在超导体铅盘上焊接三根铜支架，铅盘上放一小块棒形永久磁铁，然后再把它们放入杜瓦瓶里，向杜瓦瓶里注液氦。当铅盘转变成超导态之后，小磁铁飘然升起，离开铅盘表面一段距离，悬空不动了。这是由于铅盘的完全抗磁性使小磁铁的磁力线无法穿透铅盘，磁场受到扰动，便产生一个向上的浮力。

在阿克德的实验中，小磁铁好像在照镜子，似乎铅盘下方和小磁铁对称的位置上还有一块相同的磁铁与之对应，小磁铁由于镜像位置的磁铁的相斥作用而悬浮。因此习惯上除了把超导体的完全抗磁性称为迈斯纳效应外，也常称为"磁镜效应"（图11-5）。

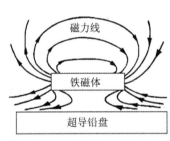

图11-5 磁镜效应

值得一提的是，在两次世界大战之间，位于柏林的迈斯纳实验室是一个超导实验成果显著的实验室。除了关键性的有关超导体磁性的工作外，迈斯纳小组在发现新的超导材料上也硕果累累。他们把注意力集中于那些高熔点的硬金属上，发现在这类金属中也有一系列新的超导材料，如钽、铌、钛和钍。他们又将温度延伸进1K左右温区，发现了铝、镉、锌、锇、钌及很多别的金属也呈超导性。他们并且发现超导电性广泛出现在过渡金属的氮化物和碳化物之中，其中有些化合物的临界温度高达10K。在目前已知的超导金属中有相当一部分都是迈斯纳研究小组发现的。

迈斯纳效应的发现对传统电动力学方程是一个挑战。按照大家熟知的电磁感应定律，在稳定不变的电流周围会激发稳恒的磁场，但是稳恒的磁场绝不会感应出电流。在正常导体中要感应出电流，磁场必须随时间而变化。所以说，电动力学方程是不对称的。而实际情况是，处于稳恒磁场中的物体，当它从非超导态转变为超导态时，尽管磁场强度没有发生变化，超导体中也产生了稳恒的电流。这是传统电动力学所无法解释的。

在新效应发现后不到两年，刚从德国到英国牛津避难的一对兄弟 F.伦敦（Fritz London）和 H.伦敦（Heinz London）解决了这个理论难题。伦敦电动力学的主要特点是建立了一个新的磁场方程，代替麦克斯韦方程中有关电流和磁场之间关系的方程。伦敦方程不仅为超导电的电磁现象提供了一个综合性的解释，而且显示超导电性存在非常美妙的对称性。因为超导体所遵从的伦敦方程十分简单而清楚，我们所称为的正常导电性反而可以被视为伦敦方程中一种复杂的例外。

不用多么丰富的想象力就可以理解，正是迈斯纳效应构成了超导磁悬浮列车、无摩擦轴承和无摩擦陀螺仪等的基础。

第 II 类超导体

为了制取高临界磁场的超导体，科学家们对合金超导材料投入大量的研究工作，发现合金性质与纯金属有极大区别。最重要的是发现了不完全呈迈斯纳效应的第 II 类超导体。这一现象的重要性慢慢才为人们所理解，其成果经过长达 30 年的时间才取得，而正是第 II 类超导体构成实用超导材料的基础。

被清洗的科学家：第 II 类超导体的发现

在 1936 年和 1937 年，苏联科学家舒布尼可夫（L. W. Shubnikov）发现了一类新的超导体，称为第 II 类超导体。第 II 类超导体的发现开辟了超导体实际应用的道路，而作出这一伟大发现的舒布尼可夫本人却命运凄惨，死于苏联的"大清洗"之中。

舒布尼可夫毕业于列宁格勒工业学院，1926 年被苏联国家教育委员会派往荷兰，与同是物理学家的妻子一起在昂尼斯的继任者德哈斯（W. J. De Haas）的指导下工作，直至 1930 年底回国。

舒布尼可夫很早就显示出天才的科研才能。在莱顿，德哈斯交给舒布尼可夫的第一项工作就是制备理想的铋单晶，以便用于在外磁场和低温下进行电阻的测量。舒布尼可夫通过化学提纯和反复结晶，获得了很纯净的铋，然后再以此物质为基础，成功地制成了具有非常高纯度的铋单晶，其中只含有极少量的杂质和缺陷，出色地完成这项工作。

获得了理想的铋单晶样品后，在妻子和其他一些人的帮助下，舒布尼可夫和德哈斯就铋在磁场中和低温下的电阻问题进行了一系列重要的研究。其中尤其值得提及的是，他们发现了铋的电阻随磁场的倒数呈现明显周期性变化的现象，也即著名的"舒布尼可夫—德哈斯效应"。他们的这一结果发表在1930年10月份的《自然》杂志上。就在同一年，苏联物理学家朗道提出了在磁场中固体电子能级量子化的理论，即朗道能级理论，而舒布尼可夫—德哈斯效应的发现实际上就是这个著名理论的第一个验证。在某种意义上讲，这一效应的发现标志着正常金属量子物理学的开端。

舒布尼可夫离开莱顿回国后，进入乌克兰物理技术研究所，他以极大的热情投入到工作中。1933年，舒布尼可夫的实验室拥有了液化氦，可以利用相应的低温条件。在他的领导下，在液氦温区对当时正是热门课题的超导体的磁性质进行了深入的研究。1934年，舒布尼可夫与同事里亚比宁以更为详细的实验结果验证了迈斯纳等人的重要发现，他们既使用了多晶样品，也使用了在自己的实验室制成的单晶样品。虽然舒布尼可夫这一工作在时间上略晚于迈斯纳等人最早的结果，但他们的工作也是独立完成的，并且获得了更为详细的数据。

在此之后，舒布尼可夫与其同事对合金超导体的磁性质又进行了一系列的重要研究。尤其是在1935年，他发现合金超导体中存在有两个临界磁场，在两个临界磁场中间，即是所谓的"舒布尼可夫相"，现在称为第Ⅱ类超导体的混合态。当磁场强度低于下临界磁场 H_{c1} 时，超导体为完全抗磁体。当磁场强度高于下临界磁场 H_{c1} 而低于上临界磁场 H_{c2} 时，合金超导材料呈现不完全的迈斯纳效应。随着外磁场的增强，会有磁力线逐渐进入合金内部，这时样品仍保持零电阻呈超导态，但能承受更高磁场强度。只有外磁场高于上临界磁场 H_{c2} 后，样品转变为正常态，零电阻消失。在第Ⅱ类超导体 $H_c - T_c$ 图上，临界曲线由一个磁通量侵入的区域所取代（图11-6）。在1936年发表的实验结果中，对于合金样品，他们已经得出了较好的接近于理想第二类超导体的磁化曲线，并研究了在一种金属中为形成合金而掺入另一种物质的含量与该样品磁性质的关系。虽然舒布尼可夫等人当时对合金超导体特有的磁化曲线的解释，与现在标准的看法有所不同，但它是后来阿布里科索夫提出其关于理想第Ⅱ类超导体理论最早的实验证据。

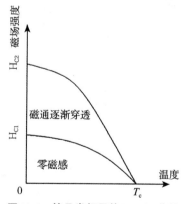

图11-6 第Ⅱ类超导体 $T_c - H_c$ 曲线

舒布尼可夫的发现为制造大功率超导磁铁开辟了道路，然而正当舒布尼可夫不断取得重要成果之际，苏联一场被称为"大清洗"的运动开始了，舒布尼可夫本人的命运也随之进入了悲剧阶段。1936年初，舒布尼可夫和他的同事们没有能够在海牙举行的第六届国际低温物理学大会上露面，尽管他们向组织者表示过他们想要出席。1937年舒布尼可夫被逮捕，在最初的审讯中，他明确地否认对他参与暗藏的反革命间谍特务组织这一罪行的指控，但最后还是被迫承认自己是朗道反革命集团的成员。朗道也是苏联一位杰出的物理学家，只是由于他在国际上有更高的威望，当时幸免于难。舒布尼可夫要悲惨得多，他被判处10年监禁，流放到集中营，在10年中甚至没有通信的权利。1946年秋天，列宁格勒市内务部机关以口头的方式通知舒布尼可夫的妻子，说他的丈夫在集中营里死于心脏病，甚至连书面的死亡通知也没有。直到1957年6月，苏联最高法院军事委员会签发了为舒布尼可夫平反的证明，为这位杰出的科学家在死后恢复了名誉。

　　由于舒布尼可夫的消失，当时在世界上非常领先并有着辉煌前景的涉及第二类超导体研究也随之暂时中断。不论对于苏联的超导研究，还是对于世界范围的超导研究来说，这都是巨大的损失。

迟到的诺贝尔奖

　　又过了20年，舒布尼可夫发现的这一现象才由苏联科学家的阿布里科索夫（A. A. Abriksov）作出解释。阿布里科索夫要幸运得多，他和另一位同为超导理论做出伟大贡献的苏联科学家京茨伯（Vitaly L. Ginzburg）荣获2003年诺贝尔物理学奖。不过这是在他们的理论提出50年以后，此时阿布里科索夫已移居美国并具有俄罗斯和美国双重国籍，而且阿布里科索夫已75岁，京茨伯更是87岁高龄。

　　1950年，京茨伯和朗道合作一篇论文，深刻地描绘出超导现象的本质，为后来的超导研究奠定了基础。这被称为京茨伯—朗道的理论认为"超导是一种自发规范对称破坏现象"，他们引入一个复数纯量场来实现自发对称破坏，提出京茨伯—朗道方程。他们从这个方程出发，证明超导体内不允许磁场存在，成功解释了迈斯纳现象。与许多物理现象的数学解析一样，京茨伯和朗道也舍弃了一些他们认为不合理的解。

　　阿布里科索夫是朗道的学生，他核对新得到的实验数据，发现被京茨伯和朗道舍弃的解反而能与实验结果更好地吻合。进一步的分析计算得出结果，如果结合磁通量子化，在一定条件下超导体内会出现磁涡旋点阵，使超导区域和磁区域在一块超导体内共存。这种会出现磁涡旋点阵的超导体就是第Ⅱ类超导体。有趣的是，当阿布里科索夫把他的想法告诉朗道时，朗道并不相信。直到几年后，1957年阿布里科索夫才单独发表了他的研究成果。

依据阿布里科索夫的理论，在第Ⅱ类超导体中，当磁场强度高于下临界磁场 H_{c1} 而低于上临界磁场 H_{c2} 时，合金超导材料中会出现一种磁通线形成周期性的"格子"的"混合态"（图11-7）。从宏观来看，磁通量好像是可以连续增加的，但从微观上看它却是不连续的。磁通量只能一份份地增加，每份磁通量称为一个磁通量子，它是由一个涡旋线所形成的。第Ⅱ类超导体从超导态至正常态的相变不是突变而是渐变的。当磁场高于下临界磁场而磁力线的穿透开始时，整个超导体就分裂为超导区域与正常区域的混合体，这时在超导相基底上存在许多圆柱形正常区域，磁力线就从这些正常区域穿过。随着磁场增强，正常区域扩大，超导区域缩小，直至达到上临界磁场时，整个物体从混合态恢复到正常态。第Ⅱ类超导体的下临界磁场与第Ⅰ类超导体的临界磁场相去不大，但其上临界磁场则高得多，原因就在于混合态的存在。

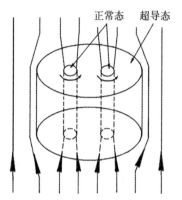

正常态　超导态

图11-7　第Ⅱ类超导体的混合态

1957年阿布里科索夫预言在规则晶格中的磁通量子化涡旋线时，人们对这一理论多持怀疑态度。5年后，英国的电子研究所制成了未受杂质、应力等因素干扰、"均匀"的钽—铌合金单晶。经牛津大学测定，这种合金单晶的确显示阿布里科索夫所预言的第Ⅱ类超导体的性能，并观察到量子化涡旋线确实存在，怀疑才得以消除。

第Ⅱ类超导体的发现开创了大型超导磁体的新领域，只有第Ⅱ类超导体才有实用价值，因为强磁场超导体都必定是第Ⅱ类超导体。前面所列举的具有高临界温度、临界磁场的超导合金和金属化合物，都属于第Ⅱ类超导体。然而，显示第Ⅱ类超导电性的物质并非都是强磁场超导体。

京茨伯和阿布里科索夫获得诺贝尔奖可谓姗姗来迟，阿布里科索夫发表第Ⅱ类超导体理论的那一年，正好是三位美国物理学家提出第一个成功的超导微观理论的同年。美国同行的工作在当时引起了人们更大的兴趣，并于1972年摘取诺贝尔奖，苏联科学家的工作却没有引起人们太大的关注。只是在后来，随着第Ⅱ类超导体越来越展现出其应用价值，苏联科学家的工作才逐渐为人们所重视。直到发现高温超导体，高温超导的发现向超导微观理论提出了新的挑战，京茨伯和阿布里科索夫才因为几十年前提出的"经典"超导理论而获奖，也从另一方面说明了这一理论的实用性和重要性。

BCS理论

多年来，为了解释超导现象，各种理论一个接一个涌现出来，几乎过了半个世纪，BCS理论的提出才基本上解决了超导电性的物理机制问题。

不难想象，超导电性与超流动性之间有某些相似之处，只是一个表现为微观的超流动，而另一个表现为宏观的超流动。因此那些曾力图建立起超流动性理论的物理学家，自然也涉足于揭开超导之谜。反过来也一样，提出超导理论的物理学家常常也尝试解释超流之谜。

1934年，荷兰的戈特和柯西墨（H. G. B. Casimir）提出了描写超导体热力学性质的二流体模型。按照这个理论，假定公有化电子中一部分是超流电子，一部分是正常电子。超流电子不受晶格散射，正常电子受晶格散射而有电阻效应。按这种模型能得到正确的临界磁场随温度变化的关系式以及超导相的电子比热容，但无法解释电磁波吸收等现象。

1935年，德国的伦敦兄弟提出超导电性的"唯象理论"，这个理论揭示了超导电现象是量子现象。接着在1950年，朗道发展了伦敦理论，进一步把量子力学概念引入到超导理论中去。

实验中的一个重大发现则是所谓"同位素效应"。人们发现超导体的临界温度 T_c 随同位素的质量而变化，例如汞中原子质量由199.5个原子质量单位增加到203.4个原子质量单位时，T_c 由4.185K减小到4.146K。同位素效应说明，固体中电子与晶格振动的相互作用是导致超导电性的重要因素，对BCS提出较完善的超导微观理论起了重要作用。

正是在前人工作的基础上，美国科学家巴丁（J. Bardeen）、库珀（L. Cooper）和施利弗（J. R. Schrieffer）于1957年提出"超导电性的微观理论"。现在已经用他们三人的英文名字的第一个字母BCS命名这一理论。他们也因此获1972年诺贝尔物理学奖。

这里，只能简单地说明一下BCS理论的要点。显然，超导电性始于相的改变，在这样一种新的相中，超导电子可以大规模移动而没有正常导体所具有的电阻，因此也没有通常导体的能量损耗。

BCS理论认为，出现这种情况是由于电子与振动晶格的相互作用使具有相反方向的自旋和角动量的电子结成对，凝聚成所谓的"超导态"。这样的电子对就称为"库珀电子对"（图11-8）。成对的电子在运动中不会受到晶格的任何阻碍，如果一对中的某一电子碰撞时，另一个电子就会反弹来抵消碰撞的效果，因此对直流电表现出电阻为零的完全导电性。

图11-8　库珀电子对：形单孤影难行直，　比翼双飞任翱翔

同样带有负电荷的电子间存在静电排斥作用，它们又怎么能结合成电子对呢？这一结合力是由于电子与振动晶格的相互作用间接产生的。在超导状态下，自由电子在晶格点阵中运动，吸引点阵节点上的正离子，使晶格点阵发生绉曲，在这一电子附近正离子密度加大，形成一个有较多正电荷的区域。这个带有较多正电荷的区域对另一电子有吸引力，使之随第一个电子运动，看起来就像两个电子相互吸引配对一样。

在超导体中，电子间的这一间接作用大于它们的静电斥力，电子才能成双成对。温度升高时，这些电子对便吸收一定的能量而拆成单个电子，在宏观上就表现为超导体恢复为正常态。同时，正因为电子对的形成是由于超导体的电子—晶格间的作用较强，也就是自由电子受到较大的束缚，因而超导体在常导态下恰恰并不是电的良导体。

理论的成功，在于它突破了常规观念的框子。在正常情况下，电子与晶格点阵的相互作用是金属中产生电阻的原因。BCS理论却指出，在超导状态下，电子与晶格点阵的相互作用反而成了电子能够无阻力运动的原因，这很有些不可思议，但却是千真万确的事实。

BCS理论获得巨大成功，它能很好地说明超导体的热力学性质与电磁性质，成为超导电性研究和应用的可靠理论基础，并为后来的实验研究开辟了新的途径。

约瑟夫逊效应

在相当长时间里，超导理论落后于实验，因此许多重大的超导现象的发现往往有些偶然性。BCS理论的诞生改变了这一状况，在科学理论指导下超导科学得到更迅速的发展。科学理论来自实践又能动地指导实践，这一辩证关系在约瑟夫逊效应的预言和实验证实中得到充分体现。

这里，先说明几个概念，同时介绍一下贾埃弗的开创性工作。

一个是"能隙"的概念。固体的电子能谱中第一激发态与基态能级相隔的距离都是有限的，这个有限的能量间隔就称为能隙。按BCS理论，电子—晶格—电子的相互作用也导致一个能隙。换句话说，超导体基态中所有电子都凝聚成电子对，而它的最低激发态就是使一个电子对激发为两个单电子。这一基态能量与最低激发态能级之间有一个能量间隔，也称为能隙。

另一个是"隧道"的概念。如果你朝一堵墙上扔小球，球将反弹回来，只要墙或小球之一不损坏，球绝不会穿墙而过。这堵墙可称为一个"势垒"。如果按量子力学定律，球却有可能穿过或者说有可能有一"隧道"贯穿这堵墙，但是概率极小，因为球是一个宏观物体。在微观世界则不同，若使两块金属靠得很近但不短路，两块金属间的微小真空层就相当于墙，金属中的电子相当于小球，它却可以以一定的概率穿墙而过。就是说，按量子力学理论，一个粒子的动能小于势垒高度时仍有一定的概率穿过这个势垒，尤如墙上开了一个"隧道"。这种现象就称为"隧道效应"（图11-9）。

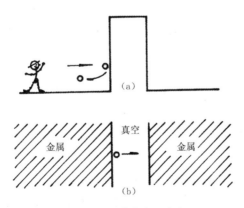

图11-9　隧道效应示意图
（**a**）宏观小球被墙反弹；　（**b**）微观电子"球"穿"墙"而过。

利用电子隧道效应实验可以直接观察能隙的存在并测量能隙的大小。1957

年，格拉沃（E. Glover）和亭克哈姆（M. Tinkham）提出了能隙存在的证据。1960年，曾经是机械工程师的贾埃弗（I. Giaever）将隧道技术带到超导科学领域，用实验直接测量了超导金属内的能隙，揭示出超导体的电子能隙结构及其特性，使人们对超导电性的本质有了更深入的了解。这一切，为约瑟夫逊的工作奠定了基础。

贾埃弗毕业于挪威特龙黑姆大学，后来移居美国，在通用电器研究实验室工作，开始了他物理学家的生涯。他分配到的任务是做薄膜方面的工作，用薄的绝缘层隔开金属膜作隧道效应实验。为了能测量出隧道电流，两块金属的间距不得超过10nm，这就碰到很讨厌的振动问题。尽管贾埃弗在实验物理方面没有太多基础，甚至一个粒子能穿过势垒的概念对他也有些离奇，他却受过良好的机械工程训练，这使他顺利地解决了振动问题。他不用空气或真空来隔开两个金属，而是采用蒸发的金属膜并用自然生长的氧化层把它们隔开的方法制造隧道结。1959年4月，他终于做成几次成功的隧道贯穿实验，实验的重复性相当好，并且和理论很符合。

这个时候，贾埃弗继续在伦塞勒科技学院攻读量子力学，开始接触超导BCS理论。按照量子力学的隧道效应，如果薄氧化层的一面是超导体，另一面是超导体或正常导体，那么超导体中的正常电子能够通过氧化层从一侧向另一侧运动。这引起贾埃弗极大兴趣，他回忆当时的想法说："我并不相信电阻真会降到零，但是真正引起我注意的是提到了超导体中的能隙，这是新的巴丁—库珀—施利弗理论的核心。如果这个理论是正确的，如果我的隧道实验也是正确的，对我来说很明显，这二者结合起来就能发生某些十分有趣的事情。"贾埃弗决定试一试低温下超导体的隧穿实验。

他把铝—氧化铝作成样品而在上面加一铅条，然后使铅和铝在低温下变为超导态，再测定隧道电流。最初两次实验失败了，因为氧化层太厚，通过氧化层的电流不足以用他的仪器作可靠的测量。第三次实验中他不是仔细地氧化第一层铝条，而是简单地把它在空气中曝露几分钟，马上放入蒸发器中沉积铅膜。这样得到的氧化层不到30nm，能用已有设备准确测量电流电压特性。贾埃弗成功了，当铅从正常态转变为超导态时，电流电压特性发生显著变化，他终于通过超导体中正常电子隧道效应实验直接测量了超导金属内的能隙。这时，距从实验上发现超导隧道效应已经不远了。

1962年，22岁的约瑟夫逊（B. D. Josephson）在英国皇家学会蒙得实验室

（剑桥大学）皮帕德（B. Pippard）教授指导下当实验物理研究生，他在作研究生论文时深入研究能隙函数性质，取超导理论与隧道技术的精华，对两边都是超导体结的隧道电流进行某些计算，得出令人惊异的结果。约瑟夫逊从理论上预言，超导体中的超流电子对和正常电子一样，也能穿过氧化物阻挡层，称为约瑟夫逊隧道。约瑟夫逊隧道的发现打破了原有的超流电子对不能通过氧化层的错误观念，开拓了一个崭新的超导电子学领域。

当时，正在约瑟夫逊研究能隙函数时，贝尔电话实验室的安德森（P. Anderson）教授利用休假访问剑桥，他在讲授固体理论和多体问题课程时引入了超导体中"破缺对称性"的新概念。这一新概念强烈吸引了年轻的研究生。约瑟夫逊迫切想知道究竟实验上有没有办法观察这一现象。约瑟夫逊认为，超导电流应该能够通过两块超导体之间足够薄的正常区域流动。原则上这种超流是可以计算的，但是考虑到计算太困难，以致约瑟夫逊没有去试。

后来，他在上课时听到贾埃弗的隧道实验。他的导师皮帕德已经考虑到库珀对通过贾埃弗利用的绝缘势垒的可能性，但皮帕德认为两个电子同时隧穿的可能性很小，所以观察不到什么效应。这启发约瑟夫逊考虑另外一种可能性，即通过势垒的正常电流可以因相位差不同而变更。不过除了贾埃弗的直观推断公式外，当时还没有理论可以用来计算隧道电流。

计算隧道电流的问题是这样解决的。有一天，安德森把刚刚收到的芝加哥寄来的预印件交给约瑟夫逊看。其中有一篇的内容是芝加哥大学几位科学家引入一种很简单的方法计算隧道电流。芝加哥的学者计算了超导体—势垒—正常金属组成的系统中的电流，结果与贾埃弗的公式一致。约瑟夫逊立即把这种计算推广到势垒两边都是超导体的情况。计算式中有两项是可以理解的，第三项却完全没有料到。要解释这数学式上无法理解的第三项，除非假定存在一种新的效应。

安德森很相信约瑟夫逊，用一个晚上时间仔细核对学生的计算，几天后又给这种超流作出一种解释，这更加坚定了约瑟夫逊的信心。不久，约瑟夫逊在《物理通信》（*Phys. Letters*）上以"超导隧穿中可能的新效应"为题，发表了他的计算和预言的新效应。

约瑟夫逊预言的效应主要如下。

（1）两块超导体被一薄的氧化层隔开时（即所谓超导结）会有超导电流通过，即使氧化层两侧超导体的电压为零，仍可能有电流。但是，电流超过某一临界值时，就不再是无电阻的，结上将出现电压。这是直流约瑟夫逊效应。

（2）当超导结上有直流电压时，除直流电流外，还应出现一个交变超导电流。这一电流的存在，使超导结具有吸收或辐射电磁波的能力。这是交流约瑟夫逊效应。

（3）如果超导结在外磁场中，临界电流将随外磁场发生周期性的变化。这一变化的图案类似于物理光学中的单缝衍射图案。

约瑟夫逊的预言使许多人感到迷惑，因为预言的效应似乎走得太远了。这一预言并没有立即被人们接受。提出这种大胆预言的是一名不见经传的年轻研究生，持反对意见的人中却不乏著名科学家，这不能不引起物理学界的争论。在1962年9月于伦敦召开的第八次低温物理会议上，约瑟夫逊和巴丁就曾发生激烈争论。然而，科学上的是非并不由名望决定，而靠实验检验。

约瑟夫逊作出上述预言后，皮帕德建议他亲自测量超导结的特性，观察超导隧道效应。实验结果是否定的，电流值仅为预言的临界电流的0.1%。安德森在分析了某些样品中未能观察到直流超流的原因后，认为这是由于测量导线向样品发射的电噪声在高电阻样品中产生了比临界电流更大的电流，以致掩盖了超导电流。因此，超导结质量的好坏，特别是它的低电阻就成为实验成败的关键。安德森和罗威尔（J. Rowell）（后者是制造高质量超导结的好手）一起作了一些低阻样品，他们立即就得到隧道电流存在的令人信服的证明。实验中观测到，在超导锡和铅之间一层极薄的氧化锡势垒中，只要氧化层足够薄，当电压为零或接近为零时，出现一个异常的直流隧道电流，大得足以用毫安表测出。这就证实了直流约瑟夫逊效应。并且和预期的一样，他们观察到电流对外加磁场非常敏感。

1963年，罗威尔用当时制作得最好的超导结，详细研究了临界电流与磁场的关系，果真得到与单缝衍射图样类似的结果，证实了约瑟夫逊预言的第三个方面。同一年，夏皮罗（S. Shapire）对交流超流作出一个巧妙的间接证明。不久，另一些科学家成功地直接探测到超导结的约瑟夫逊辐射。这样，在短短几年里，约瑟夫逊预言的效应得到完全的证实。

约瑟夫逊和贾埃弗、江琦（Leo Esaki）共同分享了1973年的诺贝尔物理学奖金。

回溯以往，早在约瑟夫逊之前许多年，不少物理学家已经观察到过这一效应，但他们往往把它混同于隧道结的短路，未能理解发生在他们眼前的现象究竟是什么。1932年迈斯纳和霍尔姆（Holm）就曾在实验中发现，隔着极薄氧化层的两块金属，当它们都变为超导态时，不加电压也会有电流通过，而且虽然隔着氧化层，但表观电阻却为零。1952年，他们的学生迪特里希（Dietrich）重复这一实验，得到相同结果，可惜都没有引起人们的注意。1961年，贾埃弗和迈格尔（K. Megerle）多次测量到零电压时的超导电流，但他们仍然用超导体接触短路去解释，未能深入研究这种现象，失去一次重大发现的机会。从另一个角度来讲，他们是受到时代的限制，因为当时的理论还不适于解释他们看到的现象。

安德森和罗威尔的成功则不然，它不是盲目摸索中的偶然发现，而是在理论指导下目的明确、概念清晰探索的结果。正如安德森自己所说的："我们之所以能看到这个效应，因为满足了三个条件：第一，我们知道要找寻什么；第二，我们理解看到了什么，这两点是我们与约瑟夫逊接触的结果；第三，我们确信罗威尔能熟练地制造出好的、清洁的和可靠的隧道结样品。"

也有人多次问贾埃弗，他是否对错过发现超导隧道效应的机会而感到懊恼？贾埃弗极为坦率而又谦虚地说："回答是明确的，不。因为要作出一个实验上的发现，光观察到某些情况是不够的，还必须了解观察的意义，就此而言我甚至还没有入门。"

约瑟夫逊效应的发现不仅具有十分重要的理论意义，也展现了广阔的应用前景。自从发现超导结这些奇特性质以来，仅仅20年，已经形成一门崭新的学科——超导电子学。

高温超导体研究的新突破

前面已经提到，1973年发现的超导临界温度23.2K的Nb_3Ge薄膜，把超导转变温度提高到液氢温度以上。然而由于液氢的危险性以及它的保护所带来的复杂性，仍旧使超导的实验都在液氦条件下进行。之后13年，临界温度一直没有实质性的提高，始终在23K高一点的水平上徘徊。这段时间，超导研究似乎处于一个十分沉闷的艰难时期，这种沉闷也许正孕育着一场革命。

1986年和1987年交替之际，超导研究喜讯频传，在短短几个月里一下把超导临界温度提高到90K以上（图11-10）。这种高临界温度的超导体是在常温下多为绝缘体的陶瓷氧化物，且多为含铜的氧化物，后称为高温超导体，而以前的合金超导体称为传统超导体。这种高临界温度的氧化物超导体的发现，使整个物理学界受到强烈震动，对今后的基础科学和应用技术的发展都产生极为深远的影响。

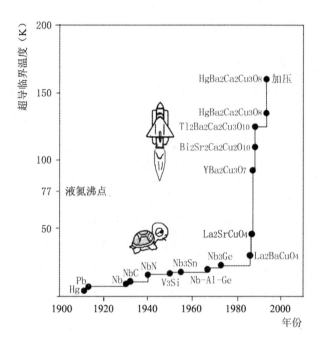

图11-10 超导材料临界温度的提高

突破的开端

在常规超导体研究进展缓慢之时，人们也没有放弃非常规超导体的研究。"非常规超导体"主要包括磁性超导体、非晶态超导体、有机超导体、超晶格超导体、低维无机超导体、重费米子超导体和低电子密度超导体等。其中低电子密度超导体，也就是氧化物超导体成为新一轮超导开发的宠儿。

早在1964年，人们发现了第一个氧化物超导体，即锶钛氧化物，但临界温度只有0.3K。1975年由斯莱特（A. W. Sleight）等人发现的临界温度为14K的钡铅铋氧化物超导体，虽然吸引了若干科学家的注意力，但一时也未再有更惊人的进展。

这时两位超导研究的新手进入了超导研究舞台的中心，一位是在美国国际商业机器公司（IBM）苏黎世研究实验室工作的瑞士科学家缪勒（A. Müller）。之所以说他是一位新手，因为直到1978年他去IBM在美国的一家研究实验室作休假研究时，才接触超导问题，并开始对氧化物超导体的研究产生了兴趣。1983年夏，缪勒邀请并说服了在同一实验室工作的贝德诺兹（J. G. Bednorz）一起进行研究。虽然对更年轻些的贝德诺兹来说，高温超导体的探索也许是不易出成果因而颇具"风险"的，但同样作为新手的贝德诺兹还是在完成其他主要工作之外的业余时间与缪勒一道从事这项工作。

缪勒和贝德诺兹的最初设想是，在某些具有可导致畸变的Jahn-Teller效应的氧化物中寻找超导材料。在两年多的时间里，他们先研究了镧镍氧化物系统，但没有成功。1985年，在读到了法国科学家米歇尔（C. Michel）等人对钡镧铜氧化物所做的研究后，他们又将注意力转向了这种含铜的氧化物。很快地，1986年1月，他们在自己制备的钡镧铜氧样品中，利用电阻测量观察到了30K左右的起始转变温度。这是一个绝对令人兴奋但又有些难以置信的结果。为了保险起见，经验丰富的缪勒还是坚持继续重复实验，直到4月中旬，他们才向《物理学杂志》送交了论文。该论文于4月17日被《物理学杂志》收到，论文被谨慎地题为"钡镧铜氧系统中可能的高 T_c 超导电性"。

在这篇论文中报道，采用钡、镧、铜的硝酸盐水溶液加入草酸而发生沉淀的方法，制备钡镧铜氧化物超导材料。首先将草酸盐混合物在900℃加热5h使沉淀物分解，并进行固相反应。然后将其压成片状，再在还原性气氛中以900℃的温度进行烧结，形成金属型缺氧化合物多晶体。自300K以下测定样品的电阻率—温度关系得出：开始时，随温度下降，电阻率呈线性地减小；然后在经过一极小值后，电阻率又以温度的对数函数形式增大；最后，电阻率急剧下降三个数量级而变为零，而电阻完全消失的温度是31K。不过当时尚缺乏关于抗磁性的实验结果，所以还不能肯定就是一种超导现象。

由于要进一步确认他们发现的是超导电性，除电阻测量之外，尚需测量其样品的迈斯纳效应，但当时他们手头甚至没有可用的仪器。定购的仪器到8月才到货，贝德诺兹和缪勒迅速调试好仪器，成功地用实验证实新材料存在抗磁性。最初出现抗磁性的温度发生在（33±2）K，当磁场小于0.1T时样品呈现抗磁性，而若施加1～5T的磁场，抗磁性就消失。这充分证明的确发生了正常—超导转变。果然进一步的磁测量支持了他们原来的结论，当报道新结果的第二篇论文寄到《欧洲物理快报》时，已是10月22日了。

在超导史上，曾多次有人宣称发现了高温超导体，但最终均以结果无法为他人所重复或被证伪而告终。因此大多数科学家对大多数发现高温超导体的报道总是倾向于持怀疑态度。很自然地，与对待重大科研发现的常规做法不同，贝德诺兹和缪勒除了送交论文去发表之外，他们没有再以任何其他的方式来公布这项划时代的成果。当然在等待测量迈斯纳效应的仪器到达的这段时间中，他们曾有不多的几次向为数不多的人介绍他们的工作，但听众的反应"充其量只是不冷不热"而已。他们的第一篇文章直到9月份才正式发表，而他们第二篇关于磁测量的论文的问世已是1987年的事了。因此，在经过了半年之后，广大的物理学界才有可能了解他们的工作。

贝德诺兹和缪勒的工作将超导体从金属、合金和化合物扩展到氧化物陶瓷，超导临界转变温度有惊人的提高，一个极为重大的发现就这样静悄悄地公布了。贝德诺兹和缪勒的谨慎不无理由，他们在超导物理学界并不是知名人物，其论文所发表的杂志也算不上是超导研究工作的最权威刊物。按照贝德诺兹和缪勒原来的估计，别人对他们工作的证实和接受恐怕至少要用2～3年的时间。事实上也的确如此，起初大多数超导物理学家或是并未留意他们的工作，或是持怀疑态度。

但是，在中国、日本和美国，毕竟有少数科学家敏锐地迅速抓住了这一难得的机会，正是由于他们的证实和进一步研究，使得事态后来发展的速度远远地超出了贝德诺兹和缪勒原来的预期。贝德诺兹和缪勒也因为他们的开创性工作荣获1987年诺贝尔物理学奖，这也是诺贝尔奖颁奖史上罕见的快速颁奖。

本科生作出第一个验证

如同任何一个科学发现一样，它要获得社会承认，首先需要其他人也能重复出同样的实验结果。令人惊异的是，高温超导现象发现者之外的第一项独立验证是作为大学毕业论文的课题由一位大学本科生完成的。

日本科学界对贝德诺兹和缪勒论文的反应非常迅速。1986年9月份，日本电子技术实验室的科学家获得了消息就试图重复他们的实验，但没有成功。10月4日，在一次由日本文部省组织的关于超导材料的会议上，日本大学的关泽和子将贝德诺兹和缪勒文章的事告诉了同在参加会议的东京大学的北泽宏一，北泽宏一当时并不太相信这是真的，随后只是将此事随便地告诉了其他同事。直到11月初，他手下的研究助理高木英典找到了内田慎一和北泽宏一教授，建议将重复贝德诺兹和缪勒的实验作为本科生毕业论文的课题，因那时本科生已完成了研究生入学考试，正准备开始做论文。北泽宏一同意这种安排，但他此时甚至忘记了论文的出处，再度查寻找到后，他建议用更简单的方法来合成材料。高木英典将这个课题分派给大学即将毕业的本科生金泽尚一。几乎出乎所有人的预料，实验从11月6日开始，仅一周以后，11月13日北泽宏一接到了高木英典的电话，得知本科生金泽尚一已成功地用磁测量证实了贝德诺兹和缪勒的结果。这是国际上第一次对贝德诺兹和缪勒工作的独立证实，金泽尚一也幸运地成为科学发现的"灰小子"而载入史册。

11月19日，该研究小组的负责人田中昭二在日本举行的一次全部由日本人参加的会议上，首次简要地报告了他们的工作。他们首篇报道对钡镧铜氧高温超导体的迈斯纳效应测量的论文，于11月22日为日本的《日本应用物理杂志》收到。11月28日的日本报纸《朝日新闻》对此作了报道，将这一消息传向了世界。

贝德诺兹和缪勒的发现轻易被证实，临界温度提高幅度又如此惊人，不啻是一石激起千层浪，由此迅速地引发了日本高温超导体研究热。与此同时，中国和美国另一些科学家也敏锐注意到贝德诺兹和缪勒新发现的重要性，全力投入高温超导材料的开发，形成全球高温超导材料研究的狂潮。

科学史上最激烈的竞争

1986年秋冬开始的这场世界范围内探索高温超导体的竞争，其激烈程度是史无前例的。这不仅是科学发现的名誉之争，更是对潜在的巨大商业利益之争。超导材料临界温度纪录刷新的频度以日计，竞争优先权的标度甚至紧张到以小时计。研究人员已不能像以往那样等待论文的发表，而是同时借助电视、广播、报纸等大众传播媒介报告自己的发现。

中国科学家也最早注意到贝德诺兹和缪勒论文的重要意义，并作出一系列重要发现，跻身于世界高温超导研究的先进行列。1986年9月底，中国科学院物理研究所的赵忠贤读到贝德诺兹和缪勒刚刚发表的文章，基于长期研究高温超导的背景，他立即认为缪勒的想法是有道理的，尽管对于高温超导真正的机制并不清楚。他马上找人联系和筹备，于10月中旬和陈立泉等人合作开始了研究工作。同时，他也将自己的看法通知了国内外的一些同事。

在美国，休斯顿大学的华裔科学家朱经武领先一步。11月6日，朱经武首次读到贝德诺兹和缪勒的论文，虽然在时间上要晚于中国和日本的科学家，但他立即召集了手下的研究人员，并宣布停下一切工作，马上开始对钡镧铜氧超导体的研究。此前他的研究小组一直在做钡铅铋氧化物，朱经武也一直觉得在氧化物里搞超导很有希望，这促成了他研究方向坚决转向。他们的工作准备进展迅速，两三天内就开始了实验。到 11 月下旬，休斯顿小组得到了肯定的结果。在 11 月 25 日，他们甚至在钡镧铜氧样品中观察到了 73 K 的超导转变，虽然这一结果并不稳定，在第二天就消失而无法再现，但这一迹象无疑增强了他们的信心，成了新的动力。

日本东京大学工业化学系的一个研究小组也正在从事新材料的研究，该小组的岸尾光二等人于 12 月 18 日发现了锶镧铜氧和钙镧铜氧的超导电性，虽然后者的转变温度只有 18 K，但锶镧铜氧却达到了 37 K 的起始转变温度和 33 K 的零电阻温度。有关的论文于 12 月 22 日寄交到日本的《化学快报》，研究组还以笛木和雄教授的名义在 12 月 23 日递交了专利申请，这也是世界上第一份关于高温超导材料的专利申请。

12 月初，材料研究学会的秋季年会（简称 MRS 会议）在美国的波士顿召开，其中的超导讨论会是在 4—5 日举行。当时北泽宏一和朱经武都参加了这次会议，或许是由于《朝日新闻》的报道，当时关于日本高温超导体研究的传言已不胫而走。北泽宏一刚到达波士顿便有人询问这一事情，他还是比较含糊地回答："是的""非常有趣"。为此，他打电话给田中昭二，问是否可以在会上讲这个新材料，但因为当时日本尚未确定新超导体的确切组分，田中坚持不要讲。因此，12 月 4 日，北泽宏一只是在报告中按原计划讲了关于钡铅铋氧化物超导体的工作。稍后，由朱经武报告有关氧化物超导体的工作，但在发言的最后，他简要地提到了休斯顿小组近来电阻测量的结果支持了贝德诺兹和缪勒的工作。这一消息的宣布当即引起了与会者的兴趣和疑问。在此情况下，北泽宏一终于按捺不住，在对朱经武报告的提问和评论时，上前宣布了日本科学家自 10 月以来对新超导体所做的电阻和磁测量的结果。因为有了日本对迈斯纳效应的测量结果，使得这一证实更为令人信服。

北泽宏一发言引起与会者的强烈兴趣，会议安排他在 5 日专门就日本的工作再作一报告。但此时北泽宏一仍未得到田中的许可。适逢在日本时间 4 日的中午，日本方面最终确定了新超导体的组分，并在电阻测量中得到了零电阻温度为 23 K 的新结果，于是在预定的报告时间之前，通过频繁的电话联系，田中终于同意了让北泽宏一报告新结果。在 5 日的会议上，北泽宏一全面地介绍了日本的工作。

利用高压手段来研究超导也是朱经武的长项。12 月 12 日，朱经武向权威刊物《物理评论快报》寄出了关于在高压下的钡镧铜氧中发现起始临界转变温度为

40K 的论文。在 MRS 会议上，朱经武还找到了他原来的学生，在阿拉巴马大学工作的吴茂昆，邀请他一起工作。吴茂昆小组的工作同样神速，12 月 14 日，他们通过替换成分，在锶镧铜氧中发现了 39K 的超导转变。到 12 月的第三周，朱经武领导的休斯顿小组在高压下又将钡镧铜氧的起始临界转变温度提高到了 52.5K，并再次观察到了 70K 超导的迹象。关于这一新的结果的论文，于 12 月 30 日寄到了《科学》杂志。

与此同时，贝尔实验室的卡瓦（R. J. Cava）等人也进展迅速地在锶镧铜氧中发现了 36K 的超导转变，并在 29 日将论文寄到了《物理评论快报》。虽然朱经武等人的第一篇论文到达《物理评论快报》的时间要早了两个星期，但由于被要求修改等的拖延，直到翌年 1 月份才与卡瓦等人的论文并列发表在同一期杂志上。但这也给了朱经武一个机会，能够在 1 月 6 日添加的附注中，提到了对 70K 超导迹象的观察和吴茂昆小组对锶镧铜氧超导性的发现。12 月 30 日，在休斯顿的新闻发布会上，朱经武总结了前段的工作，也简要提到了对 70K 迹象的观察。12 月 31 日，在美国的报刊中，《纽约时报》首次报道了休斯顿大学和贝尔实验室在高温超导研究方面的最新进展，包括 70K 的可能。

中国科学家的工作也卓有成效，12 月 20 日左右，赵忠贤等人也已在锶镧铜氧中实现了起始温度为 48.6K 的超导转变，并在钡镧铜氧中看到了 70K 的超导迹象，遗憾的是 70K 的超导迹象也是在热循环之后便消失而无法重复了。正是因为有了这个 70K 的迹象，所以他们并没有像常规那样马上就写文章和做结构分析，而是全力试图重复 70K 的超导。直到 1987 年 1 月 17 日，他们有关钡镧铜氧 46.3K 和锶镧铜氧 48.6K 起始超导转变的研究论文才送交到《科学通报》。但在 12 月 27 日，《人民日报》就报道了中国科学家发现 70K 超导体的消息。

进入液氮温区

在本书中谈到"进入"某个温区，通常都是指进入一个更低的温区，因为低温科学家们总是在追求更低的温度。这次使用"进入"一词，却指的是进入一个更高的温度区间。对于低温科学家，多少年来他们梦寐以求的目标就是获得能在液氮以上温度工作的超导材料。现在众多科学家都投身到高温超导的研究中来，并向着更高的目标，为做出液氮温区超导体而奋斗，竞争也更加白热化。

此时时间已进入 1987 年初，朱经武小组的工作仍处于领先地位。他们通过前段的高压研究，认识到应替换其他的元素，以及试做单晶，但一时也没有成功。1987年1月12日，他的研究小组在一个样品中看到有70 K的转变温度的迹象，只是在第二天再测量时，结果又完全消失了。但就是在12日，朱经武还是正式提交了一份关于许多氧化物，包括钇钡铜氧在内的超导专利申请，尽管此时，其中许多物质还并未成功地做成稳定的超导体。

作为朱经武的合作者，阿拉巴马大学的吴茂昆等人也在忙于新材料的研究。1月17日，吴茂昆手下的研究生阿斯伯恩（J. Ashburn）在一份家庭作业的背面草草地做了一项计算，在作了若干不同元素对晶格结构和临界温度的影响的假定后，他的计算预言钇钡铜氧将是最佳的超导体候选者。但当时他们手头没有现成的钇，于是吴茂昆便去其他部门借了一些来。1月28日钇钡铜氧样品按计算的比例被合成。1月29日下午，测量开始，在新合成的钇钡铜氧样品中，居然发现了起始转变温度达90 K左右的超导电性（不过人们后来认识到这种超导体的组分与起初计算的预言并不一致）。吴茂昆立即通过电话将这一消息告诉了在休斯顿的朱经武。到这天晚上，阿斯伯恩又合成了更多的材料，其测量结果要更加理想。转天，1月30日，吴茂昆和阿斯伯恩便带着他们的样品飞抵休斯顿，以便用那里更精密的设备来重复检验这一结果。在休斯顿，这一结果果然被证实，制备条件也作了进一步的改进。2月5日，朱经武将两篇有关的研究论文寄往《物理评论快报》，分别报道了在常压和高压下钇钡铜氧的高温超导电性，正式宣告了对液氮温区超导体的首次发现。

用元素钇代替镧制造的Y-Ba-Cu-O系超导材料的临界温度可高达94 K左右，从而实现了人类几乎长达3/4世纪的梦想——超导由液氢温区进入液氮温区。这真是"踏破铁鞋无觅处，得来全不费功夫"。历史上要把T_c提高1～2 K，甚至0.1 K都十分艰难。可是从La-Ba-Cu-O系，变成Y-Ba-Cu-O系，却如此轻巧地把T_c提高50 K之多。在短短几个月里，几乎每天都有新的发现和进展，超导临界温度的纪录一再刷新。

2月16日，在休斯顿举行了新闻发布会。在发布会上，朱经武宣布了发现液氮温区超导体的重要消息，但没有公布新超导体的成分，并解释说，细节要到3月2日《物理评论快报》上的文章正式发表时才能公开。但出乎朱经武预料的是，未经他同意，休斯顿大学理学院的院长温斯坦（R. Weinstein）将这一秘密泄露给了当地报纸的记者。当天，在当地《休斯顿纪事报》的报道中，就将新超导体的成分泄露了出去。但幸运的是，几乎没有什么物理学家注意到这份地方报纸上的报道。

就在前后几天，在2月18—19日于日本伊东市举行的一次讨论氧化物超导体的会议上，鹿见岛诚一宣布说，他在东京大学的同事水上忍领导的小组已发现了一种临界温度高达80K的新超导体。但这种超导体的成分并未公布。实际上，这就是他们独立于朱经武等人发现的在液氮温区之上的钇钡铜氧超导体。他们的论文于2月23日寄到了《日本应用物理》杂志，直到4月才发表。

在中国方面，由于1986年12月底在钡镧铜氧中发现了70K的超导迹象，赵忠贤等人主要集中精力于重复这一结果。1987年2月19日，他们在钇钡铜氧中发现了起始温度高于100K、中点温度为92.8K的超导转变。这是中国科学家独立地发现了钇钡铜氧高温超导材料。他们迅速地在第二天就将论文写成并寄出，同时办理申请专利。《科学通报》于2月21日收到论文，但遗憾的是专利申请没有成功，因国外已申请在先了。

中国科学家此时的另一项明智决定是，在2月24日召开了新闻发布会，正式公布了赵忠贤等人的成果和新超导体的成分。2月25日的《人民日报》头版刊登了这一消息，这是国际上首次对液氮温区超导体成分的正式公布。

大约与此同时，刊有朱经武等人论文的3月2日的《物理评论快报》也提前在2月25日就为美国东海岸的许多实验室所得到。在此情况下，2月26日下午，朱经武在美国西海岸的加洲大学圣巴巴拉分校也宣布了新超导体的成分。不过在世界范围内，影响最大、流传最广的还是《人民日报》的报道。例如，正是在听到《人民日报》报道的消息后，美国贝尔通讯实验室的化学家特拉斯康（J-M. Tarascon）才想起自己早在1月3日就曾制备了5块钇钡铜氧样品而从未对之做过超导测试。此时，只经几个小时的测试，便发现其中竟有两块是超导的！有关的论文被赶在2月27日前送往《物理评论快报》编辑部，这天是周末星期五，虽然信使没能在下午5点关门前赶至，但他还是设法吸引了一位迟走的工作人员的注意，终于在论文上盖上了2月27日收到的印记，从而创下的论文送交速度的一项新纪录。

1987年，哈沃小组成功地用Bi（铋）元素替代了La-Sr-Cu-O（镧锶铜氧化物超导体）中的La，制成了临界温度为 $7 \sim 22$K的Bi-Sr-Cu-O超导体。这种不含稀土的Bi系超导体的问世使氧化物超导体的研究又前进了一大步。1988年日本的研究小组将Ca（钙）掺到Bi-Sr-Cu-O体系中，看到了80K和110K两个温度上的超导转变，使得 Bi 系这种无稀土超导体的转变温度高于液氮温度。在此之后，Tl-Ba-Ca-Cu-O（铊钡钙铜氧化物超导体）系列氧化物被发现，使最高超导转变温度达到 125K。后来人们又合成了 Hg 系氧化物超导体，其超导转变温度达 133.8K。

高温超导体研究竞争的激烈，通过朱经武首篇报道钇钡铜氧超导体论文发表过程的插曲可见一斑。

1987 年 2 月 5 日，朱经武寄出关于钇钡铜氧液氮温区超导体的论文时就与《物理评论快报》编辑部就论文的保密性进行协商。为了防止泄密，他先提出是否可不经评审而发表，在这一要求被否定后，又提出是否可在论文中用星号来代替关键的化学信息，到排字前再补上正确的公式，这一要求又被再次否定。最后达成的协议是，由作者和编辑共同认可（而不是像通常那样对作者保密）的两位评审人来评审。当然，朱经武坚持在论文正式发表前，论文中的信息绝不能泄露出去。论文由秘书打印好后，用快递分别向编辑部和评审人寄出，于 6 日便寄到收件人手中。4 天之内，两篇论文就通过了评审并付排。除了再由朱经武保留一份之外，组中的其他人都没有看到过论文。不过，这两篇论文中数十处代表元素钇的符号 Y 却被打印成了元素镱的符号 Yb，表示组分的数字系数 1 也被打印成了 4。但不出几日，果然有信息被泄露了出去，关于镱的传言四处传播。至于打印错误是怎样发现的，有不同版本的说法，但共同的是，直到 2 月 18 日论文马上就要付印前，朱经武才打电话给编辑部，说有打字错误并作了更正。

"打字错误"究竟是一种为防止泄密的策略还的确是不小心的笔误？消息究竟是怎样泄露出去的？至今这仍是一个难以确证的谜。但在客观上"打字错误"确实保护了朱经武的利益。那些听信传言转向研究镱的人当时会心怀不满，因为除了可能浪费时间，纯镱氧化物的价格也不菲。不过日后人们却发现，镱钡铜氧竟然也是液氮温区超导体，只是当时人们没有成功而已，这可能只是错中之错了。

在第一种液氮温区超导体发现的激励下，更多的科学家随后又陆续发现了许多其他的液氮温区超导体，超导临界转变温度不断得到提高，对高温超导体的基础研究和应用研究也不断深入。

现已发现了镧钡铜氧、镧锶铜氧、钇钡铜氧和钇锶铜氧多个氧化物超导体系，构成了临界温度高于 90K 的一个超导群体。常压下 $HgBa_2Ca_2Cu_3O_8$ 超导体临界温度已经达到的133.8K，而采取物理加压方式处理，它的临界温度达到160K，这是目前高温超导体临界温度的世界纪录。

高温超导体的结构性质与传统的合金超导体有很大不同。高温超导体一般为氧化物，且多为含铜的氧化物。研究发现，高温超导体中的电流主要在铜氧平面上流动。这种铜氧层平面上流动的电流使得高温超导特性倾向于二维的性质，而与传统导体的三维性质有显著的区别（图11-11）。

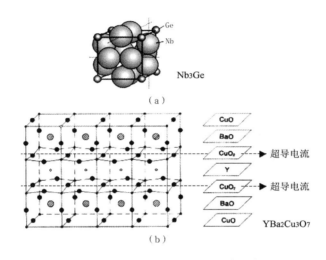

图11-11　Nb$_3$Ge和YBa$_2$Cu$_3$O$_7$结构比较

（a）Nb$_3$Ge立体结构；（b）超导电流在高温超导体YBa$_2$Cu$_3$O$_7$的铜氧平面层上流动，呈二维特性。

全世界包括物理学、化学、材料科学和其他学科领域的科学工作者，正以极大的热忱投入这场举世瞩目的超导研究竞赛。高温超导体的出现，为实验物理学家和理论物理学家提出许多新的研究课题，也使原有的超导理论面临严峻的挑战，完全可能导致新概念和新理论的出现和发展。在应用技术上，可用液态空气或液氮冷却的超导体的出现，开创了液氮温区实用超导技术的新时代。氮资源丰富，价格低廉，制冷效率比液氦高20倍，成本只有液氦的1/10。这势必大大扩展超导技术的应用范围，为能源、电力、机电、交通、医疗、电子学以及计算技术等带来革命性的变化。尽管高温氧化物超导体的研究仍处于初始阶段，它的实际应用还要克服许多困难，今后的发展也很难预料。高温超导的大门毕竟已经打开，我们完全有理由相信，在不久的将来我们就有可能进入一个五彩缤纷的高温超导世界。

有机超导体

由于绝大多数有机化合物都是绝缘体，长期以来人们没有把超导电性和有机物联系起来。1972年第一个具有金属电导性的有机晶体问世后，科学家进而开展对有机超导电性的研究。1979年巴黎大学和哥本哈根大学的两位科学家合作发现了有机超导体，临界温度为0.9K，结束了多年来关于有机超导体是否存在的争议。短短几十年，科学家已经发现40多种有机超导体，其中一些有机超导体的最高转变温度已超过了30K。

1990年科学家首次观察到一种有机材料C_{60}的超导性，并发现掺杂一些钾金属等物质能够使其超导临界温度有所提高（图11-12）。C_{60}是由60个碳原子组成的空心笼状分子，由于形状酷似足球而被称为"布基球"。现在已实现纯的固态C_{60}布基球材料在52K产生超导性。由于它弹性较大，比质地脆硬的氧化物陶瓷易于加工成型，因而更易于实现实用化。科学界认为这种有机超导材料有很大的发展潜力，可能成为21世纪超导材料的明星。也有人预言，如果巨型C_{240}、C_{540}能合成成功，有望成为常温超导体。

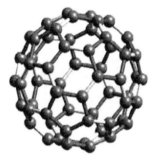

图11-12　C_{60}布基球结构

有机超导体既有与高温超导体相似的物理性质，又具有氧化物超导体所没有的特性，室温有机超导体是否存在以及它与生物神经传导和信息处理的可能关系，引起了广大科学家的极大兴趣和注意。新的有机导体的设计、合成，有关低维物理特性的研究及应用研究，提高有机超导体临界温度，试探高聚物超导体和室温超导体的可能性等仍是今后的研究方向。

第十二章　没有黏滞性的液体

也许有些人会感到奇怪，为什么第一个液化氦的昂尼斯却错过了发现氦的超流动性的机会呢？更令人难以置信的是，在过了漫长的30年之后，科学家们才最终确定了这种新的现象。在这差不多1/4世纪的时间里，世界各地的低温实验室曾数千次地观察到液氦性质发生奇异的变化，然而谁也弄不清究竟发生了什么。也许，正是液氦超流动性太不可思议而显得近乎"荒谬"，超出了一般人可以想象的范畴，阻碍了对它的发现。

起初，氦在低温科学中的重要性仅在于它是一种具有最低临界温度的物质，借助于氦的液化所能达到的温度范围可能扩展到低于1K以下。然而人们不久就发现，液氦本身就具有令人神往而又变幻莫测的性质，这些奇异性质很快就掩盖了它作为一种低温制冷工质的重要性。氦的超常特性引起整个科学界的极大兴趣，并在理论和实验上都发展起富有想象力的研究方法。时至今日，液氦之谜也远没有完全揭开。

液氦最奇妙的性质之一是超流动性。液氦超流动性的发现是通往绝对零度道路上一朵绚丽的奇葩。在第七章里简单介绍了氦的同位素，同样在这里为了叙述的方便，如不特别指明，所说的氦均指 ^4He 而言，涉及 ^3He 的内容单列一节。

λ反常

液氦诞生之初就显示了许多独特的性质。第一次液化氦时，它凭借自己极低折射率的伪装，几乎逃过实验人员的眼睛。它又是唯一不能在常压下固化的物质，必须在25atm以上才能得到固态氦。氦的这一特性，曾使昂尼斯几乎用20年时间固化氦而未能成功。这些特点尽管不寻常，却也还是常理可以接受的。

如同对每一种新发现的物质状态一样，科学家们也马上对液氦的各种性质进行测定。人们很快观测到，液氦在温度2.2K附近发生了某种不可思议的变化，这些变化按以往的观念是根本无法理解的。

1908年7月10日第一次液化氦的当天，昂尼斯就粗略地测定了液氦的密度。他发现，密度甚小的液氦在2.2K时有一个极大值。在这个温度以下，液氦的热膨胀系数是负的，低于1.15K后又变成正的。这种现象暗示2.2K时液氦发生某种相变。另一个更惊人的现象是，温度降到2.2K，原来像开水翻滚似地沸腾的液氦，刹时间静止下来，液面平静得像镜面一样，一个气泡也看不见，液体无声无息地只从液面蒸发出去，呈现一种绝无仅有的液体沸腾现象。

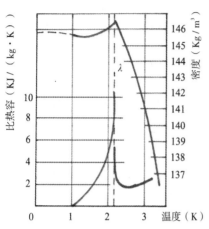

图12-1 液氦的密度与比热容

1924年，昂尼斯与达纳（Dana）测定液氦的比热容（图12-1）。他们发现，温度达到2.2K，液氦密度达到最大值时，比热容也突然增大。测得的比热容数值如此之大，以致他们不敢发表这些数据，而担心是测量仪器出了毛病。他们当时没有贸然公开自己的全部测定结果，而只发表了温度高于2.5K的一段比热容曲线。

基瑟姆进而详尽测定了氦的蒸气压、比热容等性质。1932年发现，液氦的比热容值在2.2K急剧上升到一个极大值，而在偏离这一温度的很小区域内又突然迅速下降。比热容曲线在2.2K有一个很尖的峰，形状如同希腊字母λ（lambda）。基瑟姆把这条曲线称为λ曲线，而把2.2K称为λ点。基瑟姆的实验确认了昂尼斯的结果。

基瑟姆立即认识到，这必然意味着氦的性质发生某些基本的变化。许多人猜想，氦也必有固态，2.2K以下的相可能是晶体。他们设想，在这种状态下氦虽是固态，但其结晶面的表面非常光滑，它们能一层层地连续滑动，与液体流动相仿，也就是说它具有流动性。将这种状态的氦设想为"液晶"的特例，这种解释看起来精辟而形象。然而稍后的研究发现，这种设想是错误的。晶体的规则结构通过X射线衍射分析，应呈现出有规则的、整齐的衍射图形。但几年后，塔柯尼斯（K.W.Taconis）来莱顿做实验，对低于λ点的氦用X射线照射时，并没有得到整齐的X射线衍射图形，也就是氦仍是液体。但不容置疑的是，在这两个态之间肯定发生了某些含义深刻的变化。

当时基瑟姆对此说不出所以然，他只能指出在λ点，液氦性质发生突变。温度高于λ点时，氦是一种正常液体，基瑟姆称为He I。温度低于λ点，液态氦从通常的液相转变为截然不同的另一种液相，称为He II。这种称谓沿用至今。二者都具有液体结构，并且转变时没有潜热出现，这种转变称为第二类相变。近代更精确测定的λ点温度是2.17K。

基瑟姆发现，比热容实验中He I 内部达到热平衡需要1min，He II 只需10s以下，可见它的导热系数极大。这促使基瑟姆很快着手测定液氦的导热系数，测定在1.5K至λ点之间进行。He I 的导热系数正常，只是数值很低，和室温空气的导热系数差不多。He II 的导热系数则大得惊人，比He I 高100万倍，比导热性能最好的铜和银也大1000倍。这也解释了He II 平静沸腾的原因。一般液体沸腾时表面的扰动是由于液体内部气体蒸发产生气泡上升所致，因为一般液体的传热能力低，只有靠近热源的部分才会迅速蒸发，从而形成气泡。而He II 传热极其迅速，He II 内部不存在温度差，液体气化是均匀地在整个液体内部发生，所以不会有气泡产生，因而液氦在λ点温度以下沸腾突然平息。

在λ点液氦发生奇异的变态，这自然使人们想到其间可能伴随着结构的变化。依据这种猜测，除了塔柯尼斯用X射线进行液氦结构的观测外，许多科学家也对氦的性质作了多方面的测定。基瑟姆测定了液氦介电常数（1927），亨肖（D. G. Henshaw）和亨斯特（D. G. Hunst）作了中子衍射测量（1953），还有一些科学家测定了表征分子聚合状态的物理量，如折射率等。这些测定却都表明，He I 向He II 转化时它的结合或聚合状态并没有发生急剧变化，也就是说结构并没有变。

那么，氦的奇异性质，特别是它的导热系数反常，根源何在呢？通常，电的良导体也是热的良导体，但液态氦是不能导电的物质，在λ点以下He II 却成为比铜和银还要好的热的良导体。这一切，在已知的物理现象的基础上是不能理解的，也是无法接受的。一旦这个新的现象为人们所接受，它意味着新发现的大门已经打开。经过多年努力，人们终于弄清楚，这一切原来是由于液氦的超流动性。

没有黏滞性的液体

氦的超流动性是苏联著名低温物理学家卡皮查（Pyotr Leonidovich Kapitsa）首先发现的。

卡皮查毕业于列宁格勒工业大学，25岁便担任该校讲师，不久以后去英国留学。他赴当时原子物理的圣地剑桥深造，受业于著名物理学家卢瑟福（Emest Rutherford）门下。据说，卡皮查赶到英国时，卢瑟福研究室已经满员并停止接纳留学生。卡皮查问卢瑟福："老师，您的实验误差通常是百分之几？"当得到误差约是10%的回答时，他就很有信心地提意见说："那么，也应该有接纳我的余地。"卢瑟福果真破例接受了这位苏联留学生。卢瑟福非常器重来自苏联的青年科学家。卡皮查以他出众的才华和卓越的研究成果，不仅获得博士学位，并且担任了卢瑟福为他新设的蒙特研究所所长，又被推举为英国皇家学会会员。

1934年，卡皮查回到苏联。苏联政府特意为他设立研究所，这就是世界闻名的苏联物理学问题研究所。苏联政府希望购回卡皮查留在剑桥的全部实验装置，卢瑟福高兴地答应了这一要求，为了自己的得意门生而将刚刚制造的新装置送给了莫斯科。1937年，卡皮查以研究所理论部长身份迎接苏联另一位著名低温物理学家朗道，从此开始了苏联低温科学的黄金时代。

朗道（L. D. Landau）生于俄国巴库一个犹太人家庭，19岁获得博士学位。1929年，21岁的朗道访问了德国、瑞士、荷兰、英国、比利时和丹麦，认识了玻尔（N. Bohr）、泡利（W. Pauli）和海森堡（W. K. Heisenberg）这些当代著名物理大师。对于朗道，特别重要的是在哥本哈根的工作。他在成为一个理论物理学家的发展过程中，参加玻尔的讨论班对他起了极重要的作用。朗道的工作涉及固体物理、热力学、原子核物理等许多方面，以他为代表，形成一个在国际上有重要地位的苏联学派。在苏联的"大疯狂"年代，朗道也被污为"反革命集团"的头子，只是由于他在国际上的巨大声望得到众多知名科学家的声援，同时卡皮查向斯大林以辞职相威胁力保朗道，他才得以幸免。卡皮查成为他的保证人，他不得不长期在卡皮查的"监护"下工作。

苏联物理学问题研究所在低温科学领域颇多建树，这不能不归功于卡皮查和朗道的密切合作。虽然到处强调实验家和理论家合作的重要性，但像卡皮查和朗道那样协力合作的理想例子是不多见的。卡皮查和朗道皆因研究液氦的杰出贡献分别获得了1978年和1962年诺贝尔物理学奖。

20世纪30年代中期，卡皮查已经知道基瑟姆测定氦导热系数的工作。当时，基瑟姆把 He II 的极大导热系数称为超热传导度，并感觉到 He II 的黏度很小。卡皮查认为，这可能并不是通常意义上的导热系数特别大，而是由于 He II 的黏度极小，从而产生异常大的对流所致。这的确是一个非常大胆的设想，因为在此之前加拿大一个研究小组已经测量过 He II 的黏度，并报告说它的黏度仅略小于 HeI 的黏度。

加拿大小组的测定方法是使一圆桶在 He II 中旋转振动，记录从某一振幅开始连续振动 40~60 次的衰减，再根据已知的黏滞系数进行修正。他们在 λ 点未观察到突然变化，HeⅡ 比 HeⅠ 的黏滞系数只不过下降一个数量级。

卡皮查对这一黏度测定结果持怀疑态度。他认为，如果黏度很小，反映流体流动状态的一个重要参数——雷诺数就容易超出临界值，使测定并不是在所要求的层流条件下，而是在紊流条件下进行，从而测定值远远大于实际黏度值。

为了尽可能地在测定中实现层流条件，卡皮查精心设计了一套测定装置。他测定从两块光学平准的玻璃圆板微缝中流过的 HeⅡ 的压力梯度，据此求黏度。卡皮查得到的结果明显小于加拿大小组的测定值，黏度仅为 10^{-9}P[①]。使用这黏度值推定的雷诺数仍相当大，因此不能排除微缝中也有产生紊流的可能性。10^{-9}P 是黏度值的上限，实际值应当更低。如果作一个比较，就是 HeⅡ 的黏度相当于常温下水黏度的 $\frac{1}{10^7}$。

卡皮查和另外一些科学家还用使 HeⅡ 流过毛细管的方法测定黏度。用不同管径的毛细管所做的实验表明，毛细管越细，HeⅡ 超流动行为变得越显著。在直径 $0.1\,\mu m$ 的毛细管中，HeⅡ 流速与压强差和管道长度无关，而只是温度的函数。也就是说，HeⅡ 是毫无阻力地流过毛细管。

显然，这种现象不能简单地看作是通常黏滞性的一种极限情形，而是流体的性质发生了某种根本性的质的改变。这种流动状态便成为经典力学无法解释的"超流动性"。1938 年，卡皮查最先在《自然》杂志上发表了这一重要结果，这就是把超流动性的发现归功于卡皮查的根据。超流动性的发现是科学假说的伟大胜利，卡皮查先在理论上预言了这种现象，又用实验成功地证实了自己的预言。

卡皮查还发现著名的以他的名字命名的界面热阻现象——卡皮查热阻。1941 年，他在一个很大的 HeⅡ 容器中悬挂一个细长的加热器，同时测定温度的分布。测定表明，温度差仅存在于加热器表面附近极薄的一层，约 $0.1\,\mu m$ 数量级。即使接触良好的固体与液氦，互相接触的界面上的热阻值也意外地大。在超低温实验中，最重要的问题之一就是解决卡皮查热阻。虽然已经提出一些解释卡皮查热阻的理论，至今还不能很好说明实验事实。

为了解释超流现象，先后有许多物理学家提出一系列理论模型，其中最成功的是朗道的二流体模型，这是一种量子流体力学理论。使连续流体量子化，可以把 λ 点温度以下的液氦看作是由两部分组成：一部分是"正常流体"；另一部分是

① 1P=0.1Pa·s，P 为黏度单位：泊。

"超流体"（图12-2）。二者相互溶混，液氦的密度是二组分各自密度之和。"正常流体"与普通液氦相似，温度低于λ点时，黏度稍有下降，温度更低时，黏度反而急剧上升。"超流体"则全然不同，它不携带热量，分子之间没有内摩擦，黏滞系数等于零。λ点时，液氦都是正常氦，而绝对零度时全部为超流氦。在λ点至绝对零度之间，正常流体和超流体两者共存，随温度下降超流体的成分相应增加。根据这种理论，液态氦具有与普通氦极不相同的特性，就是因为它们是由反映微观粒子运动的量子力学效应引起的，是微观现象的一种宏观表现。因此往往也称He II为量子流体。

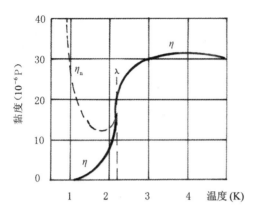

图12-2　液态氦的总黏度 η 和 He II 的正常成分的黏度 η_n

有了液氦超流动性理论和二流体模型，低温科学家以前遇到的氦的许多不可思议的反常现象都有了合理的解释。

现在，先分析一下加拿大研究组和卡皮查测定He II黏度的结果为什么截然不同了。加拿大研究组的实验中，圆桶旋转振动，被拖曳而随之运动的是He II中的正常流体部分，据此测出的黏滞系数自然与He I没有什么大差别。而在卡皮查测定黏滞系数时，能流过玻璃平板微缝的主要是超流体部分，因此测得的黏度值极低。

在以前的实验中，科学家们经常发现温度低于λ点时，完好的盛液氦的真空绝热容器的真空层突然失效。现在知道，作怪的是无孔不入的超流氦。用氦质谱仪无法检查出的容器的某些微裂缝，常温下连气体都无法渗过，低温下却成为超流氦畅行无阻的通道，氦的泄漏破坏了真空。正因为如此，制造低温氦容器是一件非常精密的工作，必须采取严格措施防止这种"超漏道"的出现。

He II的另一个奇特现象是表面流（图12-3）。昂尼斯已经注意到这一现象，后来门德尔松（Kurt Mendelssohn）等人设计了许多巧妙的实验观察和测定表面流发生的规律。λ点温度以下，氦变成一种能爬善攀的液体。如果把装有液氦的试管放入液氦池中，使试管中的液面比液池液面低，则池中液氦将沿试管外壁爬到内壁进入试管，直到二者液面相平。反之，如果试管中的液面比液池液面高，液氦也会固执地爬出试管外，非待液面高度相等方休。倘若试管高于液氦池面，试管中的液氦将跑得一滴不剩。

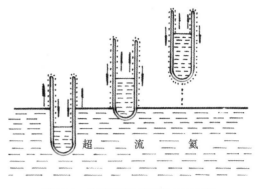

图12-3　超流氦表面流现象示意图

液氦的这种怪癖给减压蒸发制取低温增加不少麻烦。低温下形成的氦表面流，轻易地克服重力，沿容器壁爬到温度较高的地方蒸发使真空泵无法正常工作，难以达到很低的压力。

人们还发现了 He II 的"热—机械效应"和"机械—热效应"（图12-4）。氦再一次显示了它惊人的奇妙特性。

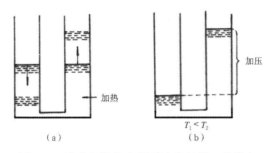

图12-4　液态氦的热-机械效应和机械—热效应

（a）热—机械效应；（b）机械—热效应。

1938年，艾伦（J. F. Allen）和琼斯（H. Jones）首先观察到氦的热-机械效应。他们把盛有 He II 的两个容器用一根微细的毛细管连接起来，并供给其中一个容器热量，结果液体向温度较高的一侧流动，两容器间出现一定的液面差。

在发现热—机械效应的第二年，当特（J. Daunt）和门德尔松发现了它的逆效应，即氦的机械-热效应。他们在绝热条件下强使 He II 通过一根不让有黏滞性的正常成分通过的微细毛细管或用压缩粉末作成的塞子，毛细管和粉末塞似乎起到热过滤器的作用，流出的液体温度降低。不过这种方法并不适于用来产生低温。

热—机械效应还可以用另一个更巧妙的实验演示。在一个粗玻璃管的上端接一段开口毛细管，粗管内装满金刚砂粉末，再塞上棉花。当以某种方式向玻璃管提供热量，例如用光照射它时，将有一自动的液体喷流在弯月面上射出，这个喷泉可高达30cm，蔚为壮观。因此有时用"喷泉效应"称呼这种现象。

热—机械效应也可以用二流体理论解释。He II 受热，温度升高，超流氦便被激发到正常态，温度较高的部分正常成分的浓度增加。为维持各处浓度一致，超流氦穿过毛细管或金刚砂层向高温侧流动，以抵消正常氦浓度的升高。与此同时，正常流体的反向流动却由于它的黏度阻碍不能流过毛细管或金刚砂层，这就形成热-机械压力。这个压力足以维持一定高度的液面差，也能迫使氦从开口毛细管喷出，成为罕见的氦喷泉奇景（图12-5）。

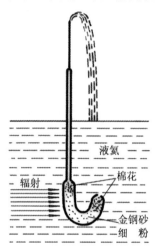

图12-5 液氦喷泉效应

二流体模型最充分的体现，可以说是第二声的预言与证实。蒂扎（L. Tisza）于1938年、朗道于1941年分别预言了这种波。当时，提出二流体模型需要能够解释液氦中机械能和热能之间的可逆转换，为此假定正常成分和超流成分是对流的。在液氦中，虽然压力、密度保持恒定，但温度在变化，它可以通过波的形式传播，称为第二声。不要对这个名称发生误解，第二声在任何意义上都不是声波。通常的声波，或者叫第一声，传播的是介质压力和密度的变化，伴随的温度变化则极小。第二声全然不同，它传播的是介质温度的变化，而压力和密度没有可察觉的改变，因而是一种温度波。

几年之后，别什柯夫（V. Peshkov）于1944年用实验证实了这一预言。他在液氦池中放置一段电阻丝，通上交流电，用来产生第二声波。再用一个小磷青铜电阻温度计测量温度的变化，他成功地测出液体表面的反射波（行波和驻波）。第二声传播速度为20m/s，比第一声低一个数量级。除了用加热器和量热器代替声发射器和接收器外，第二声可以用类似于第一声的方法观测到。第二声在各种实验中表现了波现象的所有性质，如衍射、干涉和大振幅脉冲的冲击效应等。

此外，液氦还在不同情况下传播零声和三、四、五声等多种形式的波。许多科学家研究这些特种形式的波，为揭示超流性的秘密提供了丰富的数据。

超流体向我们展示一幅普通液体无可比拟的奇景，它的奇妙特性远不止这里谈及的这些，在理论上和实验上都还有许多问题需要更深入的研究。有些科学家认为，具有超流特性的理想流体是一种新的物质形态。也有人猜测，超流态可能存在于宇宙中某些崩溃的星核之中。弄清楚超流的本质，对于分析脉冲星这类奇异星体，很可能具有特殊意义。

诚然，现阶段对超流氦的研究还仅仅停留在理论上和实验室里。然而，说不定将来有一天，超流装置会进入车间、办公室和你的家庭呢。

³He 超流新相的发现

^{3}He 自然储量仅为它的重同位素 ^{4}He 自然储量的 $\frac{1}{10^7}$，是一种极其稀有的资源。不过，近年来随着核能工业的发展，它作为人工核反应的副产物，已经变得有足够数量供低温实验应用。

^{3}He 的性质与 ^{4}He 有许多相似之处。^{4}He 的超流性使人们自然而然地想到 ^{3}He 也可能具有超流动性。直到 20 世纪 60 年代，对 ^{3}He 热物理性能的测定已经低达 0.085K，它仍未显示丝毫超流的迹象。是预言错了，还是 ^{3}He 自有奇特之处呢？人们期待着解开这个谜团。

1972 年，^{3}He 超流之谜终于揭晓。发现 ^{3}He 超流新相的是美国物理学家大卫·李（David M. Lee）、奥谢罗夫（Douglas D. Osheroff）和里查森（Richard C. Richardson）。

大卫·李还在读研究生时，他的导师就让他测量 ^{3}He 的导热系数和密度。当时，可以得到的 ^{3}He 数量很小，0.1K 的低温也不易达到，实验颇为困难，但是大卫·李还是得到一些有趣的结果。大卫·李的工作快结束时，导师又向他提到坡密兰丘克制冷方法。大卫·李对此很感兴趣，毕业后继续从事极低温下对液态 ^{3}He 的研究工作。

1959 年，大卫·李从耶鲁大学获理学博士学位后到康奈尔大学任教，1968 年在该校成为教授。探索 ^{3}He 超流一直是大卫·李的目标之一。使人望而却步的是，当时理论上估计，由于 ^{3}He 原子间的吸引作用很微弱，超流转变温度将低达 10^{-6}K。对大卫·李来说，这无疑不是好兆头。既然难以达到这么苛刻的低温，他只好转而去研究固态 ^{3}He，打算利用坡密兰丘克制冷，寻找低温下固体 ^{3}He 是否发生核有序相变。他认为，这可能是研究 ^{3}He 最有意义的实验。

从 20 世纪 60 年代，大卫·李的一名叫赛兹（James Sites）的研究生开始建造坡密兰丘克室，用来使液态 ^{3}He 降温，并用核磁共振法测量极低温度下 ^{3}He 的磁导率。这时奥谢罗夫也是大卫·李的研究生，奥谢罗夫和赛兹一起又作了一台稀释制冷机给坡密兰丘克室提供预冷。赛兹毕业离校后，奥谢罗夫继续使用他的制冷设备，并按大卫·李的要求又设计了一台新的坡密兰丘克室，准备研究核磁有序转变。这时里查森刚刚来到康奈尔大学，是一位助理教授，也参加到这项工作中来。

这个小组在大卫·李的领导下于1971年开始系统的实验。实验的做法是，先用稀释制冷机使整个坡密兰丘克室冷却到20mK的低温，然后缓慢改变坡密兰丘克室中³He固液混合物的压力，用记录仪记录压力随时间的变化。坡密兰丘克室的底部是铍铜膜，压强增大时，铍铜膜向外凸。与之相连有一个平板电容器，可充当传感器把压强变化的信息通过电容变化传送出来，从而得到计量。这一压强计是如此的灵敏，室内压强变化0.1Pa都可以反应出来。他们得到如图12-6的曲线，压力的变化用实验过程中室内压力与最大压力的差值表示。从图中可以看到，压力升到A点时，曲线斜率发生突变。在B点处，压力突然有小的下降，然后再上升。加压40min达到C点压力最高，约34atm，进一步升压，因固态氦太多，摩擦生热使整个波密兰丘克室热起来，可能破坏整个实验。所以必须及时地使压强逐渐减低，在降压过程中，于A′点看到与A点处相似的变化，而与B点对应的B′点却是一个小平台。一个重要的结果是B点压力总比B′点高一些，也就是B点温度比B′要低一些，意味着有过冷发生，这说明发生一级相变。A点处没有过冷，应该是二级相变。当时测得A点温度为2.7mK，这很接近后来大家公认的数值，而B点相变的温度在2mK。

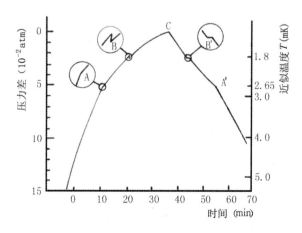

图12-6 坡密兰丘克室中³He压力随时间的变化曲线

这是1971年底的事情，大卫·李和他的同事们肯定看到了某种相变，然而这一相变究竟发生在 ^{3}He 的固相还是液相呢？也许因为他们原来预定要找固体 ^{3}He 中的相变，也就顺理成章地把 A 相变解释为发生在固体 ^{3}He 中，并发表了这一看法。他们并不满意自己的文章，许多科学家也不同意他们的观点，纷纷写信给他们，认为对相变的解释错了。

为了查明相变是发生在固相还是液相，他们决定彻底检查相变发生的机理。他们采用了核磁共振技术，在样品室上加上一个非均匀磁场，磁场沿高度有一定的梯度，上下相差约为几高斯。这样在不同高度会有不同的拉摩共振频率。改变频率，就可观测不同高度的情况。固态 ^{3}He 的核磁化率遵守居里定律，温度下降时增加很快，在毫开级温度处给出很强的核磁共振信号。液态 ^{3}He 则像金属中的电子，磁化率很小，只会给出很小的核磁共振信号，这一信号不随温度变化，近似为一常数。这两种情况下的磁化率相差如此之大，足以区分两种相变。测试的结果是，样品室底部多为固态 ^{3}He，上部多为液态 ^{3}He。温度低于 T_A 时，共振信号大小没有变化，而到 T_B 以下时磁化率突然明显地下降，只有原来的1/2。那一天夜里奥谢罗夫值班，他工作到深夜，是他的敏锐眼光注意到了这一变化。事情终于真相大白，实验清楚表明 B 相变的确发生在液相中，清除了大家多天的疑虑。这天凌晨3点，大卫·李被奥谢罗夫的电话从梦中惊醒，得知这个实验结果。大卫·李回忆说："一个人清晨时被人叫醒常常是不愉快的，但这次却是我一生中最高兴的经历。"

至于 A 相变，他们当时仍然相信 A 相变是发生在固态中。为了证实这一点，他们去掉非均匀磁场，只加一均匀磁场。结果发现在通过 A 相变时。固态信号强度没有改变，液态相共振吸收信号的频率却发生了移动，并且随着温度的下降，频移越来越大，无可置疑地证实了这些现象是发生在液态之中。于是他们马上发表了第二篇论文，论文指出 ^{3}He 中存在着两种相变。这一发现一经宣布，马上掀起了一场新的量子液体研究热。

上述发现公布不久，人们就进一步证实了新的流体是超流体。赫尔辛基技术大学卢拉斯玛教授领导下的研究小组测量了样品中振弦的阻尼，发现当样品发生相变时，阻尼为 $\dfrac{1}{1000}$。这说明液体没有内摩擦，^{3}He 的超流动性终于被发现了。

稍后的研究又证实 ^{3}He 至少有三种不同的超流体相，其中有一个相只有把样品放置于磁场中才会出现。作为量子液体，^{3}He 比 ^{4}He 具有更加复杂的结构。例如，^{3}He 超流体具有各相异性的特性，即在不同的空间方向表现出不同的特性，这在经典液体中是没有的，这一点倒很类似于液晶的特性。如果 ^{3}He 超流体以一定的速度旋转，当旋转速度超过临界值时，微观的涡旋产生了，涡旋具有复杂的结构。芬兰的研究人员已经发明了一项技术，他们用光纤直接观察到了在绝对温度 0.001K 下 ^{3}He 旋转时的表面涡流效应。这也是微观量子性质的宏观表现。

1975 年，理论物理学家莱格特（Anthony Leggett）对 ^{3}He 的超流动性作出了理论解释。莱格特认为 ^{3}He 原子会像超导 BCS 理论中的电子一样进行配对，从而导致 ^{3}He 超流现象。但是因为 ^{3}He 是中性粒子，所以在低温时形成的是中性超流体。他的解释进一步使人们认识到，用于微观系统的量子物理学定律，有时可直接影响宏观系统的行为。

^{3}He 超流新相的发现在实验上和理论上都有重要意义。首先是在天体物理学上有着奇特的应用。最近有两个实验研究组已经使用相变产生的 ^{3}He 超流体来验证关于在宇宙中如何形成所谓宇宙弦的理论。这种浩瀚的假想物体对于星系的形成可能是重要的。人们认为，在宇宙大爆炸后的若干分之一秒内，由于快速相变导致这些物体的形成。研究小组使用中微子引起的核反应局部快速加热超流体 ^{3}He，当它们重新冷却后，会形成一些涡旋球。这些涡旋球就相当宇宙弦。这个结果虽然不能作为宇宙弦存在的证据，但可以认为是对 ^{3}He 流体涡旋形成的理论验证。

大卫·李等人用核磁共振方法研究相变，实际上是开创了用核磁共振技术进行断层检验的先河。今天核磁共振断层检验已发展成为医疗诊断的普遍手段，追根溯源，这一方法最早还是在低温研究中实现的。

大卫·李、奥谢罗夫和里查森共同获得 1996 年诺贝尔物理学奖，以表彰他们发现 ^{3}He 中的超流动性。谈起他们的发现，大卫·李说："有时人们找到了他们所要找寻的，有时什么也没有找到，幸运的是我们找到了另外更美妙的东西，尽管开始我们没有马上认识到。" 而莱格特和另两位在超导领域做出巨大贡献的科学家京茨伯、阿布里科索夫共同获得 2003 年诺贝尔物理学奖。

第十三章 低温技术的应用

几千年来，人们不畏艰辛，追求越来越低的温度，执着地逼近绝对零度。这绝不仅仅是出自好奇，更不是创纪录的一种冲动，而是认识和改造客观物质世界的需要。

今天，低温已经渗透到现代科学技术的各个领域，成为尖端科学和国民经济建设必不可少的基础工具。无论是阿波罗登月火箭，还是探测微观粒子的实验，从高速电子计算机到攻克癌症的努力，低温的踪迹处处可见。现代科学的每一个活跃分支，无一不与低温技术密切相关。在未来科学技术中，低温的作用将越来越重要。

步入低温世界，展现一幅与常温截然不同的景象。这里不光有深不可测的严寒，也盛开着低温技术应用之花。我们就采摘低温技术花海中的几束，奉献在读者面前。

冷链工程

人类征服低温的初始动力是食物的冷藏，冷藏现在已经成为一项巨大的工业，并从个别环节对食品的低温处理发展成完整的食品冷链。食品冷链要求易腐食品从产地收购或捕捞之后，在产品加工、储藏、运输、分销和零售，直到消费者手中的各个环节，始终处于产品所必需的低温环境下，以保证食品质量安全，减少损耗，防止污染，形成一个完整的特殊供应链系统。

食品冷链由冷冻加工、冷冻储藏、冷藏运输及配送、冷冻销售各个环节构成。

冷冻加工，这是冷链的起点，包括肉禽类、鱼类和蛋类的冷却与冻结以及在低温状态下的加工作业过程，也包括果蔬的预冷、各种速冻食品和奶制品的低温加工等。在屠宰场、蔬菜果品基地和远海捕捞船上，都配有冷冻或冷却装置。

冷冻储藏，包括食品的冷却储藏和冻结储藏，以及水果蔬菜等食品的气调储藏，保证食品在储存过程中处于适当的低温保鲜环境中。在食品的产地和消费地多建有各类冷藏库。

冷藏运输，包括食品在低温状态下的中、长途运输及短途配送等物流环节。它主要涉及铁路冷藏车、冷藏汽车、冷藏船、冷藏集装箱等低温运输工具。快捷的冷藏航空运输可让内蒙古产的鲜肉当天端上东京的餐桌，大型冷藏船一个航次可跨洋运送万吨冷藏食品（图13-1）。

图13-1 杨贵妃：唐明皇早搞冷链工程，也不至于累死送荔枝的驿差

冷冻销售，包括各种冷链食品进入批发零售环节的冷冻储藏和销售。各种连锁超市正在成为冷链食品的主要销售渠道，我们在超市中选购食品多取自超市中的冷藏或冷冻陈列柜。

冷链的终端是餐厅或居民的厨房，冰箱中的食品几乎与它在产地一样新鲜，一个完整的食品冷链保证了我们可以享用卫生安全味美的食品。

在改善全球食品供应方面，制冷技术起着不可或缺的作用。农牧渔业产品中，根茎类产量的25%，果蔬产量的50%，易腐食品（肉、鱼、奶）的100%需要制冷，也就是农牧渔总产量的31%需要制冷。在发达国家形成比较完善的冷链，美国、日本和欧洲的易腐食品的冷藏运输率达到80%~90%，苏联和东欧国家也达到50%，但在发展中国家这一比率要低得多。现在全世界实际上制冷加工的农牧渔产品只占需要制冷加工总量的1/4，即使只是这样一个不太大的比例，每年减少食品损失也超过数亿吨，使众多人口可以得到更丰富和卫生的食物。

全世界冷冻食品的年销售额已达数万亿美元。20世纪末中国已成为世界制冷设备生产第一大国，中国制冷（含空调）行业成为国民经济的支柱行业。我们城市居民消费的食品按价值计，一半以上是经过冷藏处理的。

21世纪，人类面临人口膨胀和城市化的双重压力。联合国的一份研究报告预计，2020年世界人口达66亿，其中的54%将生活在城市，这时城市人口是1950年的12倍。毫无疑问，要为如此庞大的人口提供足够数量安全卫生的食品，除了农牧渔业技术的进步外，大力推进食品冷链的建设是必然的选择。

工业气体

当科学家们首次液化永久气体时，他们得到的仅是几毫升或几十毫升的液化气体，现在每年处理的液化空气、液化天然气、液氢和液氦的数量已用亿吨计。液化气体已应用于工业、农业、军事和基础研究的各个行业，成为低温技术应用最广泛的一个领域。

空气液化与分离

林德和克劳德液化空气后短短5年，他们就实现了用精馏液态空气方法分离氧和氮，并以相当低的价格生产纯度为80%～90%的氧气。液化空气技术发展成制氧工业，廉价的氧鼓励人们开发它的应用领域。1902年发明了氧气—乙炔焊接与切割金属技术，氧气在工业上成功得到应用。气体工业的大发展则始于氧气炼钢技术的出现，冶金成为空分的最大市场，并促进了空气分离技术的进步和装置大型化。

早期的膨胀机采用活塞汽缸系统。1935年，德国工程师柴科维茨（Zerkowitz）第一个在克劳德型空气液化装置中使用涡轮式膨胀机。后来苏联科学家卡皮查进一步完善这种装置，并把涡轮膨胀机的转速提高到40000r/min。第二次世界大战后，苏联学者继续进行这方面的研究，率先在1956年使用涡轮式压缩机和涡轮式膨胀机液化空气和其他气体。空分装置现在的单机产氧量已达100000m³/h，或每日制氧3000t。

1952年奥地利林茨钢厂和多纳维茨钢厂首先应用氧气顶吹转炉炼钢法，引起钢铁工业的一场革命。与通用的平炉比较，纯氧顶吹转炉炼钢的投资少于平炉40%～50%，效率高于平炉3~5倍，所需劳力少，占用场地小，炼钢时间短，钢的成本低，质量高。纯氧顶吹炼钢法出现后，世界钢产量急剧增长，各种高质量的特种钢也炼制出来。这种方法进而应用于氧气斜吹转炉炼钢、卧式转炉双管吹氧法炼钢、氧气电弧炉炼钢和氧气平炉炼钢，是目前最主要的炼钢方法。

提高电炉吨钢用氧量是强化电炉冶炼、提高电炉节能最有效手段之一。喷吹 $1m^3$ 氧气相当于向炉内供给 $3\sim4kW\cdot h$ 电能。目前，电炉炼钢氧气产生的化学能在电炉能量输入中已占了相当大的比例，达到 $20\%\sim30\%$。特别是电炉采用热装铁水后，化学能的比例达到总能量的 40% 以上，相当于电炉增加了近一倍的能量输入。大量输入氧气已是现代电弧炉炼钢工艺的一个重要特点。

在钢铁工业中，各种气体的用量极其巨大。转炉炼钢每吨钢耗氧 $50\sim60m^3$，电弧炉炼钢每吨钢耗氧 $10\sim25m^3$（先进的达 $40m^3$），平炉炼钢每吨钢耗氧 $20\sim40m^3$。此外，轧钢每吨钢耗氧 $3\sim6m^3$，钢材加工、连铸坯火焰切割、火焰清除等环节每吨钢耗用 $10m^3$ 氧气。

氮气在钢铁厂的应用主要是用作保护气，如轧钢、镀锌、镀铬、热处理（尤为薄钢片）、连续铸造等都要用氮气作保护气，而且氮气纯度要求 99.99% 以上。

炼钢过程也要用氩，向熔融的钢水中吹入氩气，使成分均匀，钢液净化，并可除掉溶解在钢水中的氢、氧、氮等杂质，提高钢坯质量。吹氩还可以取消还原期，缩短冶炼时间，提高产量，节约电能。氩气吹炼和保护是提高钢材质量的重要途径，我国已有不少钢厂采用，氩气耗量为 $1\sim3m^3/t$ 钢。

目前炼铁、炼钢、轧钢的综合氧耗已达 $100\sim140m^3/t$，氮耗 $80\sim120m^3/t$，氩耗 $3\sim4m^3/t$。

合成氨的发明则开拓了空分设备在化工方面的大量应用。氧气作为粉煤或重油的气化剂，如以粉煤气化，每吨合成氨耗氧 $500\sim900m^3$；如以重油等为燃料，每吨合成氨耗氧 $640\sim780m^3$；如以天然气等为燃料，每吨合成氨耗氧 $250\sim700m^3$。氮气则作为化肥的原料气。氮气除了大量用于化学工业外，液氮又是一种很理想的冷源，而它的价格已相当于啤酒。

大规模的钢铁、化工企业都配有大型空分装置（图 13-2），源源不断提供氧、氮、氩和其他气体。稀有气体的综合利用也展现了广阔前景，氦、氖、氪、氙等"黄金气体"的提取为大型空分设备的应用拓展了空间。

图13-2　巨大的空分制氧装置与配备的大型空气压缩机

液化天然气工业

20世纪50年代，在非洲撒哈拉大沙漠的哈西鲁迈勒找到储量巨大的天然气源，又相继在世界其他地方发现大块天然气田，天然气一跃成为最重要的能源之一。然而天然气的产地多远离用户，陆上可采用管道输送，跨洋运输的唯一办法是采用液化天然气（Liquid Natural Gas，LNG）方案。天然气的主要成分是甲烷，它的液化温度是$-162℃$，液化天然气的密度为$450kg/m^3$，液化后体积是气态的1/600。世界天然气贸易量的25%是以液化天然气的形式输送的。

最初，天然气液化是利用节流膨胀或绝热膨胀过程完成。后来也采用级联循环，按温度依次降低选用丙烷、乙烯、甲烷为工质。法国首先在1964年建造一种新颖的组合式级联循环液化天然气站，从此世界各国广泛采用这种循环，建造各种各具特色的液化天然气站。天然气的产气国在出口港建造规模惊人的大型液化天然气站，将天然气液化并储存在庞大的液化天然气储罐中。相应地，天然气的进口港也建造了大型液化天然气储罐，配备液化天然气的再气化装置。液化天然气罐的容积常达数万m^3，甚至十几万m^3。

1959年，Methane Pioneer号轮船从美国路易斯安娜州的查尔斯湖启航，驶向英国伦敦东部的石油基地坎维岛。这艘经过改装的第二次世界大战战舰首次实现了液化天然气的跨洋运输（图13-3）。现在，液化天然气船向大型化智能化发展，我国也进入了可承建大型液化天然气船的行列。2005年12月28日，由沪东中华造船（集团）有限公司承造的我国首条液化天然气船顺利出坞，其装载量高达14.7万 m³。目前世界最大的液化天然气船是隶属于卡塔尔的名为阿萨利（Al Samriya）的Q-Max型巨型液化天然气船，设计承载能力26.7万 m³。更大的液化天然气船也在设想之中。

专家预测2030年前天然气将超过石油成为世界第一大能源，我国是能源进口大国，实现能源进口多元化，液化天然气也是一个重要项目。

图13-3　10万吨级LNG船

液氢与宇航

液氢在20世纪50年代末期才走出实验室。在1950年以前，大部分工作是在实验室测定液氢的物性和研究液化方法，氢液化器产量不超过10L/日左右，停留在实验室应用阶段。

液氢的大规模生产以美国宇宙开发计划为转机。为了寻求效率更高的火箭燃料，在采用液氧和煤油作火箭推进剂基础上，他们进而在多级火箭后几级中试用液氧-液氢燃料。1959年5月10日，美国正式宣布用液氢作航天燃料的消息。1960年美国首次发射用液氢作燃料的火箭，1970年发射的"阿波罗"登月飞船使用的起飞火箭也是用液氢作燃料。这标志着液氢大规模生产和应用的开始。液氢生产一下子从实验室规模跃入大工业规模。

1957年，美国空军在俄亥俄州的佩因斯维尔建造了他们的第一个液氢工厂，日产700kg。接着又在1957年和1958年于佛罗里达州西棕榈海滩建造两座液氢厂，产量分别为3.6t/d和27t/d。20世纪60年代初，大批液氢站建立，液氢产量迅速提高，这一新兴工业在美国起飞。从1962年到1964年，美国液氢生产能力翻了近两番，从70t/d提高到200t/d。1977年，美国液氢年产量突破10万 t。从1970年开始，相继启用容量100m³的铁路槽车、60m³储槽卡车、1000m³驳船，并用飞机槽罐运送液氢。

　　美国航天飞机也用液氢为燃料，用液氢作航天器的燃料有巨大的优越性（图13-4）。对现代航天飞机而言，减轻燃料自重、增加有效载荷变得更为重要。氢的能量密度很高，是普通汽油的3倍，这意味着燃料的自重可减轻2/3，对航天飞机无疑是极为有利的。今天的航天飞机以氢作为发动机的推进剂，以纯氧作为氧化剂，液氢就装在外部推进剂桶内，每次发射需用1450m³，重约100t。

图13-4　美国航天飞机发射场旁耸立着巨大的液氢储罐

　　1994年，我国在"长征"三号甲运载火箭（LM-3A）中开始采用液氢为燃料，它的第三级由液氢、液氧燃料推动（图13-5）。LM-3A成功发射过第一颗和第二颗"东方红"三号通信卫星，并为意大利阿莱尼亚宇航公司讯达恒（SATELCOM-1）通信卫星提供发射服务。中国是世界上为数不多掌握高能液氢、液氧燃料技术的国家，表明我国进入航天科技先进行列。

　　除美国外，苏、英、德、法、日和我国也都建起大型液氢工厂。氢液化技术也日趋成熟，并越来越合理化。大型氢液化装置，20世纪50年代采用林德循环，60年代采用克劳德循环，70年代进一步采用既安全能耗又低的布莱顿循环。

　　除了用于航天外，液氢还用于高能物理实验的氢气泡室，用来探测微观粒子的踪迹。有些国家已开始研制用液氢作燃料的超高速飞机和汽车。石油资源枯竭后，液氢很可能成为取代石油最重要的能源。

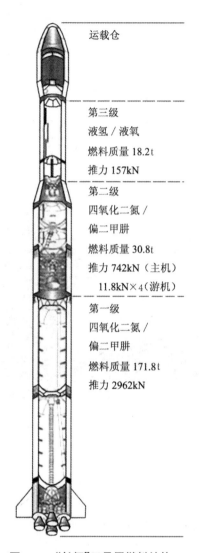

运载仓

第三级
液氢/液氧
燃料质量 18.2t
推力 157kN

第二级
四氧化二氮/
偏二甲肼
燃料质量 30.8t
推力 742kN（主机）
11.8kN×4（游机）

第一级
四氧化二氮/
偏二甲肼
燃料质量 171.8t
推力 2962kN

图13-5 "长征"三号甲燃料结构

氦液化器的商品化

氦无疑是最重要的制冷工质，实现氦液化器大众化一直是低温科学家的强烈愿望。它的实现一方面源于氦液化技术的进步，另一方面则在于廉价氦气源的获得。

自1908年以来，人们长期沿用昂尼斯的方法，氦液化器一直是利用焦-汤效应的装置。由于氦接近于理想气体，这种效应不显著，因而必须用液氮和液氢进行预冷，系统复杂，效率又很低。1928年，世界上只有荷兰、德国和加拿大3个实验室使用液氦，1936年增加到12个。直到第二次世界大战结束期间，全世界使用液氦的实验室也不过15个。

直到1934年，氦液化技术取得重大突破，苏联科学家卡皮查实现了带膨胀机的氦液化循环。在卡皮查氦液化器中，高压氦气经液氮预冷，然后驱动活塞膨胀机膨胀做功，温度降到10K，最后再经过一个节流阀膨胀液化。这里用膨胀机代替液氢预冷，避免了使用易燃易爆的液氢的危险。卡皮查氦液化器每小时可制得2L液氦，需消耗3L液氮，在当时是效率最高的。

1946年，美国麻省理工学院的柯林斯（S. C. Collins）根据卡皮查氦液化器原理，设计一种更加完善和实用的液氦设备，这就是柯林斯氦液化器。美国的A.D.李特尔公司将柯林斯氦液化器进行商品生产，并大量向世界各国出售。氦液化器的商品生产结束了每个低温实验室不得不自建氦液化器的局面。美国也一举改变液氦技术依赖进口的形势，成为最大的液氦和氦液化技术的出口国。

1946年柯林斯首次研制成的氦液化器产量很小，到1949年单机液化量也没有超过20L/h。随着液氦用途日益广泛，氦液化技术水平不断提高，涌现出一批大型装置，膨胀机也从活塞式发展成涡轮式。涡轮膨胀机采用气体润滑轴承，转速高达1万r/min，后来又提高到每分钟几十万转。1965年，瑞士的苏尔士公司建成一台液化量800L/s的氦液化器，这台使用涡轮膨胀机的氦液化器安装在美国堪萨斯州。1971年和1977年，苏尔士公司分别建成产量为2400L/h和4800L/h的大型氦液化器。另一些国家也陆续建成一些大型装置。我国在1959年第一次用自制的液氢预冷的氦液化器生产了液氦，又于1964年研制成第一台氦活塞膨胀机，并以它为基础建造了氦液化器。

低温实验时常直接用液化氦作致冷剂，由于不可避免地漏热，液氦将不断蒸发，必须定时添加液氦。实验受液氦保存时间的限制，成本也相当高。所以人们在近几十年又发展了专门的氦闭合循环制冷机，氦气无损耗，长时间自动工作，并可随便放在实验室的任何位置上。目前普遍采用的制冷循环有斯特林循环、吉福特-麦克马洪（G-M）循环等，制冷温度范围从120K到低于1K，制冷量从几毫瓦到几十瓦，甚至上千瓦。氦液化器的大众化使拥有液氦温度的实验室急剧增加，1958年发展到70个，1961年就增加到600多个，到20世纪70年代末期世界各地共有数千台氦液化器运转着，现在则有数十万台氦液化器用在世界各国的实验室中。

氦在大气中的含量很少，按体积计算仅占 $5/10^6$，但在天然气中含量较多，有的天然气中的氦含量高达 1%～2% 以上，低的也在万分之几。现在工业上大都是从天然气中制取氦，氦气的价格下降，液氦也成为一种常规商品。最早销售液氦的尝试始于 1959 年，那时美国纽约州托纳旺达的林德中心每日出售 250L 液氦。现在液氦已经成为大宗的国际贸易，通常装在大型运输罐中长距离运输。氦以液态运输有着优越的经济性，日本、澳大利亚和欧洲许多国家都以液氦形式从氦资源丰富的美国进口这种稀有气体。

除了用于超导技术外，液氦也广泛用于空间技术、原子能工业和低温电子学等尖端技术领域。氦液化技术的大众化和液氦商品化极大地推动了低温科学的发展。可以这样说，获取液氦温度已不是一个技术问题而只是一个财务问题，只要有相当的财力，市场上可以方便地购得定型的氦制冷机。

低温在近代工业中的应用

低温越来越广泛地应用于现代工业，使传统工业面貌发生巨大的变化。

公共工程

在大坝建设中人们系统地采用制冷，在配制混凝土前预冷水泥、石子、沙子和水，以防止混凝土凝结时过热而质量下降。这种方法在热带地区十分有效，1960 年修建印度巴克拉大坝时，尽管当地气候炎热，但配制的混凝土都在不超过 16℃ 的温度下浇灌。另一种方法是管插法，在混凝土浇筑时将冷却水循环管层插入混凝土中，法国在 1959 年建设大坝时采用过这种技术。约旦则是采用活动式混凝土冷却设备浇筑灌溉渠。我国三峡工程大坝浇筑混凝土施工中也采用了风冷和综合温度控制技术等一系列混凝土降温浇筑新技术、新工艺，有效地减少混凝土的收缩变形，使混凝土浇筑产生裂缝的顽症得到根治，确保了工程质量。

土建施工、修建地铁或隧道时，如地层富含水分或过于疏松，可用液氮使其冻结，能有效地防止冒顶、塌方和漏水，保证工程顺利进行。1968 年法国采用土壤冻结法挖铁路隧道，日本也在 1968 年挖地铁时采用土壤冻结技术。这种方法不断改进，广泛应用于大型挖掘施工中，但利用低温冻结的基本观念并没有变。

维修输油管线也可采用"冻堵"技术，用液氮使输油管线局部冻结堵塞，更换漏油管段后再复温通油。

低温机械加工

机械工业采用"低温淬火技术"，在-100℃至液氮以下温度处理机械零件，能有效地提高尺寸稳定性和耐磨性。这特别适用于刀具和模具，因为工具钢冷处理后组织更均匀、微细和致密，具有良好的韧性，不易产生剥落。根据工具的种类和材料不同，可延长使用寿命1~3倍。

用超低温技术使熔融的金属急速冷却，在结晶完成之前就使其凝固，可以得到非晶态金属。这种方法制取的材料，它的电磁性能、耐腐蚀性能和力学性能都远较一般金属材料优越，可以适用于某些特种需要。

金属高速切削加工产生的切削热直接导致刀具磨损和工件表面粗糙度上升。应用低温切削加工技术，喷射低温气体或液体到切削点或保持加工环境处于低温下，不仅提高刀具寿命，并且显著提高工件的精度。同样，在电火花加工中通过向工件喷射液氮形成局部低温环境，控制局部熔化、气化，减少周围热效应的产生，也极大提高工件的加工精度和表面质量。

低温粉碎也很有前途。利用材料的低温脆性进行粉碎，可以制得极微细的粉末。用这种方法能够粉碎脂肪多的肉类、水分高的蔬菜和软化点低的巧克力，也能粉碎塑料和橡胶制品，而这些东西在常温下根本无法粉碎制取粉料。特别是那些需要保证生物活性的药物必须在低温下粉碎才不至于丧失药效。低温粉碎装置如图13-6所示。

有一些国家还建立大型垃圾处理厂，把液氮喷洒在废轮胎、硬质树脂及大型金属制品垃圾上，在低温下加以粉碎，然后再分选回收利用。

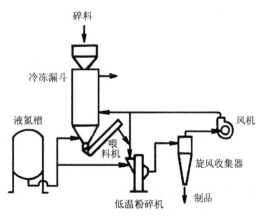

图13-6 低温粉碎装置示意图

海水淡化

我国是一个水资源严重短缺的国家，人均占有量仅为世界水平的1/4。沿海地区经济发达人口稠密，淡水供需矛盾更加突出，大部分城市的人均占有淡水量少于500m³，大大低于国际公认的人均1000m³的严重缺水标准。海水淡化是解决沿海地区淡水缺乏的有效途径，海水淡化的方法之一是冷冻法。在海水冻结过程中，在液态淡水变成固态冰的同时，盐被分离了出去，再融化冰获取淡水。

现在已经有一些实验性的冻结法海水淡化装置在运行。与液化天然气接收站配套建设海水淡化装置，由于液化天然气再气化时可得到廉价冷量，冻结法海水淡化更经济。随着淡水资源的日益匮乏，海水淡化展现巨大的发展前景。

低温与基础科学

低温为揭开掩盖物质个性的帷幕提供了新的手段。

在研究物质的性质时，总会遇到温度引起的"热干扰"，有时这种干扰强烈得足以把所要研究的物理量掩盖掉。低温下则不然，温度越低，微观粒子无序的热运动越微弱，越趋向于有规律、有秩序的结构。这就揭去了遮蔽物质构造的障眼物，给观察者带来许多便利。物理学家和化学家竭力求取低温，目的不外是争取研究上的便利和准确。许多有关物质微观结构的重大发现，如玻色—爱因斯坦凝聚态的实现、宇称不守恒定律的实验验证都是在极低温条件下作出的。

利用高分辨率电子显微镜研究分子结构时，若被测样品处于常温，大量电子的强烈撞击将导致有机分子结构破坏，使观测结果面目全非。借助低温技术可以在试样破坏程度最小的情况下，获得高分辨率的图像。用液氦把待观测的样品冷却到4.2K，这时即使电子的强力冲击破坏了连接有机分子的键，试样的结构仍会被冻结着而完好无损，这样便可以得到物质结构的准确信息。

研究化学反应的过程和机理时，低温的作用独具一格。化学反应往往是一个复杂的过程，在几种物质相互反应生成新物质的过程中，先有些存在时间极短的分子碎片生成，然后才结合成最后的反应生成物。这种中间过渡产物称作"自由基"。查明化学反应过程中有哪些自由基是阐明化学反应机理的关键。然而自由基存在时间极短，为它拍摄光谱照片简直比一瞬间拍摄下闪电还难。利用低温技

通往绝对零度的道路

术可以捕集到自由基。一种捕集自由基的装置如图13-7所示。急速降温能把化学反应"冻结"在非平衡态，因为化学反应的速率随温度降低而按指数规律急剧减小，绝对零度时化学反应的速度趋近于零。

很早以前杜瓦就曾经演示过冻结化学上起反应的产物。近代这个题目得到更详尽的研究。化学家们使用一个低温探头，在化学反应的过程中使反应物在探头极冷表面急剧凝结。自由基被冷固定而不至于立即转变成最终产物，人们就可以比较从容地用光谱分析来推断捕集到的自由基及其激发态的性质，从而揭示化学反应的本质。这种观测已经扩展到红外、紫外和微波范围。冷固定的温度取决于自由基的性质，冷探头用液氦、液氖或液氮冷却，有时也把自由基直接冻结在固态氩中。

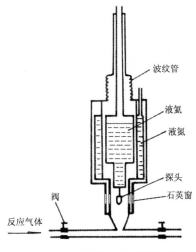

图13-7　一种捕集自由基的装置

低温也在探测基本粒子的各种实验中屡立功勋。1952年格拉瑟（P. E. Glaser）发明气泡室，用于探测高能粒子及其复杂的反应过程。后来选定液氢作工作物质，并于1959年建成72英寸[①]的氢气泡室。实验中，利用一个活塞突然降低对液体的压力，使气泡室处于"备用"状态。从加速器出来的高速粒子由粒子束窗口进入室中，沿行进路线有微小气泡形成。仔细地定时拍照，记录所生成的气泡痕迹，就能推知粒子的性质。

澳大利亚的西澳大利亚大学则设计了一种特殊的低温系统探索引力波。他们把一根3m长、15t重的铌杆冷却到2K以下，用作引力波的探测天线，以期测得星体塌缩成电子星或黑洞时所形成的极微弱的引力波。

高能物理研究中使用的各种粒子加速器，需用强磁场给带电粒子加速，把这些加速粒子打在"靶子"上以引起各种原子核反应与基本粒子间的反应，探索物质结构与各种粒子的奥秘。迄今已实现的最大超导磁体系统就用于高能物理实验。与使用常规磁体相比，超导磁体可以达到很大的能量，节约电能，降低投资与运行费用。

---

① 1英寸=25.44mm。

低温改善了天文观测，扩大了人类的视野。无论是观测红外光的红外望远镜，还是接收微波的射电望远镜，它们的核心部分都是低温系统。原因在于这些电子学装置都必须在一个很低的环境温度下工作，才能呈现较高的性能。一般来说，从300K降到196K，许多种探测器的性能可提高一个数量级，若降低到液氦温度，有时可提高几个数量级。同样，使用光子型探测器跟踪目标的导弹武器，也总是配备有适当的制冷装置。

我们提到的这些，仅是低温在基础科学研究中应用的一小部分。低温提供了研究的条件、环境、方法和手段，有些时候低温本身就是研究内容。低温成为近代自然科学研究最活跃的领域之一，甚至可以说谁占据了低温科学的制高点，谁就占领了当代自然科学的前沿。

低温与生命科学

当澳大利亚传媒大亨超级富豪默多克准备迎娶中国广州女孩邓文迪时，默多克的前妻安娜在离婚协议中开出苛刻的条件：默多克死后，邓文迪将无权继承他的任何遗产，除非她能生下一男半女。安娜的如意算盘是，默多克已被诊断患有前列腺癌，已经进行化疗并失去生育能力。但安娜怎么都想不到，默多克在接受化疗前，早已将自己的精子抽取并冷冻。利用试管婴儿技术，邓文迪为默多克连生两个女儿，不声不响，在这场争战中邓文迪已经占有了完全主动。尽管邓文迪和默多克爱情故事的结局也许不那么完美，但低温生命科学还是为我们演绎了一个浪漫的现代灰姑娘故事。

低温对生命体可以起着两种截然不同的作用。冷冻医学利用低温破坏病灶细胞以治疗疾病，低温生物学却利用低温长期保存有用的细胞、组织、器官乃至整个生物体。低温技术还提供了各种各样新的诊断装置和医疗器械，使医生具有前所未有的全新诊疗手段。

冷冻医疗

冷冻疗法利用低温杀死病变的细胞。冷冻疗法一般采用快速冷冻和慢速复温相结合的方法，由于细胞内外形成冰晶，电解质溶度升高，造成细胞脱水和蛋白质变性，最终促使病变组织的死亡。

人们早就知道"冷可致死"，1851年阿诺特（Arnott）首次尝试用冰盐混合物产生的-24℃的低温来限制癌组织的生长。他在用这种方法破坏乳腺癌以减轻病人疼痛方面取得部分成功。1899年，林德液化空气后不久，怀特（White）医生就尝试将液态空气用于医疗，他用棉花球蘸上杜瓦瓶里的液态空气，用来冷冻治疗某些皮肤病变。后来人们也采用干冰作喷射剂治疗皮肤病变，用干冰和酒精冷却的插管治疗脑肿瘤。1961年，库珀（Cooper）发明了冷刀，其主体是一个用真空套管作绝热的金属探针，探针用液氮冷却（图13-8）。冷刀为医生提供了一种方便安全的冷冻手术器械，沿用至今。冷刀也可采用半导体制冷，结构简单，只是降温较慢。

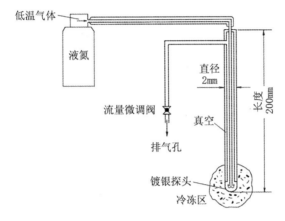

图13-8 Cooper冷刀结构

冷冻治疗帕金森氏症（震颤性麻痹）很有独到之处。将一支冷刀插入病人丘脑内，冷却到-10℃，靠近冷刀探头的脑组织部分冻结，若这一时间不超过30s，则冻结部位复温后不产生任何损伤。不断移动探头的位置，寻找病灶，一俟探头触及病变组织，颤抖就停止。这时再继续降温到-85℃以下，并延长冷冻时间，最终彻底破坏病灶后，冷刀复温取出。被破坏的组织在解冻后将形成一个胞囊，但并不妨碍人体的正常机能。这种治疗几乎是立即见效，而且比起脑部大手术来，术后复原时间相当短，其成功率高达90%以上。

癌症也可用冷冻方法治疗。例如，液氮喷雾作用于皮肤癌的病灶部位，病灶部位的皮肤就发生对于癌细胞致命的极其迅速的冷冻过程。被冷冻的癌细胞形成晶体状的冰块，化冻后癌变细胞和细胞核迅速破裂而死亡。这种疗法可以避免放射疗法的缺点，简便易行，如果病灶在面部，还有一定的整容作用。冷冻也用于治疗肝癌，成为肝癌非手术治疗的新途径。

冷冻美容治疗已很普遍，成为一种安全有效的治疗方法。例如，皮肤赘用接

第十三章　低温技术的应用

触、喷雾或棉签法治疗，冷冻 15 ~ 30s，二个冻融期，半月一次，两次为一个疗程。绝大多数皮疹一次即愈。对于疣、疱疹、血管瘤、痣、雀斑，冷冻疗法都有其独到之处，简便易行且疗效较高。

现在冷冻手术已广泛用于皮肤、妇科、心血管、肠道、肿瘤以及神经等各种疾病的治疗，低温医学成为现代医学非常活跃的一个新兴学科。冷冻疗法的部分应用见表 13-1。

表 13-1 冷冻疗法的部分应用

分科	病种
肿瘤科	皮肤、舌、乳房等处的囊肿，腺癌、细胞癌、血管瘤等
脑外科	帕金森病、垂体肿瘤、转移癌等
眼科	白内障、病毒性角膜炎、青光眼、翼状胬肉等
耳鼻喉科	梅尼埃病、耳软骨炎、息肉、扁桃体炎等
整形外科	慢性溃疡、痣、瘢痕疙瘩等
骨科	原发肿瘤、转移癌、神经瘤等
泌尿科	前列腺癌、膀胱癌等
妇科	外阴白斑、外阴和阴道肿瘤、宫颈糜烂(癌)等
皮肤科	疣、角化病、肉芽肿痣、雀斑等
普通外科	痔核、腋臭、止血等

生物材料低温保存

1949 年英国科学家首次发现用甘油可以成功地冷冻储存精子，标志低温生物学的诞生。低温能破坏生命体，而在一定条件下低温又能延缓生命过程的进展速度，因此不仅能用来保存血液、精子、骨髓等单细胞生命材料和皮肤、角膜等活组织，而且能保存心脏、肾脏等器官。一个人死后，他身上的某些器官可以冷冻储存起来，用以挽救他人的生命，甚至一个人的不同器官能在几个人身上继续存活下去。

用冷冻精液改良牲畜已被广泛使用，冷冻胚胎移植则提供了一条普及良种动物的新途径。为了挽救濒临灭绝的动植物，人们把有绝迹危险的动物的胚胎或稀有植物的种子冷冻储存起来。在美国圣地亚哥动物园研究所内，有几只巨大的灰色冰箱，上面赫然写着"冰冻动物园——20 世纪的避难所"，这里存有世界上各种动物的胚胎组织、精子和卵子。

精子冻储技术也成功地用于人类自身。1953 年，世界上第一批三个冷冻精液人工授精的婴儿在美国出世。1978年第一例采用体外授精的"试管婴儿"布朗（Louise Brown）在英国诞生，而后来她有两个孩子也是试管婴儿（图13-9）。

2013年全世界试管婴儿已超过500万名。我国首批冷冻精液人工授精孕育的婴儿于1983年在湖南诞生，现在试管婴儿技术成为常规的医疗手段和不育治疗的"主流选择"。已有报道，人胚胎冷冻储存21年后成功孕育。现在许多国家建立了人类精子库，以便为"生殖保险"提供条件，这为千百

图13-9　布朗一周岁首次同父母一起出现在电视屏幕上

万不孕的夫妻带来福音。人类精子冷冻储存装置如图13-10所示。

图13-10　人类精子冷冻储存装置
（右为存储器，左为液氮瓶）

为了便于器官移植，不少国家设立了专门的储存库。美国华盛顿医院开设一个"皮肤库"，这里储存的大量皮肤是从自愿献皮者身上，在死后18h内取下的。皮肤在液氮温度下保存，随用随取，有效期2年。纽约则有一家"肾脏库"，专门办理给病人更换肾脏的业务。斯里兰卡建有"眼球库"，动员无眼病的人死后把眼球献出来，再在低温下保存。这个眼球库除了满足斯里兰卡

本国病人的需要外，还提供给其他国家的需要者。冷冻储存为器官移植开辟了广阔前景，死者将器官捐献给生者被视为一种高尚的美德。

低温下细胞的代谢过程极其缓慢乃至停止，生物体的"生命钟"也停止走动。因此科学家们尝试在低温状态储存动物的生命，甚至设想冷藏人体。生物学家已经成功地把金鱼置于液态氮中15s，然后再放回温水，金鱼仍能复活。冷藏高等动物是否可行，现在尚无先例。但有一些患不治之症的濒死病人自愿接受冷冻保存生命的实验，希望有朝一日医学高度发达，再解冻复活并得到治疗。美国

阿尔科（Alcor）生命延续基金会是目前世界上最大的"人体冷冻"服务机构。第一个被冷藏的人是美国物理学家贝德福。他因患癌症即将死亡，在1967年1月19日请医生为他作了冷冻手术。医生把他的全部体液抽出，注入另一种化学液体，而他的躯体被冷却到-196℃，放入一个特制的不锈钢容器内，人在"棺木"中站立着。现在这块低温冰墓不断扩大，贝德福的同伴已有几十人，而这块墓地的创始人现也位列其中。也许若干年后他们将得到再生，并成为20世纪和21世纪的见证人。

日本科学家则把眼光瞄向遥远的过去，他们在北极冻土带搜寻史前生物猛犸象的冷冻DNA样本，计划克隆出活生生的小猛犸。

冷疗法

不同于冷冻疗法，冷疗法只让局部组织温度下降而不引起组织损伤，通过冷的刺激引起机体发生一系列功能性变化而达到治疗的目的。冷疗法对某些疾病疗效显著，且应用简便安全，易于掌握，正日益受到重视。

冷疗应用于外伤，在急性外伤的初期寒冷可降低局部组织的反应，限制水肿和控制出血，并由于对微循环的作用，可减轻血流淤滞，还可镇疼和解除肌肉痉挛。颅脑低温法可以降低脑的能量消耗，提高脑对缺氧的耐受性，因此可以用于治疗脑外伤和脑部疾病。利用低温激发机体的免疫功能，也用于治疗肿瘤。

此外，在低温科学家和医生的密切合作下，利用低温和超导技术设计制造的各种诊断、医疗器械层出不穷。各种冷刀在眼科、肿瘤科、整形外科等得到广泛应用。超导强磁体能够有效地吸出深入人体内的金属碎片。应用"核磁共振成像法"，医生可以鉴别心、肝、胃等内脏器官的正常细胞和癌细胞，早期诊断癌症。核磁共振成像装置的强磁场则由超导磁体提供。

超导技术的应用

低温超导已在许多领域进入实际应用，高温超导也正在迈向实用化和产业化。超导技术的用途非常广阔，大致可分为大电流应用（强电应用）和电子学应用（弱电应用）。大电流应用包括超导发电、输电和储能、强磁体等，电子学应用包括超导计算机、超导天线、超导微波器件等。超导技术已广泛应用于能源、交通、国防等各行业，成为21世纪高科技发展的亮点。

超导技术在强电领域的应用

超导材料最诱人的应用是发电、输电和储能。

在电力领域，利用超导线圈磁体可以将发电机的磁场强度提高到5万～6万Gs，并且几乎没有能量损失。这种交流超导发电机的单机发电容量比常规发电机提高5～10倍，达1万MW，而体积却减少1/2，整机重量减轻1/3，发电效率提高50％。

磁流体发电机同样离不开超导强磁体的帮助。磁流体发电是利用高温导电性气体（等离子体）作导体，并高速通过磁场强度为5～6万Gs的强磁场而发电。磁流体发电机的结构非常简单，用于磁流体发电的高温导电性气体还可重复利用。

现在使用交流100万V或150万V超高压长距离输电，输电损耗为7%～15%。利用超导体的零电阻特性可望无损耗地输送大电流，现在已经有若干条实验线路。若此项技术获得突破，将根本改变输电工程的面貌。同样，超导回路中的电流能长期无损耗地保持，人们据此提出大规模超导电感储能的设想。它比现在平衡电网负荷的主要装置抽水电站更经济。

超导强磁场选矿引起采矿业的广泛兴趣。利用置于超导磁场中的磁性液体分离和提取金刚石是可行的，也可利用超导磁体除去水中的重金属、悬浮物及微生物，清除污染，保护水体。

能源是人类面临的重大问题，地球上的化石燃料迟早要用完，人们期待着利用核聚变的巨大能量。一个氘核和一个氚核结合生成氦核所释放的能量，比重核裂变大数倍，比化学能大数百万倍。尽管我们已经引爆了氢弹，但还无法控制它，因为聚变产生的上亿度高温，没有任何一个容器能经受得住。怎样使核聚变反应"温和"一些地进行呢？比较有前途的一种装置是利用等离子体磁约束法的托克马克装置（图13-11）。这种装置用数十万高斯的大型磁场空间将热核反应堆中的超高温等离子体包围、约束起来，然后慢慢释放，从而实现受控核聚变。在图13-11所示的实验装置中，高温等离子体被强磁场约束在环形空间中。提供如此强大的磁场，只有大型超导磁体方可胜任。将来一旦实现了受控热核聚变，人类将获得取之不尽用之不竭的能量。

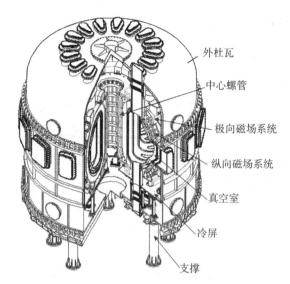

外杜瓦

中心螺管

极向磁场系统

纵向磁场系统

真空室

冷屏

支撑

图13-11　托克马克核聚变装置

利用迈斯纳效应制成的磁悬浮列车，列车悬浮于铁轨之上，同时用一个超导体线性电机非黏着地推动机车高速前进。日本已建成超导磁悬浮列车实验线路，列车速度可高达550km/h，在真空隧道中甚至能提高到1600km/h（图13-12）。2000年，中国西南大学磁悬浮列车与磁悬浮技术研究所研制成功世界首辆高温超导载人磁悬浮实验车。超导磁悬浮技术工业应用还要克服经济性等困难，但前景依然是诱人的。

图13-12　日本超导磁悬浮实验列车线

超导技术在弱电领域的应用

超导计算机有广阔的发展前景。高速计算机要求集成电路芯片上的元件和连接线密集排列，但密集排列的电路在工作时会产生大量的热，而散热是超大规模集成电路面临的难题。超导计算机中的超大规模集成电路，其元件间的互连线用接近零电阻和超微发热的超导器件来制作，不存在散热问题，计算机的运算速度大大提高。同时，科学家正研究用半导体和超导体来制造晶体管，甚至完全用超导体来制作晶体管。超导同轴通信电缆，不用中继站就可同时传输多路信号。超导技术也用于微弱磁信号探测、大地探矿、开发效能更好的滤波器等。

利用约瑟夫逊效应则是超导应用的另一个方向。一个棒球大小的使用约瑟夫逊器件的计算机，能处理相当于一间房子大的硅计算机所能处理的信息量，速度则更快。约瑟夫逊结用于收音机的混频放大，可以检测出极其微弱的信号，一些大型射电望远镜已经应用了这一技术。资源探测卫星中使用约瑟夫逊器件制成的传感器，灵敏度高，大大提高了卫星的探测性能。

至今低温技术的应用仍是很昂贵的，但在许多领域低温是其他任何技术无法取代也无可比拟的。随着低温科学的发展，将会有更多的学科从低温科学得到启迪，相互渗透，为造福人类做出更大的贡献。

第十三章

低温技术的应用

第十四章　宇宙低温探源

今天人造低温已经达到仅高于绝对零度以上 $\dfrac{1}{2 \times 10^9}$ K 的温度，然而仍远没有达到绝对零度。也许我们会问，茫茫宇宙，何处是绝对零度的故乡呢？让我们从人类生活的地球出发，搜寻一下绝对零度的踪迹。

地球上的最低温度

我们可以以人类的体温作为比较温度的基点。

正常人的体温是36.5℃，人在生病时体温会有较大变化，但一般来说不会超出35～42℃的范围，因此体温计的刻度值设定在34～43℃。鸟类和哺乳动物都属于恒温动物，一般鸟类的体温较高而哺乳动物的体温较低，但总地说都在40℃上下，与人类的体温差别不大。这是因为恒温动物都和我们人类生活在同一个星球上，处于大体相同的温度环境中的缘故。恒温动物对体温的变化非常敏感，因为维持生命活动的酶只在一个很窄的温度区间活动，一旦超出这个区间，体温过高或过低，直接的结果就是生物体的死亡。

爬行动物和鱼类等非恒温动物自身没有调节体温的功能，它们的体温随环境温度变化而变化。这也决定了它们只能在一定的环境温度下活动。

我们再比较一下地球上各处的温度。

中国极端气温最低的地方漠河（图14-1）

中国地处北半球，幅员辽阔，各地温度相差很大。代表性的温度指标如下：

1月平均气温最低的地方——大兴安岭根河（−31.5℃）；

1月平均气温最高的地方——南海西沙（22.8℃）；

7月平均气温最低的地方——青藏高原的伍道梁（5.5℃）；

7月平均气温最高的地方——吐鲁番盆地（33℃）；

全年平均气温最低地方——长白山天池（−7.4℃）；

全年平均气温最高的地方——南海西沙（26.4℃）；

极端气温最高的地方——吐鲁番盆地（49.6℃）；

极端气温最低的地方——漠河（−52.3℃）。

吐鲁番盆地是中国著名的热都，7月的平均气温达33℃，每年最高气温不低于35℃的炎热天数达100天以上，而且有40天达到40℃以上，均属全国之最。那里地面的气温更高，经常升到75℃以上。我国的极端最高气温49.6℃是1975年7月13日在吐鲁番测得的，这是一个正式的纪录。也有消息报道，1986年7月，在艾丁湖的芒硝厂气象哨测得了50.7℃高温，不过这可能不是一个正式的纪录。

图14-1　漠河北极村，中国最北端的地理标志"神州北极"

极端最低温度−52.3℃是1969年2月13日在黑龙江省的漠河测得，此前在内蒙古大兴安岭的免渡河曾于1922年1月16日观测到−50.1℃的气温，这是新中国成立前气温记录中的最低值。不过也有人认为，在珠穆朗玛峰地区完全有可能出现比它们更低的温度。例如，根据珠穆朗玛峰脚下定日气象站无线电探空观测资料，在海拔9000m的高度上已经出现−61.4℃的低温。如果在珠穆朗玛峰顶端设气象站的话，也许中国1月平均气温最低、全年平均气温最低和极端最低气温的桂冠都要由它取得。

最寒冷的大陆南极洲

在茫茫宇宙中，地球是一颗很温和的星球。地球的平均气温是14℃，固体表面的平均温度是20℃。在地球上不同地点、不同时间里温度的变化是很大的。地球上温度按这样规律分布，赤道带最热，向两极越来越冷，盆地气温高而高原气温低。

世界上最热的地方是非洲埃塞俄比亚的马萨瓦。那里年平均气温为30.2℃，1月平均气温是26℃，7月平均气温是35℃左右。

世界上出现极端最高气温的地方是伊拉克的巴士拉，1921年7月8日测得气温为58.8℃。气温短时间激升可能达到更高的温度，1933年9月，一股反常的热流袭击了葡萄牙的柯因布拉，气温曾达70℃，不过只持续了2min。这些纪录都有可能被打破，有消息报道说极端最高气温出现在索马里，在背阴处测得的温度是63℃，并推断在撒哈拉大沙漠中温度还要更高。

世界上年温差最大的地方是俄罗斯的上扬斯克，它的气温年温差达到107.7℃。年温差最小的地方是南美洲厄瓜多尔的基多，只有0.6℃，这里的人们就像生活在恒温箱里。

世界上气温变化最剧烈的地方是美国南达科他州的斯比尔菲什，那里曾经在2min内，气温从-4℃猛升到45℃，人们一下子度过了几个季节。

常年有人居住的最冷的地方，要数俄罗斯东西伯利亚的维尔霍扬斯克和奥伊米亚康地区。那里的年平均气温在−15℃左右。冬季有3个月平均气温在-40℃以下，极端最低气温分别是-68℃和-78℃。人在那里呼出的气，一下子就冻结，落在地上变成白色粉末。

世界上最冷的地方是南极洲，年平均气温在-25℃以下。南极没有四季之分，只有暖、寒季的区别。暖季为11月至4月，寒季为5月至10月。寒季时，南极大陆的沿海地区温度为-30～-20℃，内陆地区为-70～-40℃。极端最低气温纪录也为南极大陆所保持，南极大陆的高原地区是地球上最寒冷的地方。1983年7月21日，苏联在南极冰盖高原设立的东方考察站（海拔3490m）测得地面气温达-89.2℃（图14-2），它的地理坐标为南纬78°7′51″，东经106°1′57″。这是地球气象观测史上记录到的并得到普遍承认的最低气温纪录。也有消息报道，挪威的南极考察队在南极点附近测得过−94.5℃的低温，并估计在东南极洲可能存在-100～-95℃的低温。

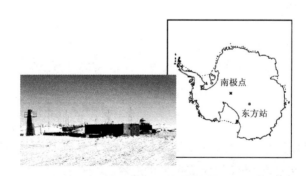

图14-2　地球上最冷的地方：南极东方科学考察站

中国第21次南极科学考察队于2005年1月17日在南极冰盖海拔最高点设立了自动气象站，海拔高度为4093m，是目前南极大陆上海拔高度最高的气象观测站，比俄罗斯的东方站高603m。冰川学研究通常用10m深处的雪温来代表该地年平均气温，而我国科学家在此处测得10m深位置的雪温为−58.5℃，这是迄今人类在南极冰盖测得的最低年平均温度。这一温度比俄罗斯东方站测得的年平均气温低，由此推断在中国南极冰盖最高自动气象站地区有可能会出现新的全球极端最低地面气温记录。

我们这里所谈的温度都是指地面气温，它是由安装在离地面1.5m高的百叶箱中的温度表测得的。也就是说，温度表保持了良好的通风性并且避免了阳光照射，因而具有较好的代表性。地表是生物活动的主要区间，当我们使用温度变化"剧烈"、高温低温条件"严酷"等术语的时候，都是相对于生物生存条件而言。事实上，地球生物圈的温度波动范围在水的冰点上下区区100℃，和我们现在所知的一切星球相比，实在是得天独厚。这一颇为优越的温度条件对生物的生存是极其可贵的，可能这也正是宇宙中生命之花罕见的原因之一。

地球内部与高空的温度

火山喷出炽热的岩浆和地下涌出的热泉都告诉我们，地球内部不是一个冰冷的世界而是高温的国度。

地球内部的温度与地表完全不同。在地面以下20～30m有一恒温层，这一层的温度常年保持不变，其温度相当于当地年平均气温。恒温层以上的地壳温度随地表气温变化而变化，但有一个滞后时间。

地球内部更深处的状况，我们无法直接观测到，目前人类在地球上钻探最深的孔也不过12262m，才是地球半径的1/500。这是苏联采用SG-3钻孔取得的成果，这个孔从1970年开钻到1989年结束，耗时20年。不过我们可以根据地震波在地球内部介质传播过程中的规律进行推测和分析，确定地球内部的结构和温度。

一种公认的理论是，地球的外层是地壳，厚度为35～45km。地壳之下由外向里分别为地幔和地核，地幔的厚度约2800km，而地核的半径为3480km。它们的分层结构就像鸡蛋的蛋壳、蛋清和蛋黄。地核又分为内地核和外地核。外地核呈液体熔融状态，主要由铁、镍及一些轻元素组成，它们可以流动（对流），这层液态外核为内核的旋转提供了条件。内核呈固态，成分以铁为主，内部压力极大，温度极高。从地壳的恒温层往下，每1000m升高30℃左右，穿透地壳进入地幔，温度为1100～1300℃，而地核的温度高达2000～5000℃。

从地表向上进入大气层，温度要经历反复升降变化，最后到达极低温的外层空间。

从地表往上10～12km是对流层，主要的天气过程，雨、雪、风、雹的出现都在这一层。在对流层大约每升高100m温度下降0.6℃，所以我们总是说"高处不胜寒"。从对流层顶到约50km的大气层为平流层。在平流层下层，即30～35km以下，温度随高度降低变化较小，气温趋于稳定，所以又称同温层。在30～35km以上，温度随高度升高而升高。从平流层顶到80km高度称为中间层，这一层空气更为稀薄，温度随高度增加而降低。从80km到约500km称为热层。这一层温度随高度增加而迅速增加，层内温度很高，昼夜变化很大。再往上是电离层，电离层的顶部是大气层中气温最高的区域，温度可达2200℃左右。不过在电离层中，气体已经非常稀薄，尽管温度高，对穿越电离层的宇航器并不会造成伤害。再往上空气更为稀薄，温度急剧降低。大气层外就是真正的宇宙空间，那里的温度约为-270℃。

我们附带说一下月球。月球是一个没有空气、没有水，向阳面酷热而背阴面奇冷的世界。月球赤道上中午的温度达120℃，夜里低至-180℃，这里指的是月球表面的温度。这个温度相对于宇宙中的星体来说还是相当温和的，但对生命来说已经是严酷得无法生存了。

太阳系的最低温度

我们所生活的地球属于太阳系。太阳系是由太阳、大行星及其卫星、小行星、彗星、流星体和星际物质组成的天体系统。谁的温度最低呢？

太阳本身是一颗靠热核反应发光发热的恒星，它的内部每秒有质量达6.570亿t的氢核聚变为6.525亿t的氦。由于热核反应，太阳的内部为$2×10^7$℃的高温，太阳表面的温度为5500℃，日珥的温度达$5×10^6$℃，向周围空间散发大量的光和热，是太阳系中其他星体的主要热源。由于其他恒星都离太阳系太遥远，太阳系的星球从这些恒星可能得到的光和热与从太阳得到的光和热比，完全可以忽略不计。

太阳系有八大行星，按距太阳远近排列依次为水星、金星、地球、火星、木星、土星、天王星和海天星。原来的第九大行星冥王星在2006年8月的国际天文学联合会上被除名而降为矮行星，不过在本书中还是介绍一下冥王星。每颗行星从太阳得到的光和热与它们到太阳距离直接相关。由于每颗行星的星体构成不同，在我们谈到它的温度时常要指明是大气温度还是星体表面或上空云层的温度。太阳系大行星的位置如图14-3所示。

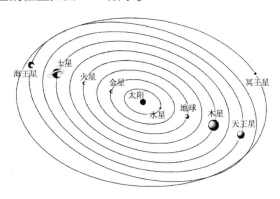

图14-3　太阳系大行星的位置

水星，离太阳最近，距太阳仅57.9×10^6km，接收太阳光热最多。白天水星固体表面的平均温度达350℃，可是由于水星上没有大气层保温，同时它的一昼夜相当于176个地球日，在连续数周太阳烘烤后又连续数周处于黑暗中，所以夜间它的固体表面平均温度降到−170℃。

金星，离太阳第二远的行星，距太阳108×10^6km。它与地球在体积、质量、密度上都非常接近，可以算是地球的姊妹星。金星上的一天相当于地球上的243天。它的大气由厚厚的二氧化碳构成，没有水，地表大气压是地球的九十多倍。它的云层是由硫酸微滴组成。金星浓厚的二氧化碳大气层造成强大的"温室效应"，太阳光能够透过大气将金星表面烤热，但地表的辐射却受大气的阻隔，热量无法向空间释放。金星地表的温度高达480℃，它是太阳系中一颗炎热的行星。

地球，距太阳149.6×10^6km，有主要由氧和氮组成的大气，有广大的由水组成的海洋，地球的平均气温是14℃，固体表面的平均温度是20℃，是一颗非常温和的星球。目前我们还没有发现与地球条件相似的星体，地球是我们人类的故乡。

火星，距太阳227.9×10^6km，是地球的近邻。它与地球有许多相同的特征，它们都有卫星，都有移动的沙丘、大风扬起的沙尘暴，南北两极都有白色的冰冠，只不过火星的冰冠是由干冰组成的。火星每24h37min自转一周，它的自转轴倾角是25°，与地球相差无几。火星上有明显的四季变化，这是它与地球最主要的相似之处。

但除此之外，火星与地球相差就很大了。火星大气十分稀薄，密度还不到地球大气的1%，因而根本无法保存热量。这导致火星表面温度极低，很少超过0℃，平均地表温度为-63℃，最高地表温度20℃，而夜晚最低地表温度达-140℃。尽管人们猜测火星曾经存在过水，河流甚至生命，但现在的探测表明它还是一个荒寂的世界。

木星是太阳系中最惹人注目的一颗行星，距太阳778×10⁶km，它在行星九兄弟中个儿最大，亮度仅次于金星。木星没有固体外壳，内部有一个直径为24000km的固体核，内核很热，可能高达30000℃。木星是一个巨大的气态行星。最外层是一层主要由氢和氦构成的浓厚大气。随着深度的增加，氢逐渐转变为液态。在离木星大气云顶$1×10^4$km处，液态氢在100万atm的高压和6000K的高温下成为液态金属氢。

20世纪70年代，四个美国航天器飞越木星。航天器发现木星云层的温度约为-150℃，而云层下面的温度则大大增高，达19000℃。探测器没有对木星表面的温度进行测量，但天文学家们知道它的热度很高。木星释放出的热量是它从太阳获得的热量的两倍，这也证明了该行星的中心一定极其炽热。

木星的一个特点是有众多的卫星。木卫一是太阳系中最与众不同的一个卫星，是除了地球外太阳系中唯一一个存在活火山的天体。"旅行者"号在探测木卫一时，竟发现在木卫一表面有九个火山在同时喷发。木卫一的表面温度约为-143℃，在火山喷发时的温度可达17℃。

木星的另一颗卫星木卫二是太阳系中另一颗与众不同的卫星。木卫二是太阳系中最明亮的一颗卫星，原因在于它的表面有一层厚厚的冰壳，这层冰壳上布满了陨石撞击坑和纵横交错的条纹。木卫二的内部很可能非常活跃，尽管木卫二的表面温度低达-200℃，在冰壳下面却很可能隐藏了一个太阳系中最大的液态水海洋，因此它的温度可能相当温和。人们预期这个海洋中极有可能存在生命。

最近的研究表明，木卫三上也可能有液态水构成的海洋。在木星探测器"伽利略"号发回的图像中可以分辨出，木卫三的地面覆盖着厚厚的冰层，地表到处都有冰块融化的水流痕迹。这些新的资料还表明木卫四地表下也可能存在液态海洋。这些都唤起人们追寻地球外生命的浓厚兴趣。

土星，距太阳1427×10⁶km，是太阳系里最轻的一颗行星，密度仅为

0.7g/cm³，比水还轻。土星最里面是岩石核心，其直径有20000km。在岩石核心外面包围着5000km厚的冰壳，再外面是8000km厚的金属氢，最外面是大气。土星大气的主要成分是氢和氦，大气里飘着氨晶体云。土星表面温度约为-140℃，云顶温度为-170℃。土星发出能量是从太阳吸收的2倍，可见它有内部热源。

土星和木星一样也有许多卫星，其中有一颗特别引起科学家的注意。在土星轨道进行探测工作的"卡西尼"号探测器发现土星的卫星土卫二有着浓密的大气，此前已发现土卫六有大气，这是太阳系诸多行星的卫星中仅有的两颗拥有大气的卫星。土卫二主要由冰组成，拥有太阳系中最洁净没有任何杂质的冰表面，因此它的表面几乎都是白色。由于反射了大量的阳光，吸收的能量很少，土卫二表面平均温度相当低。但"卡西尼"号土星探测器发现土卫二不是原先计算的-203℃，而是具有比较高的温度-183℃。"卡西尼"号土星探测器还传回了一组极为难得的图像，图像显示土卫二表面发生大规模的喷冰现象，表明土卫二表面相当活跃，似乎有液体经常在其表面流动。科学家目前还不清楚这种液体是什么物质，但认为可能是水与氨的混合物。氨是一种化学物质，能够令水在低温下也不结冰。有科学家认为，在土卫二的外壳下，可能蕴藏着一个大水库，并猜想它可能在现在存在或将来孕育生命。

天王星，距太阳2871×10⁶km，体积在九大行星中仅次于木星和土星。天王星最奇特的是它的自转轴几乎倒在它的轨道面上，也就是说，它是"躺"着自转的，而其他行星都是"站"在自己轨道面上自转。天王星的核心是岩石物质，核心温度2000~3000℃。核心外面是一层很厚的水冰和氨冰，冰外面是分子氢层，再向外就是很厚的大气层，大气层中的主要成分是氢和氦。天王星接收的太阳辐射很少，美国的"旅行者"二号飞船于1986年飞越天王星，测得它的温度为-210℃。

现在我们到了太阳系的边缘，离太阳最远的大行星海王星，距太阳4496×10⁶km，有浓密的大气，主要由氢、氦构成。美国的"旅行者"二号飞船于1989年到达海王星的上空，测得它的温度-223℃。

最后说一下冥王星，它毕竟曾长期被视为太阳系中离太阳最远的大行星。冥王星距太阳5946×10⁶km，直径只有2300km左右，它具有类似地球的覆盖着坚冰的两极，是一个浑圆的球体。它是公转最慢、周期最长的行星了。由于冥王星轨道很扁，所以当它走到近日点时，可以跑到海王星轨道里面，这时比海王星离太阳还近。它离太阳比地球离太阳远38.5倍，所以接收的太阳光和热要少得多，估计太阳光照到的表面温度为-223℃，背面可低到-253℃，这么低的温度下，除氢、氦、氖可能是气体外，其他绝大部分物质都已凝结为固态或液态。

太阳系内还存在为数众多的小质量天体，主要集中在火星和木星的轨道之间。已准确测出轨道并正式编号的小行星有3000多颗，已发现的彗星约有1700颗，还有多得难以计数的流星体。这些天体处于远离太阳的位置时，其背日面的温度可能接近星际空间的温度。

在太阳系的边缘达到液氢级的低温，然而距绝对零度还相当遥远。

宇宙空间的最低温度

现在我们进入更遥远的宇宙空间搜寻绝对零度的踪迹。

炽热的恒星

我们肉眼看到的满天繁星，除少数几颗太阳系的行星，偶然露面的彗星和流星外，都是由炽热气态物质组成，能自行发热发光的恒星。在我们能观测到的恒星中，99％以上都和太阳一样，属于称为"主序星"的一类。这类恒星表面温度从几千度到数万度，内部的中心温度为几千万度甚至数亿度。恒星内部发生着激烈的热核反应，这里是高温的世界。

这些恒星分布在广大的宇宙空间。地球是太阳系中一个普普通通的行星，而太阳系占有的宇宙空间直径仅120亿km。比太阳系范围更大的是银河系，太阳是银河系1000多亿颗"太阳"中的一颗，银河系所占宇宙空间直径已达10万光年。银河系并不是宇宙空间的尽头。在银河系之外，还有许许多多星系，人们称为"河外星系"。天文学家已发现10亿多个河外星系，每个河外星系都包含有几亿、几百亿甚至几千亿颗恒星及大量的星云、星际物质。目前，通过射电望远镜和空间探测，已观测到距离我们地球约200亿光年的一种似星非星的天体，取名"类星体"。这种天体的发现，把今天人类视线拓展到200亿光年的宇宙深空。所有河外星系又构成更庞大的总星系，这也是我们人类目前所能认识到的宇宙。

由于年龄、质量的不同，恒星表面温度相差很大。不同表面温度的恒星呈现不同的颜色，温度低的呈棕红色，温度较高的呈黄色，温度很高的呈蓝白色，从恒星的颜色就可以判断出它的温度。表面温度在30000K以上的恒星发蓝光，表面温度在10000～30000K的恒星颜色是蓝白色的，表面温度在7500～10000K的恒星颜色是纯白色的，表面温度在6000～7500K的恒星呈黄白色，表面温度在5000～6000K时，恒星的颜色发黄，表面温度在3500～5000K时恒星的颜色为红橙色，表面温度在2000～3500K的恒星颜色发红。例如，织女星和天狼星属于白星，而太阳则属于典型的黄星。

但是恒星的表面并不是温度最高的部分。热会从它的表面向外传播到该恒星周围一层很薄的大气层，亦即它的"日冕"。这里的热量从总量上说虽然不算大，但是，由于这里的原子数量同该恒星本身的原子数量相比是很少很少的，以致每一个原子可以获得大量的热供应。又因为我们以每一个原子的热能作为测量温度的标准，所以，日冕的温度高达数百万度。

此外，恒星的内部温度也比其表面温度高得多。要使恒星的外层能够战胜巨大的向里拉的引力，就必须是这样。太阳中心的温度约为2000万度，而那些质量比太阳大的恒星，中心温度会更高，内部的中心温度为几千万度甚至数亿度。还有一些类星体，它们内部的温度究竟多高，还在探索之中。

漆黑的宇宙背景

星球只占宇宙空间的极小一部分，那么在漆黑的宇宙空间，是否可能是绝对地冷？

人们早就发现这个问题，无限的宇宙有无限的恒星，即使每颗恒星的光是暗淡的，但无限多个暗淡的星光叠加起来，也会形成巨大的光芒，为什么宇宙背景却是漆黑的呢？

19世纪的天文学家奥伯斯（H. Olbers），也曾为"夜空为什么是黑暗的"这个古老的问题困扰过，因此后来就称这个问题为"奥伯斯佯谬"。

根据热力学理论，无限个恒星把热和光辐射到空间，会使宇宙空间的温度不断升高，即使在经过100多亿年后，宇宙空间还没有达到恒星表面温度那样的热动平衡状态，也应该是几千开的温度，宇宙背景应该在这个温度上发热发光，而不该是漆黑的。

现代宇宙学解开了这个佯谬。首先，恒星不是永恒地燃烧的，原始恒星和死亡了的恒星不发光，发光的主序恒星有一定的寿命。其次，宇宙不是静止的，而是在不断地膨胀着。最后，也是最根本的，宇宙不是无限的，它有有限的年龄，有有限数量的恒星。因此，有限的宇宙和有限数目恒星的光的叠加，也是有限的，而且是很微弱的，因为宇宙的不断膨胀降低了温度和光芒。

从热力学角度看，就是从宇宙诞生至今，还没有达到热平衡所需要的足够时间。而且，如果宇宙一直膨胀下去，也将是在很低温度的水平上的平衡。如果这样，不仅现在的宇宙背景是漆黑的，将来也会是漆黑的。

这个漆黑的宇宙背景中有绝对零度的踪迹吗？两位工程师的发现打碎了这一梦想。

20世纪60年代，美国贝尔电话实验室的两位科学家彭齐亚斯（A. Penzias）和威尔逊（R. W. Wilson）为了改进卫星通信，建立了一架高灵敏度的号角式接收天线系统。1964年，他们用它测量银晕气体射电强度时，为了降低噪声甚至仔细地清除了天线上的鸟粪，却总有消除不掉的背景噪声。在一一估计了所有噪声源后，仍有来自宇宙的波长为7.35cm的微波噪声，也就是相当于3.5K的热辐射得不到解释，也无法消除。更加令人迷惑不解的是，这个残余温度没有方向变化，是各向同性的；也没有周日变化，就是说与太阳无关；也不随季节交替而变化。尽管他们无法对这种噪声作出解释，但可以断定，它不可能来自任何特定的辐射源。1965年他们又将其修正为3.0（±1.0）K，并将这一发现公布。

他们两位是工程师，不是天体物理学家，还不知道自己的发现在天文学上的重大意义。然而在他们作出这个发现之前，美国普林斯顿大学迪克（R. Dicke）教授的研究小组根据大爆炸宇宙学的思想，在1960年作出一个大胆的理论预测，认为宇宙经过150亿年的不断膨胀、冷却，目前的温度约只有3K，而且在不同的观测方向上，应该在微波波段表现为各向同性分布。彭齐亚斯和威耳逊的发现与"宇宙大爆炸"的理论一拍即合，成为这一理论最有力和证据之一，原来微波背景辐射就是当时大爆炸产生的辐射在宇宙中的余烬（图14-4）。后来经过订正，微波背景辐射的值改为2.7K，习惯上称为3K宇宙背景辐射（Cosmic Microwave Background，CMB）。

图14-4　美国宇航局探测卫星拍摄到的CMB图像

微波背景辐射被认为是20世纪天文学的一项重大成果，对宇宙学的研究具有深远影响。彭齐亚斯和威尔逊为此获得1978年诺贝尔物理学奖。

这一发现意味着，在星际空间不存在绝对的冷，也不是绝对零度，仍有宇宙大爆炸的余热弥漫在其间，它的温度是2.7K（图14-5）。

图14-5　满天繁星多是炽热的恒星，漆黑的宇宙空间也不是绝对地冷，弥散着一丝2.7K的暖意

宇宙冰箱布莫让星云

在探测宇宙背景辐射的分布过程中，科学家发现背景辐射存在微量的不均匀。这也许说明宇宙最初的状态并不均匀，所以才有现在的宇宙和星系、星团的产生。更让科学家们惊奇的是，有一个遥远的星云的温度为-272℃，也就是1K多一点，是目前所知宇宙中最寒冷的地方，名符其实的"宇宙冰箱"。

这个河外星云称为布莫让星云（图14-6），距地球5000光年。布莫让（Boomerang）的意思是澳洲土著居民狩猎用的武器"飞去来器"，这个星云的形状恰似一个飞去来器。它可能由一个衰老的中心星球高速喷出的气体和灰尘形成，喷发出的气体速度高达590000km/h。在星云中离中心越远温度越低，两极凸出部分是最冷的区域。导致布莫让星云温度极低的原因可能是由于它在急速膨胀，而且周围没有任何热源，所以内部的温度不断下降。这一膨胀将气体冷却到低于

图14-6　布莫让星云

弥漫于我们宇宙中的3K微波背景辐射的温度，这使得星云气体中的一氧化碳分子吸收微波背景辐射。设在智利的欧洲空间观测站用直径15m的瑞士ESO亚毫米波段天文望远镜测到这种微波背景辐射被吸收的信号，从而确认了这个巨大的宇宙冰箱。

寒冷的布莫让星云对于天文学家是一个独特的研究对象。布莫让星云，1K，这是我们目前所能探测到的宇宙最低温度。

大爆炸与冷却的宇宙

在人类已经探测到的宇宙空间里，我们没有发现绝对零度，那么在我们未曾探测到的宇宙空间，在宇宙的过去和将来，是否可能存在绝对零度呢？也许从一个被称为"宇宙大爆炸"的理论中可以得到一点启发。

什么是宇宙？《淮南子·原道训》注："四方上下曰宇，古往今来曰宙，以喻天地。"中国古代先哲们为宇宙下了一个颇为确切的定义，也就是说，宇宙是物质的宇宙。宇宙是天地万物的通称，它包含了空间和时间两方面的含义。今天，人类对物质宇宙的认识在空间上已达到150亿光年的宇宙深处；而在时间上则可追溯到150亿年前的宇宙早期历史。为了解释宇宙的诞生、发展和将来的演化，历史上出现过许多学说，现在一种占主流的观点是"宇宙大爆炸学说"（图14-7）。

图14-7　宇宙大爆炸想象图

宇宙大爆炸理论是俄裔美国科学家伽莫夫（G. Gamow）在1948年提出来的。该理论认为，宇宙开始是个高温致密的火球，它不断地向各个方向迅速膨胀。当温度和密度降低到一定程度，宇宙发生剧烈的核聚变反应。随着温度和密度的降低，宇宙早期存在的微小涨落在引力作用下不断增大，最后逐渐形成今天宇宙中的各种天体。宇宙大爆炸模型，与DNA双螺旋模型、地球板块模型、夸克模型一起，被认为是20世纪科学中最重要的四个模型之一。

根据这一学说，在距今约150亿年前，今天所观测到的全部物质世界都集中在一个温度极高、密度极大的很小的范围。大爆炸开始后0.01s，宇宙的温度约为10000亿℃，其物质的主要成分为轻粒子（如光子、电子或中微子），质子和

中子只占 $\dfrac{1}{1\times10^9}$，所有这些粒子都处于热平衡状态。

由于整个体系在快速膨胀，温度很快下降。大爆炸后0.1s，温度下降到300亿℃，中子与质子之比从1下降到0.61。1s钟后，温度下降到100亿℃。随着密度减小，中微子不再处于热平衡状态，开始向外逃逸，电子——正电子对开始发生湮没反应，中子与质子之比进一步下降到0.3。但这时由于温度还太高，核力仍不足以把中子和质子束缚在一起。

大爆炸后13.8s，温度降到30亿℃，这时，质子和中子已可形成像氕、氘那样稳定的原子核。35min后，温度降到3亿℃，核过程停止。但由于温度还很高，质子仍不能和电子结合形成中性原子。原子是在大爆炸后约30万年才开始形成的，这时的温度已跌到3000℃，化学结合作用已足以将绝大部分自由电子束缚在中性原子内。

到这一阶段，宇宙的主要成分是气态物质，它们慢慢地凝聚成密度较高的气体云，再进一步形成各种恒星系统。这些恒星系统又经历了漫长的百亿年的演化，慢慢演化为星云、星团、恒星和行星，进一步出现了生物以至人类，成为我们今天所看到的宇宙。

大爆炸宇宙论得到许多天文观测现象的印证。河外星系存在普遍性退行运动以及哈勃定律的发现，强有力地支持了宇宙从大爆炸中诞生的理论。根据哈勃定律推算得到的宇宙年龄约为150亿年，宇宙中所有天体的年龄都不可能超过这一数字。依照天体物理理论，特别是恒星演化理论可以测得，最年老星系和最年老恒星的年龄为130亿～140亿年。太阳的年龄约为50亿年，地球上最古老岩石的年龄约为40亿年。这些年龄测定结果可以按很好的时序纳入大爆炸后宇宙整体演化的框架之内。

另一个支持大爆炸理论的强有力观测证据就是微波背景辐射。理论预测大爆炸在宇宙中的残余温度为3K，观测值为2.7K，二者高度吻合。

一项与化学元素的形成有关的证据也显示宇宙可能起源于一次超级大爆炸。理论计算表明，氦核的形成过程约持续了3min。在这一期间，有23%～27％的质量的物质聚合成氦，并同时用完了所有可资利用的中子，而余下的核子，即没有参与聚合的质子自然就形成了氢原子核。这一理论预言，宇宙应当由约75％的氢和25％的氦组成，这与实测结果符合得极好。

大爆炸宇宙论成功地解释了一些十分重要的观测事实，深得大多数天文学家的青睐。但是，从20世纪80年代后期开始，若干新观测结果的出现使这一理论受到不少挑战。持反对意见的学者对此提出了责难，而大爆炸宇宙论家则继续发展这一学说，以进一步对新的观测事实作出合理的解释。

那么宇宙可能有怎样的结局？宇宙的终极在哪儿？什么时候发生？会是一种什么状态？那时的温度又是怎样？

这一切只能是猜测和想象了。一种是开宇宙的观点，按这种学说，恒星演化到晚期，会把一部分物质（气体）抛入星际空间，而这些气体又可用来形成下一代恒星。这一过程会使气体越耗越少，以致最后再没有新的恒星可以形成。所有恒星都会失去光辉，宇宙也就变暗。同时，恒星还会因相互作用不断从星系逸出，星系则因损失能量而收缩，结果使中心部分生成黑洞，并通过吞食经过其附近的恒星而长大。再往后，对于一个星系来说只剩下黑洞和一些零星分布的死亡了的恒星，这时组成恒星的质子不再稳定。当宇宙到 10^{24} 岁时，质子开始衰变为光子和各种轻子。10^{32} 岁时，这个衰变过程进行完毕，宇宙中只剩下光子、轻子和一些巨大的黑洞。10^{100} 年后，通过蒸发作用，有能量的粒子会从巨大的黑洞中逸出，并最终完全消失，宇宙将归于一片黑暗。这也许就是宇宙末日到来时的景象，但它仍然在不断地、缓慢地膨胀着。

闭宇宙的结局又会怎样呢？闭宇宙中，经过400亿～500亿年后，当宇宙半径扩大到目前的2倍左右时，引力开始占上风，膨胀即告停止，而接下来宇宙便开始收缩。以后的情况差不多就像一部宇宙影片放映结束后再倒放一样，大爆炸后宇宙中所发生的一切重大变化将会反演。收缩几百亿年后，宇宙的平均密度又大致回到目前的状态，不过，原来星系远离地球的退行运动将代之以向地球接近的运动。再过几十亿年，宇宙背景辐射会上升到400K，并继续上升，于是，宇宙变得非常炽热而又稠密，收缩也越来越快。在坍缩过程中，星系会彼此并合，恒星间碰撞频繁。一旦宇宙温度上升到4000K，电子就从原子中游离出来；温度达到几百万度时，所有中子和质子从原子核中挣脱出来。很快，宇宙进入"大暴缩"阶段，一切物质和辐射极其迅速地被吞进一个密度无限高、空间无限小的区域，回复到大爆炸发生时的状态。

绝对零度可能是开宇宙的结局，或者是闭宇宙由膨胀转为收缩的转折点吗？目前的宇宙学说还给不出一个明确的图像。

自然太神奇了，但人们毕竟还有几百亿年时间去思考这些问题，应该相信科学技术的进步和人类的发展能力，而完全不必毫无意义地杞人忧天。我们知道的是，在现在已经探测到的宇宙范围内，还找不到绝对零度。但我们也坚信，人类探索自然界绝对零度的努力和人造低温逼进绝对零度的尝试都不会停止。

第十四章　宇宙低温探源

第十五章　一条没有尽头的路

科学家已经进入纳开甚至皮开温区，并在继续开发新的制冷方法，意欲向更低温度挺进。会不会有那么一天，人造低温最终达到绝对零度呢？

回答是：不。

绝对零度可以无限逼近，但永远不可能达到。

回顾

先回顾一下我们曾经探寻过的自然界存在的低温。

中国极端最低气温，黑龙江省漠河，221K（-52.3℃）。

地球极端最低气温，南极东方站，184K（-89.2℃）。

太阳系大行星最低温度，海王星，50K（-223℃）。

宇宙背景温度，2.7K（-270.45℃）。

银河系外布莫让星云温度，1K（-272℃）。

1K，这是我们所知的自然界存在的最低温度。

再看一下人类征服低温的历程。

储冰制冷，273K（0℃）。

冰盐混合物制冷，冰与食盐混合，252K（-21.2℃）；冰与氯化钙混合，218K（-55℃）。

蒸气压缩式冷冻机，氨制冷剂，240K（-33.4℃）；四氟甲烷制冷剂，标准蒸发温度145K（-128℃），最低蒸发温度133K（-140℃）。

氧的液化，90K（-183℃）。

氢的液化，20.4K（-252℃）。

氦的液化，4.2K（-269℃）。

氦减压蒸发，0.7K。

磁制冷，1mK（10^{-3}K）。

核绝热去磁制冷，样品平衡有序温度30μK（$30×10^{-6}$K），核自旋温度100pK

（100×10^{-12}K）。

^{3}He-^{4}He 稀释制冷，2mK（2×10^{-3}K）。

激光制冷，原子气体 0.5nK（0.5×10^{-9}K）。

纵观人类征服低温的历史，氧的液化开启了通往极低温的大门，似乎使人们看到达到绝对零度的希望。然而实验物理学家很快发现，在达到绝对零度以前，他们所可能使用的制冷方法就已经失效了。氢和氦的液化鼓励人们去尝试探索绝对零度，减压蒸发曾是有效的手段，然而远在到达绝对零度以前，它们或是已变成固体，或是在极低气压下已无气可抽，完全丧失了进一步制冷的功能。后来发现的各种制冷方法，尽管可能制得更低的温度，也都无一不最后面临同样的窘态。人们逐渐认识到，每一种制冷方法都不是万能的，所能得到的低温都有一定的限度。

有人也许会想，现在的问题也许仅在于我们未能找到一种完善的制冷方法，只要有朝一日发现了这种方法，就能一举攻克绝对零度的堡垒。这种想法看起来似乎不无道理，理论研究却告诉我们，做到这一点是不可能的，因为它违背了热力学的基本定律。

热力学第三定律

1906 年，能斯特提出热力学第三定律：当温度趋向于绝对零度时，纯晶体之间的化学反应的熵变趋向于零。1911 年，普朗克根据统计力学提出：在绝对零度时，完整晶体的纯物质的熵等于零。

后来，古根海默（E. A. Guggenheim）提出与上述说法等效的热力学第三定律的另一种表述形式：用任何方法，无论这种方法如何理想，都不可能借有限次数的操作将任何系统的温度降低到绝对零度。

怎样理解这一定律呢？我们知道，温度反映的是物系内部大量分子无规则运动的平均动能。现在，用"熵"这样一个概念描述一个物质系的混乱度。虽然前面已经多处提到过熵，这里还要再说几句。

熵表示一个物质系的混乱程度。比如说，对于数量一定的物系，温度升高，则处于高能级的分子数增多，即分子可以排布在更多的能级上，从而出现更多的微观状态数，也就是物系的混乱度加大。若这一物系是由晶体内部无缺陷的完整晶体组成，它就只有一个微观状态。对于分子晶体而言，这一微观状态就是分子的取向。也就是说，在这种情况下，温度越高则分子取向越混乱，混乱度增加，熵值增大。还有另一种状况，如果物系体积增大，则分子在空间排布的方式增多而呈现更多不同几何构型的微观状态，因而物系混乱度增加，熵值也增大。

从这个角度，我们说降低温度也就是榨取一个物质系的熵，减小它的熵值，降低它的混乱度。当熵值为零时，温度也就达到绝对零度。

冷冻机也就是"榨熵机"，现在来分析一下一个制冷降温过程（图15-1）。不管用什么方式制取低温，不外乎主要经历这样两个步骤。第一步，设法改变一个物系的外部状态，从而降低它的熵值。例如，等温地压缩气体，使气体达到较高压力，或者对顺磁盐施加强磁场，同时排除磁离子按序排列时放出的磁化热，保持等温状态。在这一等温过程中，外部状态参数压力或磁场的改变，导致物系熵值减小。第二步，在一个绝热过程中使外部状态参数恢复到原值，结果温度降低。例如，使前述压缩了的气体绝热膨胀回到原来的低压态，或者在绝热状态下撤去施加于顺磁盐的强磁场。伴随这一外部状态参数的改变，熵值不变，系统降温。不断地重复这两个步骤，就可以使一个系统的温度逐次降低。

如果在温度—熵值（T—S）坐标系中，对于一定的物系，作出它的外部状态参数 X 分别为 X_1 和 X_2 的曲线，则前面所说的制冷过程就对应于图15-1中的折线。经历一个等温过程，外部状态参数由 X_1 变为 X_2，熵值减小 ΔS。再经历一个等熵的绝热过程，外部状态参数又从 X_2 回到 X_1，同时温度降低 ΔT。沿这条折线，可以不断地榨取熵，不断地降温，永无止境地逼近原点。也正因为任何一种制冷过程都经历的是这样一条折线，它永远也达不到原点。

绝对零度恰恰就位于这个原点之上！

以前，有些物理学家的确曾经设想可以达到绝对零度，这是一种"经典"物理学的观点。依据这种观点，只要你有耐心，总可以使原子完全静止，并呈现固定的完全规则的排列。与这个观点相呼应的是，人们对这一现象的观测也可以无限精确。尽管承认做到这一切并非轻而易举，但测量的精确度并无最后限制，则是此种信念的基础。

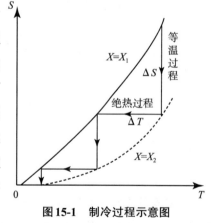

图15-1 制冷过程示意图

现代物理学认为，观测的精确度不是无限的。这个限度与自然界的一个基本常数——普朗克常数有关。能量也有它的最小单位，是"成束"的，或者说是量子化的。对振动来说，伴随原子振动的能量可以用 $E = h\upsilon$ 表示。υ 为原子振动的频率，h 是普朗克常数。这个能量是极微小的，即使原子每秒振动 1000 万次，它的能量也仅有 $10^{-20}\mathrm{erg}$[①]。

德国物理学家海森堡（Werner Heisenberg）于 1927 年指出，能的量子化或"成束"的观念有重要的物理意义。它表示，如果尽一切可能把物质中一切原子振动的来源消除，则普朗克常数就表明这种工作的限度。

按照量子物理的解释，任何振动都有零点能，物质永远不会静止。即使在最低温度下，金属或任何固体中的原子仍会有一些振动存在，称为原子的零点振动。由于固体中原子及其振动方式如此之多，尽管每一量子的能量异常微弱，其总能量却是不容忽略的。

物质的微观运动永存，原子的零点振动无法消除，固定的完全规则的排列自然也不可能实现。对于这些"好动"的原子，不管你采取什么方法，混乱度绝不会是零。换句话说也就是，绝对零度永远也达不到。

我们不必慨叹踏上了这样一条没有尽头的旅程，我们理应和低温物理学家一样感到欣慰。卢拉斯玛教授说得好："到目前为止，我们还不清楚更低温区内有些什么。对低温物理学家，有利的是因为永远也达不到绝对零度，所以我们总将有工作可作。"的确，低温物理学家的幸运之处恰恰在于，他们总可以体察攀登的喜悦。

人类向绝对零度能够逼近到何种程度呢？毫无疑义，目前采用的核绝热去磁和激光制冷的方法都绝不是探索低温的终点，低温纪录仍将不断刷新。要获得更低的温度，涉及对物质能量结构微细差异的讨论。在物质结构不同层次的变化中，熵值变化的极限是不一样的，对应于某一个层次的变化有一相应的极限熵值。因此，物质的结构层次不同，所能获得的低温也不一样。正是物质结构的这一内在矛盾，决定了任何一种制冷方法都有其制取低温的极限。人造低温向更低温区延伸，反映了人类对物质微观结构认识的不断深化。

要获得更低的温度，不仅需探索新的制冷方法，作为它的前提是要找到可供榨取的新的熵源。从天然冰制冷到核制冷和激光制冷，挖掘了分子、原子、电子直至核子各层次的熵。只要我们能发现物质的能量结构上更深一个层次的细节，就可能找到制取更低温度的新途径。物质是无限可分的，其层次也可能是无限多

---

① erg，尔格，$1\mathrm{erg} = 10^{-7}\mathrm{J}$。

的，在没有最终认识到最后层次之前，怎敢妄言可以逼近到何种程度呢？

可以断言的是，和已经走过的历程一样，在未来通往绝对零度的征途上，我们不仅会遇到险峰崎路、迷雾荒原，也一定会看到绮丽的花朵、妩媚的春光，迎接我们的将是一个更加奇妙的世界。

参考文献

［1］SCURLOCK G R. History and Origins of Cryogenics[M]. Oxford：CLARENDON PRESS，1992.

［2］门德尔松 K. 绝对零度的探索——低温物理趣谈[M]. 中国台湾：凡异出版社，1988.

［3］世界制冷学会(法文版).世界制冷史[M]. 邱忠岳，译. 北京：中国制冷学会印行，2001.

［4］(美)弗·卡约里. 物理学史[M]. 戴念祖，译. 南宁：广西师范大学出版社，2002.

［5］吴业正. 制冷与低温技术原理[M]. 北京：高等教育出版社，2004.

［6］卢月生. 低温技术浅谈[M]. 香港：真知出版社，1973.

［7］孟晖. 潘金莲的发型[M]. 南京：江苏人民出版社，2005.

［8］张开逊. 回望人类发明之路[M]. 北京：北京出版社，2007.

［9］BYNUM F W. DICTIONARY OF THE HISTORY OF SCIENCE[M]. USA: Princeton University Press，1982.

［10］Foerg W. History of cryogenics: the epoch of the pioneers from the beginning to the year 1991 [J]. International Journal of Refrigeration，2002，25：283-292.

［11］Fiske L D. The Origins of Air Conditioning[J]. Refrigerating Engineering，1934，27(3)：123-126，150.

［12］Richardson N R. THE COOLING POTENTIAL OF CRYOGENS，Part 1：The early development of refrigeration and cryogenic cooling technology[J]. ECOLIBRIUM，2003(6)：10-14.

［13］Richardson N R. THE COOLING POTENTIAL OF CRYOGENS，Part 2：The properties of cryogens and their use for "high" temperature cooling[J]. ECOLIBRIUM，2003(6)：18-22.

［14］The History of the Refrigerator and Freezers[J/OL]. http://inventors.about.com/library/inventors/ lrefrigera- tor.htm

［15］REFRIGERATOR[J/OL]. http://www.ideafinder.com/history/inventions/refrigerator.htm

［16］Timeline of low-temperature technology[J]. http://en.wikipedia.org/wiki/Timeline_of_low-temperature_technology.

［17］Petit. A century of cryogenic engineering developments in France[J]. Indian J. Cryog.，1981，6 (1)：44-50.

［18］WOOLRICH R WILLIS. The History of refrigeration;220 Years of Mechanical and Chemical Cold: 1748-1968[J]. ASHRAE JOURNAL，1969(7)：31-38.

［19］Neuburger A. Ancient Refrigeration[J]. Refrigerating Engineering，1937，33(2)：94，111.

［20］Ford J P. Towards the Absolute Zero: The Early History of Low temperatures[J]. South African

Journal of Science, 1981(77): 244-248.

[21] Robert A. Oleary, Some Interesting Refrigeration Inventions[J]. Refrigerating Engineering, 1941, 42(5): 300-304, 319.

[22] 大宫兼守. 冰的历史(1)[J]. 冷冻(日), 1949, 24(263): 20-24.

[23] 大宫兼守. 冰的历史(2)[J]. 冷冻(日), 1949, 24(264): 21-23.

[24] 神田英藏. 低温40年的回顾与反省[J]. 物性(日), 1972, 1: 1-11.

[25] 陕西省雍城考古队. 陕西凤翔春秋秦国凌阴遗址发掘简报[J]. 文物, 1978, 3: 43-47.

[26] 刘兵. 对1986—1987年间高温超导体发现的历史再考察[J]. 二十一世纪, 1995(4).

[27] 谢方金. 绝热去磁与低温世界之最[J]. 低温与超导, 1983(2): 79-82.

[28] 黄耀熊. 冷冻的医疗应用[J]. 低温工程, 2004(3): 53-59.

[29] 赵君亮. 宇宙的诞生和结局[J]. 科学, 2003(5): 46.

[30] 武梦琴. 冷冻法的生物学作用及临床应用[J]. 制冷, 1992(1): 90-92.

[31] 刘兵. 越来越"热"的低温研究[J]. 光明日报, http://www.cas.cn/html/Dir/2003/10/30/3795.htm.

[32] 舒建群. 第二届亚太及第五届中日低温医学大会综合报道[J]. 制冷, 1994(1): 57-64.

[33] 曹勇, 等. 涡流管研究的进展与评述[J]. 低温工程, 2001(6): 1-5.

[34] 陈滋顶, 等. 冷库的发展与前景[J]. 冷藏技术, 1998(4): 1-4.

[35] 张嵩骏, 等. 奇妙的超导世界[J]. 台湾大学, http://www.chemedu.ch.ntu.edu.tw/lecture/super-conductor/superconductor.htm.

[36] 元江. 2003年诺贝尔物理奖: 历史的回声[N]. 东方早报, 2003-12-10.

[37] 刘兵. 从低温研究历史看2003年诺贝尔物理学奖[J]. 自然杂志, 2003, 25(6): 355-357.

[38] 奇云. 逼进绝对零度[J]. 科技文萃, 2004(1): 8-9.

[39] 张存泉. 低温物理学科与诺贝尔物理学奖[J]. 深冷技术, 2004(1): 28.

[40] 程德威, 等. 超导电力科学技术与低温技术研究的现状与进展[J]. 低温工程, 1999(5): 1-6.

[41] 李式模. 低温工程技术综述[J]. 低温工程, 1999(3): 1-5.

[42] Dr. BILLIARD F. 制冷与可持续发展[J]. 制冷学报, 2003(3): 22-26.

[43] 黄丽碧, 等. 人类精子库的建立与应用[J]. 制冷, 1991(2): 5-10.

[44] 刘作斌. 低温保存、低温生物学和低温免疫的近况[J]. 制冷, 1991(2): 34-36.

[45] 林小春. 全球试管婴儿数量增长迅速[N]. 新华网, 2013-10-17.